人生赛局

The Biggest Bluff

How I Learned to Pay Attention, Master Myself, and Win

[俄罗斯] 玛丽亚·康尼科娃（Maria Konnikova）著
郭玉红 译

中信出版集团 | 北京

图书在版编目（CIP）数据

人生赛局 /（俄罗斯）玛丽亚 · 康尼科娃著 ; 郭玉红译 . -- 北京 : 中信出版社 , 2021.4

书名原文 : THE BIGGEST BLUFF: How I Learned to Pay Attention,Master Myself,and Win

ISBN 978-7-5217-2544-5

Ⅰ . ①人… Ⅱ . ①玛… ②郭… Ⅲ . ①成功心理－通俗读物 Ⅳ . ① B848. 4-49

中国版本图书馆 CIP 数据核字（2020）第 246542 号

人生赛局

著　　者：[俄罗斯] 玛丽亚 · 康尼科娃
译　　者：郭玉红
出版发行：中信出版集团股份有限公司
（北京市朝阳区惠新东街甲 4 号富盛大厦 2 座　邮编　100029）
承 印 者：天津市仁浩印刷有限公司

开　　本：880mm × 1230mm　1/32　　印　　张：12.25　　字　　数：286 千字
版　　次：2021 年 4 月第 1 版　　印　　次：2021 年 4 月第 1 次印刷
京权图字：01-2020-3538
书　　号：ISBN 978-7-5217-2544-5
定　　价：68.00 元

谨以此书纪念沃尔特·米舍尔。

我还没有像承诺过你的那样，

发表我的论文，

不过至少现在有了这本书。

但愿我们始终清楚地知道，

什么是我们可以控制的，

什么是我们无法控制的。

致我的家人，

谢谢你们自始至终都在我的身边，

愿大家都平安健康！

人生重要的一课是：一个人一生中所遭遇的意外要多于他在保持理智的同时所能承受的意外。

——托马斯·品钦，《V.》

前行的道路并不容易，对有所准备的人是如此，对无所防备的人也是如此，这是需要运气的。不过，我相信每个人都能设法度过。

——约瑟夫·布罗茨基，“体育场演讲”

奇怪的事情偶尔会发生，
梦想偶尔会实现，
然后生活的模式全然改变，
月亮偶尔会变成蓝色。

——W.H. 奥登，《保罗·班扬》

序曲　大战当前

房间里挤满了人。他们低着头，神色忧虑，并且大都穿着套头衫，戴着太阳镜、帽子和硕大的耳机。数千位玩家紧挨着绿色的牌桌，看似混乱地坐在椅子上。这些椅子的椅垫是橙黄色的，椅腿是金色的，框架是近似正方形的，有点儿像20世纪70年代餐厅中的餐椅。炫目的霓虹灯悬挂在临时设置的横梁上，让这个房间看起来像装饰得过于喜庆的医院。这里的一切都有些陈旧和过时，甚至有些磨损的痕迹。只有从天花板垂下的绳子上系着的各种颜色的标识牌，暗示着这个地方有更为隐秘的用途。标识牌有橙色的、黄色的和白色的，每个标识牌上都写有一个数字，而数字下方则配有一张单个筹码的图片。房间的空气中弥漫着难闻的赌场味儿——陈旧的地毯味儿，脂粉味儿，淡淡的且令人不悦的香水味儿，冷掉的油炸食品味儿，走了气的啤酒味儿，还有从早上开始就共处一室的数千位筋疲力尽的玩家所散发出的金属般的刺鼻气味。

在这种强烈的感官冲击中，一开始你很难确定为什么这里会有一种不对劲的感觉。然后你就会突然意识到：这里太安静了，甚至有点诡异。如果这里是一场派对，你会听到各种嘈杂的声音——无数人说话的声音、椅子挪动的声音、来来回回的脚步声。然而这里只有紧张的气氛。你可以闻到、听到、感受到这种紧张的气氛，这种紧张的气氛也会影响你的心理活动。房间里只有一种声音，这令人联想到夏天的蝉在求爱仪式中高亢嘹亮的鸣叫声，这种声音就是扑克筹码碰撞的声音。

这是年度最大的扑克比赛——世界扑克系列赛（World Series of Poker，简称 WSOP）主赛事的第一天。这是世界杯，是美国大师赛，是超级杯，只不过不是超级厉害的运动员才能参赛，任何人都可以参与其中。这个冠军赛是面向所有人的。只要有 1 万美元，世界上任何一个人都可以报名参赛并争夺荣誉和奖励——世界冠军的头衔和众所周知的高达 900 万美元的奖金。如果你恰巧是英国人或澳大利亚人，这笔奖金甚至还可以免税。对于任何扑克玩家而言，参与主赛事都是其事业的顶峰。如果你可以赢得主赛事，那么就能为自己在扑克史上赢得一席之地。在这里，你能够有机会与最优秀的玩家同席，赢得扑克界最有声望、奖金最丰厚的赛事。有些人为了抓住这次机会已经准备了很多年。

这一天快要结束了。想要参赛的人太多了，因此最初几天的节奏比较慢，为的是让所有人都能够适应赛场环境；虽然冠军梦是昂贵的，但也是异常诱人的。很多人这时候已经被淘汰了，用扑克术语来说就是他们已经出局（go bust）了。留下来的人都全神贯注，努力让自己坚持到第二天，谁都不想辛苦了一天却在快结束的时候被淘汰，最后一无所获。每个人都在竭力争取填满那个“魔力袋”——一个象征着荣耀的透明密封塑料袋，那些足够幸运、在一场持续很长时间的比赛中坚持到次日的人可以将自己的筹码放在这个密封塑料袋中。在用不太黏的胶带将魔力袋封上之前，你可以在袋子外面用大写字母兴奋地写下你的名字、国籍和筹码数，然后再拍一张必不可少的、带有筹码数的照片，发到社交媒体上，并加上“#WSOP”的标签。最后疲惫不堪的你就可以躺在某个没什么特色的酒店里休息。

不过现在还没有到最后的阶段，这一天还有两个小时才能结束呢。在这两个小时内，可能会发生很多事情。有一张牌桌显得与众不同。在这张牌桌上，八个玩家以其应有的姿势坐着，接发牌员发的牌，并做出扑克玩家会做的各种与扑克牌相关的动作。不过牌桌前中间的第六个座位却是空着的。正常情况下，这也不是什么奇怪的事情，在一个玩家出局之后、新玩家还没来占据这个位置之前，就会出现空位的情况。然而，今天还没有人出局。空位前面的绿色毛毡上整齐地码着几堆筹码，面额从高到低，色码从左到右。每一局，发牌员在发两张底牌之前都会探身拿走宝贵的赌注——这是牌桌上的每一位玩家在每局拿到底牌之前必须下的强制性注码——发给这个空位的两张牌随后会被随意地扔到弃牌区，因为没有玩家打这手牌。每过一局，这几堆筹码就会变少一些，而那个位子依旧是空着的。哪个笨蛋会在付了1万美元报名参加世界上最有名的扑克赛事后却不出席呢？哪个傻瓜会在主赛事的中途让自己 blind down（扑克术语，指不出牌任由自己的筹码减少）呢？

很遗憾地告诉你，这个笨蛋就是我，也就是本书的作者。在牌桌上每个玩家都在漫不经心地猜测我可能面临的命运时，我正蜷缩在里约大酒店赌场洗手间的地板上，脑浆都快吐出来了（我找不到更好的形容了）。我会不会是食物中毒了？我就知道不应该在晚餐的时候在走廊尽头的那家墨西哥餐厅吃牛油果沙拉酱。这会不会是应激反应？又或许是拖到这会儿才发作的肠胃炎？不过我觉得很有可能是偏头痛引发的反应。

为了应对各种突发事件，我已经做了数不清的准备，当然，也包括偏头痛。我遭受偏头痛的折磨已经有一段时间了，这次我没有听之任之。为了预防，我提前吃了药，早上做了瑜伽来放松自己，还做了冥想。并且我睡足了九个小时，还吃了晚餐，尽管直觉告诉我别吃任何食物。然而，现在偏头痛还是来了。

生活就是这样：你想做什么就可以做什么，不过到最后，还是会有一些在你控制之外的事情发生。你无法为恼人的坏运气做准备。就像人们常说的，世人一计划，上帝就发笑。这会儿我能察觉上帝细微的笑声。

我玩扑克的初衷是想要更好地研究技巧和运气之间的界限，了解哪些是我能控制的，哪些是我不能控制的。如果说这一路我学到了什么经验的话，那就是：你无法靠虚张声势来摆脱纯粹的坏运气。扑克比赛才不会管我为什么蜷缩在地板上呢。我没办法向任何一个人抱怨，哀叹一句“这可是主赛事啊”。无论是压力带来的神经紧张，还是偏头痛或是食物中毒，发牌员仍旧会继续发牌。这再清楚不过了。我可以任意计划，然而那个未知的因素依旧会影响到我，结果也不会因我而改变。我能做的只是竭尽全力做好在我控制范围之内的事情——其他的我说了不算。

我是干脆瘫倒在洗手间呢，还是先打起精神找一个人，让他把我剩余的少得可怜的筹码装起来，然后再爬到一个没洗手间那么黏糊、那么臭的地方躺着呢？正当我在琢磨哪个选项更好的时候，我听见了手机短信的提示音。短信是我的导师埃里克·赛德尔（Erik Seidel）发来的。“怎么样了？”他发短信问，内容非常简短。他想知道他的学生在这场对她而言最大的挑战中战绩如何。上帝的笑声肯定越来越大了。我打起尚存的精神回复信息。

“还好。筹码数比平均水平低点儿。”就我目前所掌握的信息而言，确实如此。“坚持着呢。”这有点儿假，不过我是个乐观主义者。

“好的，祝你好运。”他回复道。他肯定不知道我现在多需要好运啊。我特别希望好运能降临到我身上。

目 录

第一章

拜师学艺

因为成本高昂且有风险，
所以赌桌——尤其是扑克牌桌是人类设计的最好的人生教育场所。

——克莱蒙斯·弗朗斯
《赌博的冲动》（*The Gambling Impulse*）

我从房间的另一头看到了埃里克·赛德尔标志性的棒球帽放在长椅上，就在他身边。我之所以知道那是他的标志，是因为我曾经远远地仔细研究过他。我在牌桌边留意过他的性格——至少是他表现出来的性格。他与那些寻求众人关注的顶级专业玩家不同，大多数人喜欢镜头，喜欢观众，喜欢幽默的风格，不管那种幽默风格以什么样的形式呈现——或是乱发脾气，或是疯狂的进攻，或是在牌桌上喋喋不休。而埃里克·赛德尔安静、矜持、专心致志。他玩牌的时候看起来从容、审慎。此外，他还是冠军，拿过多条世界扑克系列赛的冠军手链，赢过世界扑克巡回赛的冠军，赢得了数千万美元的奖金。我慎重考虑之后才选择他做导师，毕竟，我要拜托他陪我度过接下来一年的时间——你可以把这当作初次约会后就求婚。因此我一定要调查得仔细些。

我已经很久没有这么紧张过了。我仔细挑选了要穿的外套——成熟但不古板，正经但又不过于正经。穿上它会让人觉得我值得信任，值得依赖，同时又觉得可以与我喝喝酒，聊聊天。这是一次精心设计的“引诱”。

我们约好在一个好莱坞风格的法式咖啡厅见面。我到得早，但是他到得更早。他就坐在那里，在房间那头靠右的角落里，坐在一个小得放不下他那细长的四肢和 6.5 英尺[①] 高的身体的酒桌前。在黑色 T 恤的映衬下，他那专注的脸庞显得有些苍白。他正在读一本杂志，令我感到宽慰的是，他读的似乎是《纽约客》8 月最新的一期——封面上是桑贝所绘的柔和的海景水彩。一个会读《纽约客》的扑克玩家正是我所中意的。我小心翼翼地走近小酒桌，像一只猎犬嗅到了猎物的味道又怕吓跑它。

传奇玩家：埃里克·赛德尔

毫无疑问，埃里克·赛德尔或许是世界上最不喜欢出风头的扑克冠军。除了扑克荣誉之外，他之所以能从众多玩家中脱颖而出是因为他的扑克生涯很长：自 20 世纪 80 年代末竞技生涯开始以来，他一直都在争夺冠军。这是需要下一些功夫的，因为在过去 30 年间，扑克游戏发生了很大变化。现代生活中很多方面的定性因素已经被忽略，定量因素转而得到青睐，扑克游戏也是如此。评估变得比直觉重要，数据变得比观察重要，游戏理论变得比“感觉”重要。我们已经看到这种趋势在诸如心理学等领域上演——社会心理学让位于神经科学。在音乐领域，也有专家利用算法量化我们所听的歌曲，不仅如此，他们还会精确到几分之一秒，量化一首歌该怎样作词、作曲才会最受欢迎。扑克领域也是这样，加利福尼亚理工学院的博士会绘制相关图表，牌桌上也经常会出现打印出来的统计表。往往谈话一开始，就会有人随口提及最优游戏策略（game

---

① 1 英尺 ≈ 0.3 米。——编者注

theory optimal, GTO）或正期望值（positive expected value ,+EV），关于频率的讨论也多过关于感受的讨论。不过，尽管外界预言埃里克的游戏风格——一种心理学的风格，更多地基于对人文因素的理解，但对计算结果的依赖较少——会让他落伍，埃里克仍旧是顶级玩家。在充斥着浮夸、男性荷尔蒙、咒骂、妄自尊大的职业扑克界，埃里克是非典型玩家，这不仅因为他谦逊的作风，还因为他或许是唯一一个有布鲁克林音乐学院学位的职业扑克玩家。他愿意飞到美国的另一端去看大卫·查普尔的脱口秀，而且他对从洛杉矶到马尼拉的餐厅的最新资讯有着百科全书式的了解。此外，他还是唯一一位在纽约和拉斯维加斯之间偏爱纽约的职业扑克玩家。除了在拉斯维加斯常住外，他还在曼哈顿上西区有一栋房子。上西区是他从小长大的地方，他偶尔会去那儿住上一阵儿。他有着真实的、无尽的好奇心，他对生活的热爱感染着其他人。

“你知道 Julia & Angus Stone 吗？”我们第一次见面时，他开口就问。

谁？我都不知道他们是干什么的。难道是我从未听说过的作者？还是不幸被我无视的演员？抑或是埃里克以为我认识的纽约的某个人？结果都不是，他们是音乐家。希望我没让他失去兴趣，希望我足够成熟，可以通过他的面试。我担心自己正在被迅速地否定掉。

“他们是来自澳大利亚的姐弟组成的二人乐团，真的很有特色。我听过很多次他们的演奏。”

“很有特色”将是我非常熟悉的一句话。Birbigs[①]，很有特色。

---

① www.birbigs.com，是澳大利亚单口相声演员迈克·比尔比利亚（Mike Birbiglia）的官方网站。——译者注

新排的《奥赛罗》，很有特色。第一次去那座罪恶之城时我们吃晚餐的那个另类的、小小的寿司店，很有特色。一个名叫 Lucky Chewy 的职业扑克玩家，很有特色。尽管我比埃里克还小 25 岁左右，但是却在跟他讲自己已经忘记了体验新事物是什么样的感觉。我变懒了，会感到很疲惫，会想要窝起来、宅在家里，而不是去 92Y① 看最新的脱口秀，或者去 Joe's Pub② 听来自加拿大的不出名的乐团表演。埃里克带着我去了这两个地方，每次去的时候，我都感觉他是对的。在接下来的几个月，我的播放列表因为他的推荐而被完全更新，他还给我推荐了"一定要看"的脱口秀、网飞剧以及剧院演出剧目，当然这些我最后都没看。我感觉他一个人就能撑起 Goings On About Town③ 这个栏目。我理想的夜晚是这样的：在家里吃晚餐，喝点酒，品点茶，在床上看本书或看个电影。对此，他的回答则是：你现在可是在纽约——世界上最大的城市啊！看看你都错过了什么。

他也是用同样的热情和始终如一的求知欲来对待扑克的。他特别喜欢关注那些有进取心的玩家，以及了解最新的应用软件和项目，从不认为自己已经掌握了一切。他拒绝进入稳定期。如果要找一条适合他的人生箴言的话，那就是：生命短暂，切莫自满。事实上如他所料，我问出了那个被问得最频繁的问题——对那些有抱负的扑克玩家，你有什么建议。他的答案只有两个字：专注。而这简单的两个字却常常被我们忽略。要做到专注，比走那条阻力最小的

---

① 92 Y，全称是 92nd Street Y，是纽约市一个非营利性的文化和社区中心。——译者注

② Joe's Pub，是纽约市一个独立的、非营利性的音乐表演场所。——译者注

③ Goings On About Town，是《纽约客》在 19 世纪 20 年代的一个栏目。——译者注

道路难得多。

我第一次认识埃里克缘于1998年的一部名为《赌王之王》的电影，我想大多数扑克新手都是这么认识他的。从很多方面来讲，《赌王之王》讲的是一个聪明的法学专业学生的故事，他运用自己的扑克技巧赚钱来完成学业，最后干脆放弃法律，成为全职扑克玩家，并让大众熟悉了扑克牌。剧中马特·达蒙所饰演的角色参加的最令人激动的扑克比赛就是1988年世界扑克系列赛上埃里克·赛德尔和陈强尼最后的对决赛，电影把这一场牌局当作背景并且反复地分析。评论员一遍又一遍地说陈强尼真是个奇才，至于埃里克·赛德尔——那个小子都不知道自己是怎么输的。这一局扑克赛在扑克界之外最为有名，在这局扑克赛中，埃里克的对Q被陈强尼的同花顺打败了。

当时陈强尼已经是世界冠军了，而埃里克则是第一次参加主赛事。他打败了165位参赛者进入主赛事，坐到终局牌桌前，除了陈强尼之外，他是留到最后的参赛者。这是一个令人难以置信的成绩，也是一个不可思议的职业生涯的开端。

这部电影在大学校园大受欢迎。电影发行于20世纪90年代末期，到了21世纪初，每个学生都在幻想着靠扑克技巧赚钱完成学业的生活。那个时候我还不怎么关心扑克，完全不知道同花顺是什么，也不知道陈强尼是怎样用同花顺“困住”埃里克的，或者说我压根儿不懂这个牌局。当时，对于我而言扑克还是一门没有兴趣学习的“外语”。然而，当我在几年之后观看这部电影的时候，马特·达蒙在琢磨和“陈强尼”的对决时小声说的一句话打动了我：这玩的不是扑克牌，而是人心啊。的确，这是一句俗套的台词，却引起了我的兴趣，描述了我一直以来对这个世界的看法。这是一个会受到心理影响的世界，一个需要自我控制的世界，一个需要像陈强尼那样，甘愿将同花顺一直留到最后的世界——即便握着一手最好的牌，也要为对手设好陷阱，让他们以为能赢牌，而事实上他们始终都是你的手下败将。即便不了解同花顺是什么，你也可以看到这个牌局的吸引力和其中的策略之美。

那个人现在就在这里：当初的孩子已然变成了大师，变成了扑克界尚存的传奇之一。我要去说服他在接下来的一年收我做学生。尽管如此，但据我所知，他从未收过学生，而我也从未打过一局扑克。我想让埃里克教我、训练我，好让我可以参加顶级扑克冠军赛，也就是那个在很多年前无意间让他成为扑克传奇的世界扑克系列赛。我希望通过这样的旅程，可以学会如何尽可能地做出最明智的决定，不仅在牌桌上，在现实世界中也要如此。我想要通过扑克来控制运气——学会在牌局看似对我不利的时候扭转局面。

学习时间原本应该是一年，一年的时间刚刚好，干脆利落、可控、可消化。我已经都计划好了，首先去找埃里克组队，然后去参加世界扑克系列赛的主赛事，最后再由我来讲述这个传奇故事。

确定一个时间期限是很简单的。一年限方便界定，是有限的，也说得通——因为每个人都会想到要花一年的时间去做某些事。我今年干这个，明年干那个，后年决定尝试一个有明确时间期限的新角色。没人愿意听我说，我花了三年半却没干成过一件事儿。谁有那个时间啊？一年是能接受的，长短正合适。一年是一剂简单的解药，解的就是那混乱的生活。

不过生活自有安排。计划会有变化，规划会无效，转而被无法预见的事物所取代。世人计划着，上帝笑着，果真如此。我相信随机性。在轰鸣声中不断向前的世界并不关心我们是谁，也不在意我们有什么样的计划、什么样的想法、什么样的动机、什么样的行为。不管我们选择做什么或者不做什么，这个轰鸣声一直都在，它是波动，是概率，是那种不管我们如何尝试都无法控制的东西。然而，谁又能责怪一个不断尝试的人呢？

在运气和技巧之间寻找平衡

在生活中，在所做的决定中，我们一直都在运气和技巧之间努力寻找平衡，而这种平衡也是我多年以来一直尝试达到的。小时候，我的运气或许是最好的：父母离开了苏联，带我进入了一个原本不可能属于我的世界。青年时，我尽力想要在学业上取得优异成绩，成为家族里在美国读大学的第一代成员。成年以后，我想要弄明白我的人生中有多少努力的成分，以及有多少运气的成分。我，像在我之前的那些人一样，想知道这一生的成就中有哪些是自己的功劳，有哪些是得益于纯粹的运气。在《归根结底》(*All Said and Done*)[①]中，西蒙娜·德·波伏娃这样评价她的一生："那颗特别的精子进入那颗特别的卵子，暗示了父亲和母亲的相遇，暗示了孩子的出生，以及其祖辈的出生，而它在被射出的数以亿计的精子中原本是没什么机会的。"这就是概率在她出生的过程中所发挥的作用。"而正是概率，一个连现代科学都无法预知的概率，让我得以生为一个女人。在我看来，从那个时候开始，我的一举一动都可能会带来不同的未来：我可能会生病，并且因此中断学习；我可能不会遇

① 《归根结底》(*All Said and Done*)，是西蒙娜·德·波伏娃自传中的其中一卷，出版于1972年。——译者注

见萨特，任何事情都有可能发生。”你怎么样才能将随机发生与蓄意而为区分开呢？

这个问题与其他问题一样都属于哲学范畴。我试图通过自认为最好的途径来寻求答案——进入研究生院，提出这个问题并进行了一些研究。我在想，究竟有多少时候我们是真正掌握控制权的呢？当自以为掌握了控制权的时候（实际上控制权却在运气手里），这种错觉是怎样影响我们的决策的呢？在身处难以预料的情境中，并且在只有有限信息的情况下，人们是如何反应的呢？

在五年的时间里，作为在哥伦比亚大学做博士研究的一部分，我曾邀请成千上万的人在时间有限的情况下参与虚拟股市游戏。他们需要“投入”一定数额的、货真价实的钱，用来购买两只股票中的一只，或者用来购买债券，并且在尝试百余次之后再进行投资。他们的表现会直接转化为回报，回报金额的变动幅度很大，从 1 美元到 75 美元不等。虽然债券总有稳定的回报，但是回报较少，准确地说，只有 1 美元。不过，虚拟股市游戏展现的是真实股市中股票的动态，并且可以让你获得更多的回报，一次可达 10 美元；然而也会让你遭受损失，轻点鼠标的一瞬间你的收益就有可能减少 10 美元。在每一轮的游戏中，这两只（分别名为“A”和“B”的）股票会作为“优质股”或“劣质股”被随机选中。如果选中那只优质股，你就有 50% 的概率赢得 10 美元收益，25% 的概率没有任何收益，25% 的概率损失 10 美元。如果选中那只劣质股，你赢得收益的概率会降为 25%，而损失的概率则上升到 50%。我感兴趣的是：人们在选择投资的时候会采用什么样的策略？他们能在多短的时间内获悉哪只股票是可以赢得收益的？（最优投资策略会让人迅速被优质股吸引，尽管会有间歇性的损失，但是整体的收益最高。）

研究结果完全出人意料，人们一次又一次地高估自己对世事的掌控度。他们都是聪明人，在很多事情上都出类拔萃，并且早就知道不应该高估自己的技能。他们不仅提前决定好了该如何配置自己的投资，而且还基于十分有限的信息，确定了哪只股票是优质股并且坚持自己的投资——即便在已经开始蒙受损失的情况下也是如此。他们越高估自己的技能，越低估运气的作用，就越难以捕捉周围环境传达的信息，其决定也会因此变得更加糟糕：他们越发不可能换到那只能为其带来收益的优质股，反而会更加坚定地选择那只劣质股或者完全被债券吸引。他们自认为知道很多，于是忽略了其他有别于其认知的信息——尤其是当优质股变成了劣质股或者劣质股变成了优质股的时候，而这正是真实的股票市场中必然会发生的情况。换句话说，掌握控制权的错觉会阻碍人们真正地掌握游戏控制权，因此他们决策的质量很快就会下降。他们只是基于过去成功的经验或者对未来的判断而采取行动，却没有意识到环境已经发生了变化，过去成功的策略已经不再奏效了。当环境所传达的不是人们想听的信息时，他们就无法捕捉这个信息，因为他们喜欢做周边环境的掌控者。当环境传达的信息多于他们的认知时，就糟了。然而现实是残酷的：人们常常以为自己牢牢掌握着控制权，而实际上我们不过是在按照概率的规则行事。

那个问题依旧萦绕在我的脑海里。究竟该如何解决它呢？务实点儿说就是，该如何利用理论性的知识做出更好的决策呢？

这是一个很难解答的问题，主要是因为从根本上讲，运气和技巧的平衡是概率性的。我们的神经网络存在一个基础性的缺陷，那就是无法完全理解概率。而数据统计与直觉是完全相悖的：从进化的角度看，人们的大脑天生就无法理解那种固有的不确定性。早期人类的生活环境中并没有数字或计算，只有个人经验和趣闻逸事。人们没有学习过该如何处理以抽象形式呈现的信息，比如以下这条信息：在某个地区，老虎实属罕见的动物，你遇到一只老虎的概率只有2%，被老虎攻击的概率更小；我们学习的是如何处理令人不快的情绪，比如以下这条信息所传递的情绪：昨天这里来了一只老虎，它看起来很吓人。

几千年以后，这种缺陷依然存在。它被称为“描述—经验差距”（description-experience gap）。在一次又一次的研究中，人们都没能将概率规则变成自己思想行为的一部分，不会基于呈现到自己眼前的数据做决定，反而基于诸如“预感”、“直觉”和“对的感觉”等做决定。人们需要训练自己从概率的视角来看待世界，即便这样，人们往往还是会忽略与自己的经验相悖的数据。人们相信自己希望看到的，而不相信研究所呈现的数据。这里我以近来很多人都在思考的一件事为例——灾害预防。为了应对因全球气候变暖而日益频繁的自然灾害，比如飓风、洪水、地震，你会做哪些预防工作呢？如果再加上核战争或恐怖袭击呢？你觉得是否有必要想一想该如何应对呢？数据可以帮你决定是否需要为你的住房购买特殊保险，或者是否应该在某些区域购置房产，同样地，数据也可以告诉你是否需要担心核战争和恐怖袭击。你可以找到成为恐怖袭击受害者的概率，并对比一下在浴室滑倒而摔死或摔伤的概率。不过心理学家经常发现这样一种现象：无论给人们看多少概率图表，都不会改变他们对风险的认知，也不会改变他们由此做出的决策。到底什么会改变他们的想法呢？答案是亲身经历一件事，或者认识经历过这种事的人。比如，如果在飓风“桑迪”袭击期间你在纽约市，那你肯定会购买洪灾保险。如果飓风“桑迪”袭击期间你不在纽约，那么你可能会在马里布购置一栋海滨别墅，即便数据表明，这片海滨很快就会消失，你的别墅也会随之消失。如果经历过“9·11”恐怖袭击事件，那你对恐怖袭击的恐惧就会被放大。在很多情况下，人们的反应与数据是不一致的。并不是每一栋位于纽约的房子都需要购买洪灾保险，然而只有有过一次糟糕的经历，你才会有过度反应。海滨别墅是一个糟糕的长期投资，但是数据从未对你产生过影响，因此这次你才会反应不足。在洗澡时滑倒的可能性要比经历一次恐怖主义袭击的可能性大得多——不过你可以试试，看是否可以说服别人相信这一点，尤其是那些有朋友在双子大厦[1]里丧生的人。

我们的经历胜过一切，然而在大多数情况下，这些经历都是非常不准确的：它们能教会我们一些东西，却无法把我们教得很好。这也是在日常决定中很难将运气和技巧区别开来的原因，因为这是一项统计工作，而且通常是我们无法胜任的工作。这让我联想到了扑克游戏：在扑克游戏中，如果经历得到正确利用，就能在概率情境的理解上给我们带来极大的帮助。这种经历不能是一次性的偶然事件，它必须是一个系统的学习过程——在牌桌上也是如此。正确的、系统的学习过程能帮助你将运气从其他因素中剥离出来，而这种剥离方式是任何被硬塞入脑子里的数据或研究理论所不能比的。

在离开学术界几年之后，运气和技巧之间的对抗对我来说变得更加不容忽视。对于康尼科娃家族而言，2015 年是不顺利的一年。1 月的第一周，我的母亲——她在很多方面都是我的榜样——失去了为之辛劳了近 20 年的工作，简而言之，就是由于一场私人股本收购而被裁员了。她的同事们哭了，老板也哭了。他们为她请愿，

① 双子大厦，即纽约世界贸易中心，在“9·11”恐怖袭击事件中坍塌。——译者注

希望让她回到公司。她是做计算机编程的，很擅长自己的业务。我以为她很快就能找到工作，结果，她却碰到了这样一个残酷的现实：硅谷的年龄歧视愈演愈烈，尤其是对大龄女性的歧视。她50多岁了，相对于年轻群体来说，她年纪大了，但又没老到可以退休的地步。一年后，她还处于失业状态。我一开始觉得生活如此不公，不过，如果说母亲教会了我什么的话，那就是没有生活不公这个概念，只是运气不济而已，坦然面对就好了。

几个月后，我的祖母在夜里滑倒了。她之前是那样充满活力，那样健康，一直独立生活，然而在那天夜里，她碰到了铁制的床沿，摔倒在地板上，当时家里没有别人。第二天早上，邻居注意到原本不应该亮着的一盏灯还在亮着，这才发现她摔倒了。两天后，她就去世了，我们都没来得及和她告别。我甚至都记不清和她最后一次对话的情形，对话是那样平淡乏味，同样的话语，同样的语调，我们都没有什么可以告诉对方的新鲜事。她好像问了我，新书什么时候印好，尽管她读不懂，得等到俄语译本出来才可以读，但还是迫不及待地想拿到它。她肯定这样问我了，因为每次我们聊天的时候她都会问我。而每次我都会凶她：别问了，等印好了我会告诉你的。之后，我会变得懊恼，而她则会提高嗓门，并告诉我再也不会问我任何事情了。我应该对她更和蔼一些的，不过人往往都是后知后觉，事后才看得最为清楚。每次她在给我的语音留言末尾都会简短地说一句："我是祖母。"好像她不说我就会认错人似的。而直到最后，我都没有及时回复她的留言。她经历了第二次世界大战，经历了斯大林时代、赫鲁晓夫时代和戈尔巴乔夫时代，最后却被光滑的地板和一只扭伤的脚打倒了。这不公平，又或者说，她太不走运了。如果这一步踏得更稳一点儿，她也许还能活着。

接着，我的丈夫也失去了工作，他加入的那个初创企业没能按照计划启动项目。于是，我一时间发现自己身处困境：凭借自由作家的收入支撑着整个家。我们离开了位于西村（West Village）[①]的精美公寓，被迫改变了自己的生活习惯，尽力去适应新生活。此外，我还发现自己的健康状况突然恶化。不久前，我刚确诊患了一种奇怪的身体免疫性疾病。没有人确切地知道这是什么病，不过我的荷尔蒙分泌出现了紊乱，突然之间几乎对一切都过敏。有时候，我甚至无法离开公寓，皮肤一接触到任何东西就会长荨麻疹，而这时还是冬天，外面一片萧索。我抱着手提电脑，缩成一团，穿着一件肥大的旧 T 恤衫，怀揣着最美好的期望，找了一个又一个专家，换了许多种类固醇疗法，却只得到同一个答案：它是自发性的。这是医生的行话，意思就是"我们也不知道这是怎么回事儿"。自发病（idopathy）的治疗成本是很高的。太不公平了！真不走运！不过真的是这样吗？也许这是很多年前我没听母亲的话偷偷跑去阳台玩耍的后果。毕竟，我出生在俄罗斯[②]，切尔诺贝利核电站事故发生的时候我还生活在那里。她当时警告我待在室内是有原因的。也许应该怪当时只有两岁的我。我坐下来读詹姆斯·索特的书，对他书中所提到的内容十分认可。"我们无法想象会存在这些疾病，它们被称为自发性疾病，是自己出现的。不过我们清楚地知道肯定还有更多的信息，它们肯定利用了一些我们看不到的弱点。我们无法想象它们就这样随意地出现在一个人的身上，这是令人难以接受的。"不管是否纯粹是运气使然，得这个病都是一件很糟糕的事。

---

① West Village，位于纽约曼哈顿下城区。——译者注

② 原文是 Russia，直译为"俄罗斯"。不过作者出生于 1984 年，作者出生的时候苏联还没解体，俄罗斯联邦尚未独立。——译者注

这是一种常见的思维方式。运气环绕着我们，无处不在——无论是走路去上班并平安抵达这样平凡的小事，还是从一场战争或恐怖主义袭击中幸存下来而离你几英尺远的其他人都没能存活这样极端的经历。即便如此，我们只有在事不遂人愿的时候才会注意到运气。在运气让我们得以免受伤害时，我们往往不会质疑运气的作用。当运气站在我们这边时，我们忽略它，运气就变成了无形的；当运气站在我们的对立面时，我们才会意识到它的能量，才会开始思考运气为什么会存在以及运气是怎样发生作用的。

一些人会从单纯的数据中找到安慰。我们简单地称之为概率。正如 20 世纪统计学家和遗传学家罗纳德·艾尔默·费希尔爵士所指出的："毫无疑问，'百万分之一的概率'是会发生的，发生的频率既不会低于又不会高于正常的水平，无论它发生在我们身上时我们是多么惊讶。"考虑到现在全球有 75 亿人口，你可以确信，那种非常不可能的事正在以正常的频率发生着。而那种"百万分之一"的概率每秒都在出现。你亲近的人会在一场意外中丧生，有些人会失去工作，有些人会患上莫名其妙的疾病，有些人会中彩票的头奖。它是概率，是纯粹的统计数据，是生活的一部分，没有好坏之分。如果奇怪的巧合与一次性的事件不会发生，那才是一件真正不同寻常的事情。

有一些人会将情绪融入概率，这样一来它就变成了运气，突然获得了一种效价，它有正价和负价[①]之分，有幸运和不幸之分。还有一些人会将意义、方向和意图融入运气，这样一来它就变成了命

① "效价"又称"诱发力"，分为"正价"（正诱发力）和"负价"（负诱发力）。负价是指在生活空间中发生的、对无法满足个体需要与愿望的或对人有损害的事物的诱发力。正价则与之相反。——译者注

运、因果报应和天意，一种带有计划的概率，一种命中注定。甚至还有一些人更进一步，将概率当成宿命。概率原本就是不以人的意志为转移的，我们自认为拥有的任何控制权或自由意志不过是纯粹的错觉而已。

那么扑克游戏与这些到底有什么关系呢？在开启这趟旅程之前，我不仅从未做过纸牌玩家、从未玩过扑克牌，也从未看过一场真正的扑克游戏。在我的脑海里，扑克牌是无足轻重的。然而面对一件又一件不顺的事情时，我按照以往的习惯，尝试通过阅读加以理解。任何能够帮助我理解现在所发生的事情，任何能够让我重新获得一些表面上的控制权的书，我都会读。在疯狂的读书热中，我偶然读到了约翰·冯·诺依曼的《博弈论与经济行为》（*Theory of Games and Economic Behavior*）。

冯·诺依曼是20世纪最伟大的数学家和战略人才之一，他发明了我们每天都随身携带的机器——计算机（不过那时计算机还没有那么方便携带）；同时，他精心研发了氢弹所采用的技术；此外，他还是博弈论之父。《博弈论与经济行为》是他的成名之作，以下是我从中了解到的内容：这个理论的灵感来源是一个游戏——扑克。现实生活由三方面组成：虚张声势，使用欺骗的手段以及揣摩他人如何理解自己的意图。冯·诺依曼写道，“在我的博弈论中，游戏也包括这三方面”。

冯·诺依曼不怎么喜欢大多数纸牌游戏。他认为它们太无聊了，与那些浪费生命打纸牌的人一样无聊。这些游戏试图通过哄骗，从纯粹的运气中获得控制权——这是徒劳的。不过，在他看来，纯靠运气的游戏并没有比那些纯靠技巧的游戏差多少。象棋就是一种纯靠技巧的游戏。在象棋中，理论上所有的信息都是可以收集到的，每一步棋也都是可以提前从数学角度找出其合理性的。冯·诺依曼虽然质疑大多数游戏，但却有一个例外，那就是扑克游戏。他很喜欢玩扑克游戏。对他来说，扑克游戏代表着制约生活的技巧和运气之间的不可言喻的平衡，既有很多技巧的成分，让你花费的时间有价值；又有很多运气的成分，让你可以任意挑战。无论从哪个方面来看，冯·诺依曼都是一个糟糕的玩家，然而这并没有阻碍他玩扑克牌。扑克游戏是终极之谜：他想要理解它，阐释它，最后破解它。他认为，如果自己能够弄清楚该如何将运气和技巧分开，该如何放大技巧的作用，并且学会缩小运气的不良影响，就可以为生活中存在的那些最大的决策挑战提供解决方案。

因为扑克游戏与其他游戏不同，它映射着人生。扑克游戏不是纯靠运气的轮盘赌，也不是集数学的优雅和完全的信息于一身的象棋。它和人们所栖息的世界一样，是由密不可分的运气和技巧构成。扑克游戏处在运气和技巧——人们生命中两个相反的作用力——的平衡点上。在一手牌中，在一个牌局中，在一场赛事中，任何人都有可能走好运或者走霉运。运势一转，你可能会欣喜若狂；运势再转，你也许就已经出局，不管你的技巧如何，天资如何，做过哪些训练和准备。然而，说到底，运气是一个短期的朋友或敌人，而技巧则能作用更长时间。

扑克游戏除了涉及数学基础原理外，还掺杂了一些人的意图、互动、心理影响——微妙变化、欺瞒以及其他一些不一定反映真实情况但会帮助你胜人一筹的小花招。人不是理性的，信息也不是每个人都可以获取的。因此，人的行为是没有“规则”可言的，只有规范和建议，而在某些宽泛的限制条件下，所有人都可以随时打破这些规范。而冯·诺依曼所感兴趣的是那些像生活一样，始终无法被清晰地规划的游戏。真实生活的基础就是竭尽所能地根据既有信息做出最好的决策，不过这些信息从来都是不完整的：你无法知道他人在想什么，就像你无法知道他人手中的扑克牌是什么样的。真实生活中不仅要建立最优决策模型，还要识别隐藏的、独特的人性，以及任何正式的建模永远都无法捕捉的变化无常和出人意料的人性。

冯·诺依曼曾选择用扑克游戏来探究世界上最重要的战略决定，当时他在为美国军队建言献策。在读到他对这一选择的原理阐释的时候，我豁然开朗。与我做过的调查和研究不同，扑克游戏不是理论性的，而是实操性的，是基于经验的。扑克游戏展现的是一种最佳的人脑学习方式，并且它不是一次性事件，而是一个系统的过程。换句话说，扑克游戏完全符合我的期待。

扑克游戏不是一个单一的游戏，它有很多种游戏方式，比如梭哈（Stud）、奥马哈（Omaha）、雷斯（Razz）、百得之（Badugi）以及 HORSE[①]。每种游戏方式都有一套独特的规则，不过任何一种扑克游戏的基本规范本质上都是相同的：一些扑克牌牌面朝上，所有玩家都可以看见，也就是公共牌；还有一些牌牌面朝下，只有那些拿牌的玩家才能看到牌面。你可以根据自己牌面的大小和对其他玩家牌面大小的判断进行下注（make bets）。因为能够确定的只有自己的牌面，所以你参与的是一个信息不全的游戏，必须基于自己所掌握的少量信息，尽可能地做出最好的决策。最后一轮下注结束

① HORSE 是五种不同的扑克玩法—— Hold'em, Omaha Hi/Lo, Razz, Seven Card Stud, Seven Card Stud Hi/Lo or Eight or Better（分别是德州扑克、奥马哈高低牌、雷斯、七张桩牌扑克、七张梭哈高低牌）的首字母缩写，HORSE 指代的是一种集合了五种玩法的混合游戏。——译者注

后，最后一个尚在游戏中的玩家赢得全部赌注，也就是到最后一轮所下赌注的总额。

不过我选择继续探讨的玩法是扑克游戏中的一个特定游戏方式，恰巧也是最受欢迎的一种游戏方式——无限额德州扑克游戏（No Limit Texas Hold’em）。无限额德州扑克与其他形式的扑克游戏有两种差异。第一种差异体现在共同掌握的信息量和个人掌握的信息量上。在无限额德州扑克的玩法中，每个玩家会收到两张牌面朝下的扑克牌——底牌（the hole cards）。这是秘密信息，虽然我可以试着根据你的举止判断你拿到的是什么牌，但是我不能确定。我唯一能掌握的信息是在公共信息——发到牌桌中央的、牌面朝上的牌——已知的情况下你的下注模式。在无限额德州扑克中，公共牌的发牌有三步：前三张牌，叫作“翻牌”（flop），是同时发的；第四张牌，叫作“转牌”（turn），是在第二轮下注之后发的；第五张牌，叫作“河牌”（river），是在第三轮下注之后发的。总之，这时你手中有两张牌，只有自己知道，而牌桌中央有五张牌，所有人都知道，此外，还有四个押注圈（betting rounds，或称为 streets），你要在押注圈中做出最好的判断，判断其他人的牌面和你的牌面相比怎么样。

有些形式的扑克游戏存在太多未知变量（其中一种扑克游戏给每个玩家五张牌面朝下的底牌），这让技巧成了不那么重要的一个因素，而其他形式的扑克游戏的未知变量则太少（只有一张底牌），这过分地减少了猜测的分量。德州扑克则创造了一个尤为有益的技巧和运气的平衡。对玩家而言，两张底牌差不多是最合适的一个比例：既有足够的未知变量可以让这个游戏成为生活的模拟，又不至于让它成为一场彻底的豪赌。

让这种独特的游戏方式有别于其他方式的第二种差异体现在无限额这个概念上，这也是冯·诺依曼本人偏爱的一种方式。阿马利奥·斯利姆，当代最优秀的扑克牌玩家之一，在 1972 年成为世界扑克系列赛有史以来的第三位冠军，他解释道：“在有限额的游戏中，纯粹的诈唬（bluff）的力量是受限的。”因为有限额意味着你押注的具体数额是有上限的。有时，这个上限是通过赌场规则确定的，是一个任意的、不得超过的数额。有时，这个上限是通过游戏中的押注总额确定的，也就是众所周知的“底池限额”（pot limit）。无论如何，你的行动范围都是受到人为限制的。而在无限额的游戏中，你可以在任何时候押上所拥有的一切。你可以“全押”（shove or jam）——也就是说，可以把手上的筹码一次性全部押下，放到底池中，这时游戏才会真正有趣起来。限额是给“那些胆量和蚯蚓一样大的人或那些以计算为生的‘会计师’准备的，”斯利姆说，“如果你不能‘逼近’（move in on）某人——意思是将你面前所有的筹码全都押上——那就不是真正的扑克游戏。”

正是因为这一点，用扑克游戏来比喻日常决策才显得尤为合适，因为生活中也是没有限额的：在做任何决策的时候，没有额外的限制会阻止你赌上一切。什么能够阻止你在自愿的时候赌上金钱、名誉、热情，甚至生命呢？什么都不能。到了最后，除了只有自己知道的内心决定以外，生活中没有其他的规则。而且你周围的人在做各自的决定时，必须得知道：在你会赌上一切的情况下，他们需要投入多少？这是一个无止境的、充斥在我们生活中的边缘策略博弈（brinkmanship），它因另一位博弈论专家、诺贝尔经济学奖获得者托马斯·谢林而得到普及。在感情中，谁会先说“我爱你”，对这段感情“全押”呢？如果先说的那个人是你，你会不会被冷落呢？谁会先从商务谈判中抽身离去呢？谁会先发动战争呢？选择全押的能力，以及对周围的人都有可能全押的认知，是使得诸多决策异常艰难的关键变量。

当然，还有情绪因素。无论是在扑克牌桌上还是在现实世界中，没有什么风险会像全押那么大：在最理想的情况下，它可以让你的筹码“翻倍”——也就是，赢得最多筹码，使现有的筹码数翻一番——也可能让你因此出局。你可能会做成有生以来最好的一单生意，也可能会破产；你可能会找到共度一生的伴侣，也可能会在情感上受到伤害。与生活一样，无限额扑克牌也是高风险、高回报的。世界扑克系列赛冠军通过无限额德州扑克赛来角逐，这一点绝非偶然。而我选择这种游戏方式也绝非偶然，如果想在生活中做出最好的决策，那么不如选择最具代表性的替代物来进行练习。

在选择了要玩的游戏之后，你还要再做一个选择：玩现金游戏还是锦标赛？在现金游戏中，每一个筹码都有现金值。你支付一定金额买入（buy in）一个游戏，比如你支付 100 美元，就会获得 100 美元的筹码。在任何时候，你都可以选择通过支付相应数额的现金增加你的筹码额，也可以在任意时间选择抽身离去。如果输掉了所有的筹码，你还可以选择重新买入，重新开始新的牌局。此外，赛制是保持固定的。如果你买入的是一个 1 美元或 2 美元的现金游戏——在这种游戏中，在看牌之前，你必须要放入底池的盲注或者强制押注是 1 美元的小盲注（small blind），或 2 美元的大盲注（big blind）——那它永远都是一个 1 美元或 2 美元的游戏。你不会一转身发现该自己下大盲注的时候，大盲注的额度涨到了 5 美元。

在锦标赛中，筹码的价值则是相对于其他玩家的筹码价值而言的：它们只是一种记分形式。你花 100 美元买入，可能会得到

10 000 个筹码或者 200 个筹码，这并不重要。每个人获得的筹码数量是一样的，目标是尽可能地积累筹码，最后的赢家持有全部的筹码。如果没有了筹码，你就出局了。在锦标赛中，所有的一切都是为了让自己能在比赛中走得更远。至于盲注，则显示在预先确定的一览表中。因此，虽然在开始的时候，盲注标准可能是 1/2，但是在半个小时或者 40 分钟后，又或者赛制规定的任意时长之后，盲注标准可能增加到 2/4、4/8，等等。突然间，你筹码的价值下降了，因此你必须得赢得更多的底池，否则很快就会失去筹码（blind out），一无所有。也就是说，所有的筹码都用来支付强制押注或盲注了。

这两种组织方式创造了非常不同的游戏方式。现金游戏相当于《战争与和平》，你都读了 1 000 页了，还是不明白战争是怎样平息的，虽然你可以尝试快速翻着往后看，但是事件还是按照自己的节奏展开。而锦标赛在本质上更像莎士比亚风格的戏剧，你还没看到第三幕呢，剧中人物就已经死了一半了。如果你想要迅速地纵览一下生活，就应该选扑克锦标赛。我选的就是这个。

受冯·诺依曼的启示，我用了几个月的时间阅读关于扑克游戏的书目，看最优秀的职业玩家玩牌的视频和听牌局评论，然后开始认真地想：我最终真的能在扑克游戏中找到一种方式，克服自己在嘈杂的日常生活中、在试图将运气和技巧分开时常有的无力感，并且学会控制这种无力感吗？扑克游戏能帮我的丈夫弄清楚接下来的职业规划吗？能让他弄清楚什么时候该立即下场而不是坐等最好的牌到手吗？它能帮助我想明白什么时候该放弃医疗咨询吗？能让我想明白在计划今后的开支时该怎样处理随之而来的账单吗？它能帮助我的母亲平衡一下当前不利的处境、让环境于她有利吗？它能帮助我规划职业生涯，使收益最大化、损失最小化吗？我决定试着弄清楚。

心理学家与扑克菜鸟

接着回到我与埃里克·赛德尔的会面上来。对他而言，扑克游戏是一个稍微有点儿不一样的挑战。他在长达 30 年的时间里称霸扑克界，拥有 8 条世界扑克系列赛冠军手链（在系列赛的历史上，只有 5 个玩家的手链比他多）和一个世界扑克巡回赛（World Poker Tour）的冠军头衔。他名列扑克名人堂，是名人堂里健在的 32 位玩家之一。在扑克赛的历史上，他的奖金总额位居第四（过去很多年里他都是第一）。在世界扑克系列赛中，他获得奖金的次数（114 次）位居第四。过去这些年，他位居全球扑克指数（Global Poker Index）排行榜第一名的时间长达 15 周，很多人都认为他是史上最伟大的扑克玩家。

一位职业的扑克玩家，一位最专业的扑克玩家，怎么可能会答应让一个不知名的记者过度热情地像蹒跚学步的幼儿那样到处跟着他，问他一些最基础的、与扑克界相关的问题呢？埃里克并不在乎名气，因此我打记者牌是行不通的。他不喜欢与人分享自己的策略，也是出了名的沉默寡言。

"书里不会出现我的名字，对吧？"在西村的小酒馆，当我说出自己的计划后，埃里克反问道。他在椅子上动了动，腰弯得更低了一些，似乎在尽可能地转移旁人对他的注意力。

"呃……"这与我预计的谈话走向不一样。

"我不知道自己是否能承担这个责任。你知道的，我从来没有指导过任何人。而且我的行程……”

我打断了他，反正我俩的对话在短时间内也不会有什么进展。“虽然我不知道一副扑克牌中有多少张牌……”

“等等，你是认真的吗？”他打断了我，眉毛也扬了起来。至少我让他感到了意外。

“当然，我并不打算做那种典型的学生。”

接着我说，我现在拥有的只有背景优势。

“我有心理学博士学位，是研究决策的，这也是你每天都在做的事，不过我的研究视角是理论上的。”

“一个心理学家，挺有意思的，这点在扑克游戏中会非常有用。”他倾身说道，纤瘦的胳膊肘撑在蛋白鸡蛋饼的两边。“我认为你的切入视角是最有价值的，尤其有最大的差异化价值。其他玩家都是基于数学、基于数据的，你的视角更加广阔。实际上，在众多优秀的玩家当中，最容易被利用的就是那些沉迷于数学的玩家。”

“哦，那就好。”虽然开局不利，但我很开心能够引起他的共鸣。“我从高中毕业之后就没怎么学过数学了。”我坦言道。

“我的数学技能也不是很强，这挺常见的。”埃里克说道，这让我松了一口气。“数学技能有了无妨，但没有的话也不会影响你的牌技。基础的计算是非常简单的，连六年级的学生都能做。”

我放松下来。不过有段话我或许不该讲，就是告诉埃里克我通常会用自己的手指头数数的那段。

“扑克需要的是敏锐的思维。真正的问题是：敏锐的思维和努力能够让你赢牌吗？我认为能。”埃里克说。我虽然是一个外行，但从某个程度上来说这是件好事。我会拥有新的见解、视角，以及其他一些玩家往往没有的技能。我没有那种狭隘的专业知识，不知道什么是底牌范围（range），也不知道应该要一个两极化的范围（polarized range）还是要一个融合的范围（merged range）。不过我拥有通用的专业知识，知道该如何去学习、去思考，以及如何了解人的行为模式。大卫·爱普斯坦在其著作《范围》中反思了外行的本性，他写道："通才是赢家。"或许，作为一个通才，我能够摆脱内行视角中经常会有的那种短见，拥有心理学家乔纳森·拜伦所谓的"积极的开放心态"（active open-mindedness）。当然，并不是所有的经验都是同样适用的，不过我的经验或许尤为适合扑克界。

我，尤其是我的语言能力，引起了埃里克的兴趣。

"你会几种语言？"他问道。

"只有英语和俄语这两种是精通的，不过以前我的法语和西班牙语也很流利，意大利语也不错，"接着我又说，"我曾经学习过波斯语，不过现在已经完全忘了。"

"我觉得你的语言技能会非常有用，"埃里克说，"你认识菲尔·艾维吗？"

我点点头。他是我认识的为数不多的扑克玩家之一。

"扑克界曾经还有一场争论，讨论他是不是最擅长各种扑克游戏的玩家。令我觉得格外有趣的是他的妹妹是一个语言学家，好像会说 15 种语言。"他解释道。他说我可以把一种扑克游戏当作一门需要掌握的语言。

我很佩服会多种语言的人。与菲尔的妹妹比起来，我的能力似乎不值一提。

"你知道有多少人能有那样的头脑或兴趣吗？"埃里克继续说道，"菲尔似乎有一个和他妹妹相似的头脑，其运转方式让他们能够以一种惊人的速度掌握一门语言。刚听到你说的话，显然你也有一些迅速掌握一门语言或适应不同语言的能力，我很高兴，因为扑克挑战的本质就是语言学习。”

这在某种程度上是说得通的。学习扑克技巧在很多方面确实与学习语言很像。毕竟，扑克游戏也有一种新的语法、新的词汇、新的理解世界的方式。不过我可以看到两者之间存在一个很大的区别。人类有一种固有的语言学习能力，虽然确实存在一些人比另一些人更擅长语言学习的情况，但是我们在学习母语的时候都是相当容易的。大脑似乎原本就有一张地图，告诉我们该如何从声音中识别意思，在没有明确教导的情况下明白语言规则。而扑克游戏不是这样的，你就是再从心理学的角度切入，扑克游戏在很大程度上还是与统计学有关的，还是需要理解概率，知道自己的牌有多好，知道相对于别人的牌而言自己的牌力有多强，知道牌面提升的可能性有多大，等等。这里的每一项都需要经过一定的统计计算，至于我的统计计算能力如何就另当别论了。

“你知道，心理学实际上是扑克牌游戏最具吸引力的一部分，”埃里克打断了我的思考，“你具体研究的是决策的哪一部分？和丹尼尔·卡内曼研究的一样吗？”

“事实上，我的博士生导师是沃尔特·米舍尔，就是那个进行‘棉花糖实验’的，你认识吗？”

“哇，那真是令人激动啊。自我控制在扑克游戏中影响很大。”

看来埃里克·赛德尔先生还认识那个做“棉花糖实验”的人啊，我似乎选对了人。

“我也觉得是这样，”我回答道，“虽然我从来没玩过扑克，不过却可以告诉你：我敢打赌自己读的与扑克有关的书肯定比牌桌上的任何玩家都多。我做过与压力和决策有关的研究、情感上的研究、时间压力的研究以及各种我认为会和扑克牌高度相关的研究，而且你看我找到的一份报告。”我这会儿表达得很流畅，不想被他打断，得让他同意收我做学生才行。我拿出了王牌——一份关于扑克马脚的报告，据我所知，这份报告学术圈以外的人是不知道的，而且它是基于一场世界扑克系列赛决赛桌进行的分析，是真正的好东西。

埃里克读得很认真。他全神贯注地读着，接着开始笑了起来。

“哇，好吧，这个就别拿给别人看了。”

我告诉他，我不会拿给别人看的。就这样，我们的合作关系确立了。

竭尽所能

我拥有一个并不常见的机会，去学习一门全新的技能，使自己完全沉浸于新手状态，不仅有世界上最好的专家指导，而且身处一个像扑克游戏这样运气和技巧如此平衡、会让人联想到生活的领域。埃里克·赛德尔并不是十分在意我会不会赢哪一场比赛，他只是想看看我们能走多远，想看看心理学、读人识人和对情绪上细微差别的体察能让我走多远。如果从头开始，那么深刻了解人心的你能够在牌桌上胜过数学和统计学天才吗？从某种程度上讲，这也是对生活哲学的一种测试，用质的一面对比量的一面，用人性对比算法。在这个国家，人们思维范式的转变是围绕一种动态进行的，而我将站在这种动态的另一端①，最终的测试将会是世界扑克系列赛主

① 此处作者想要表达的意思是，在这个国家，人们思维范式的转变是围绕男女性别差异进行的，而“我”代表的将是女性。——译者注

赛事。锦标赛的历史上还没有女性冠军，而且只有一位女性曾进入决赛桌。埃里克不仅对我进行玩扑克牌的训练，而且还对我进行赢牌的训练，他坚信按照这种方式来玩扑克牌能够取得最终的胜利。并且我也会竭尽所能，让这趟旅程物有所值。

对我而言，这不仅是一个哲学的测试——尽管这才是首要的，它还是一场事关个人的考验。我不想让埃里克失望。他的坚信，一部分源自对我的能力和对他的方法的相信，另一部分是因为他无限的慷慨。他对朋友和那些自己信任或尊重的人十分慷慨，是我在很长一段时间以来遇到的最慷慨的人。他给予我的不仅有时间，还有信任、精力、智慧和声誉。我所能想到的就是，最好别搞砸了。

本书教你如何玩转世界

学习过程原本是一年，但它后来变成了一种新的生活方式。我从新手变成了冠军，从外行变成了内行，一路走来，我带着惊讶和自豪感看着生活越来越好。这本书就是这段历程的成果。它不是一本详尽的游戏考察，探究如何玩扑克，怎么赢，如何出人头地；它也不是一部指南，因为很多比我优秀得多的专业人士都已经写过指南了。它延续了冯・诺依曼的挑战，把扑克游戏看作一个镜头，窥探生活中我们必须得做的那些最为困难的、极其重要的决策，用扑克游戏来探究生活中运气和技巧的关系，试图学会引导运气，发挥它的最大效用。

本书还会为读者呈现我对扑克游戏以外的决策的领悟，将从赌场上学到的内容转化为日常生活中所做的决策以及那些我很少做的、关键性的、有独特意义的决策。扑克游戏有着无尽的可适用性和启示性，从情绪管理到读人识人，到减少损失，到收益最大化，再到自我暗示、成为最好的自己，使自己既能看破别人的虚张声势又能成功地诈唬。牌桌上运气和技巧的混合映射了日常生活中运气和技巧的混合，这种混合也是一种学习方式，让我们学会如何以更好的方式游走在运气和技巧的极限范围内。扑克游戏会让你学会如何掌握控制权，在何时可以掌握控制权，以及如何应对纯粹的运气因素，而这些是你在其他环境中无法学到的。此外，在一个干扰处处可见的时代，扑克游戏提醒了我们，仔细观察和专注对于成就和成功而言是何等关键，提醒了我们全身心投入和学习新事物是多么重要。正如埃里克在第一天告诉我的那样：要专注。本书不是讲如何玩扑克游戏的，而是讲如何玩转世界的。

第二章

职业玩家的诞生

如果我们认为靠运气取胜的游戏是违背道德的，那人类奋力追求的一切都是不道德的。因为没有一个追求是不受运气影响的，每一个追求都是冒着遭受损失的风险以获得收益的可能性。

——托马斯·杰斐逊

《关于彩票的思考》(*Thoughts on Lotteries*)

你要成为一名职业玩家吗?

我的另一位祖母，也是唯一一位在世的祖辈巴巴·阿尼娅这样问我。来波士顿探亲的我因为新的项目激动得快要跳起来了，而她却不觉得这有什么了不起的，她的态度，用冷淡来形容都是轻的。她的下巴微微抬起，看上去像是要切割石块一样；她的面容轮廓分明，像一座骑在战马上不可一世的英雄雕塑（可以说像一位不可一世的英雄，也可以说像一位愤怒的将军）。我能从落在肩膀上的力度充分地感受到祖母的失望。在我坚持不懈地解释了十多年自己不要孩子的决定之后，她已经差不多（不过不是完全）原谅了我，而这——这是一个新的开始。如果你自以为知道一个身高五英尺左右、92 岁高龄的人的失望能达到什么程度，那你就错了。她在苏联时期曾是一位教师，她的经验比在军队搞训练的军士都多。

她摇了摇头。

“玛莎”，她叫着我的俄文昵称。她的这一声“玛莎”充满了伤感和痛惜，她认为我要舍弃眼下的生活去做一个赌徒。简而言之，她设法表达了自己的想法，那就是她认为我处于堕落的边缘，要做的是一个糟糕至极的、令人费解的决定。

我可以看到巴巴脑海中浮现的陀思妥耶夫斯基笔下的赌徒形象，这位赌徒在虚构的鲁莱滕堡荒废了自己的人生。陀思妥耶夫斯基了解他笔下的人物，小说主人公在与22岁的情妇波琳娜·苏斯洛夫娜前往巴登巴登的途中，爱上了俄罗斯轮盘赌(Russian roulette)，并且“失去了一切”。但是，这未能阻止他赌博。尽管这个游戏最终让他失去了情妇，差一点儿失去第二段婚姻，他自己也因此破产，但对他而言，牌桌仍然有着难以抵制的吸引力。“我凡事都游走在底线上，”他在一封信中这样写道，“并且我这一生，都在不断突破这个底线。”

从祖母的表情中，我能清楚地看到，这将是我的结局。在接受了哈佛的教育之后，我居然会选择做职业玩家？

“玛莎，”她再次问道，“你真的要做一个职业玩家吗？”

祖母的反应可能有些极端，但却是很正常的，没什么事比看着孙女一步一步走向毁灭更忧心的了，因此一定得挡在前面阻止她。在未来的几个月里，我将因提倡把扑克游戏作为一种教学手段而受到指责，有人说我将整个社会“推向罪恶的深渊”。我会被陌生人说成道德堕落的人。休养所里一群非常聪慧的人会告诉我，打扑克当然很好，但是你怎么能鼓励其他人，尤其是孩子们撒谎呢？

人们对扑克界有很多错误的认知。第一个就是我从受挫的巴巴·阿尼娅那里看到的那个误解：把扑克游戏等同于赌博。我已经做好了开始的准备。在我看来，这趟旅程的出发点是对的：一定要让人们认识到扑克游戏是一种重要的、了解决策的方式。不信，你看看冯·诺依曼！赶紧坐到牌桌前面去吧！不过看到巴巴·阿尼娅，我意识到要想得到支持——要想证明扑克游戏不仅是一种学习手段，还是最好的手段之一，它能帮助我做与扑克游戏无关的决策——我需要更加努力才行。因为我需要一遍遍地解释，所以我最好解释得准确些。

拿最差的牌也可能赢，拿最好的牌也可能输

在没有受过专门训练的人看来，打扑克是很简单的。每一个见到我的人似乎都会说自己“有本书要写”，说只要一有机会他们就写。毕竟，每个人都可以使用文字。同样，每个见到埃里克的人都认为他们离成为职业扑克玩家或至少离成为一个了不起的扑克玩家只有一步之遥。然而，大多数人都低估了其中的技术成分，扑克游戏看上去是如此简单：拿好牌、赢钱，或者先靠诈唬让每个玩家眼花缭乱，然后再赢钱。总而言之，一直都在赢钱。每次我与埃里克聊天的时候，他好像都有一个新的故事，要么是酒吧侍者，要么是服务员，要么是优步司机，认出了他并与他分享自己的洞见，说自己也能打得跟他一样好，只是一直没有机会罢了，只是那个“机遇”还没出现而已，假如埃里克能支持他参与那场大的赛事的话……

扑克游戏的确有运气的成分，不过什么没有呢？职业扑克玩家难道会比那些签订职业足球合同的人更像“赌徒”吗？未来一周，谁受伤的可能性大呢？未来一年，谁更有可能因为没有兑现承诺而仓促离队呢？我们评判扑克玩家，说他们在碰运气。然而，当股票经纪人在信息更少的情况下碰运气时，我们却会给予尊重。从某种程度上说，扑克玩家所冒的风险要比大多数人小多了。毕竟，即便他们失去了一只胳膊，也还是能够玩牌的。

不过大众心目中的误解之所以根深蒂固是因为扑克牌不像五子棋或象棋，它涉及押注，押注就牵涉到钱。而一旦涉及钱，就相当于在玩花旗骰或百家乐了，不过这些游戏才是真正的赌博。因此我把那些重复了多遍、像口头禅一样的话告诉了祖母：在扑克游戏中，即便拿着最差的牌也有可能赢，就算拿着再好的牌也有可能输。但在赌场的其他每一个游戏中，以及在信息完全的游戏比如象棋或五子棋中，你只需要竭尽全力去赢就可以了，没有其他的途径。简单地说，这就是为什么玩扑克游戏不是一个投机行为，而是一个有技巧的活动。

想象一下，现在有两个玩家在牌桌上。牌已经发了，每个玩家都必须看着自己的牌，然后决定现有的牌是否足够好，是否可以下注。如果想玩，那他至少得“跟注”大盲注——也就是说，他放入底池的筹码必须得和现有的最高注数相同。他也可以选择弃牌（放下手中的牌，不参与这一局）或加注（押下比大盲注还高的注）。不过，谁知道他会根据哪些因素来做决定呢？也许他有一把好牌，也许牌一般，但是他认为自己可以打赢对手，因此还是选择下注。也许他留意到其他玩家因为他没玩几局而认定他是保守的，于是便利用其他玩家对他的这一印象，在牌比平时差一些的时候选择开局；又或者他可能无聊至极了才打这一手牌。他的推想，和他的牌一样，只有他自己知道。

其他玩家观察他的举动并做出相应的反应。如果他下大注，那他的牌可能很好，又或者他的牌很差，但在虚张声势。如果他只是跟注，那是因为他的牌一般呢？还是因为他是一个被动型的选手呢？抑或是因为他想用“慢玩”（slow playing）的策略呢？这是以一种克制的方式来遮掩自己手握好牌的策略，就像陈强尼在1998

年世界扑克系列赛中与埃里克·赛德尔对战时所做的那样。每个决定都会透露出一些信息，好的玩家必须学会读懂这些信息。这是一个持续不断的、来来回回诠释的过程：我该如何回应你？你又是怎样回应我的？通常，牌最好的玩家未必能赢，而能够赢牌的则是最好的玩家。这种细微差别，这种来来回回，正是冯·诺依曼能在扑克游戏中找到军事策略的原因。从一个非常人性化的角度说，要想成为赢家你必须要拥有高人一筹的技巧。

的确，当经济学家英戈·菲尔德以 6 个月为周期分析这段时间内几个线上扑克网站上数以十万计的牌局时，他发现，牌最好的那些玩家中平均只有 12% 的人会赢，只有不到 1/3 的人能走到摊牌阶段（这意味着有些玩家有足够多的技巧，说服那些手中牌比留到最后的牌强的玩家弃牌）。在赌注不高、盲注标准为 1/2 和 5/10 的游戏中，有一些技术不高的玩家总是能赢；而在赌注很高、盲注标准为 50/100 甚至更高的游戏中，技术的差异性明显减少。也就是说，牌局的赌注越高，玩家的实际技术优势就越大。当芝加哥的经济学家史蒂芬·列维特和托马斯·迈尔斯观看 2010 年世界扑克系列赛的赛事直播并比较两组玩家的投资回报率（ROIs）时，他们发现休闲玩家（recreational players）平均损失了 15% 的买入（buy-ins）（400 美元左右），而职业玩家平均赢得了 30% 的买入（1 200 美元左右）。他们写道，“从统计学的角度来看，我们观察到的投资回报率差异十分显著。就量级而言，这些差异要比在金融市场上观察到的差异大得多。在金融市场上，那些最有才华的基金经理收取的费用高达所管理资产的 3%，占到了年收益的 30%”。换句话说，这意味着想要在扑克界获得成功，就得拥有比更受人尊敬的投资行业从业者更多的技能。

当然，扑克游戏的基本原理其实要比这深奥得多。下注（打赌）这个特别令人讨厌的环节似乎是一个很大的绊脚石，甚至对试图阐释扑克游戏本质上是需要技能的理智之人而言也是如此。而下注实际上是让扑克游戏比其他几乎所有技能游戏都优越的核心：最好的理解方式之一就是把下注当成是一场不确定性的打赌。而在几乎所有的活动中，这也是克服决策过程中会遇到的困难的最好方式之一。即便你不是扑克玩家，也能理解其原因。在《纯粹理性批判》一书中，德国哲学家伊曼努尔·康德提出将打赌作为一剂解药，可以解决社会的诸多病态：因不知道世界的概率特性，希望从本应看到灰色的地方看清黑与白，而产生的错误的判断。由于对不确定性的误信，即使判断正确的概率是 90% 甚至 99%，人的主观意识也会认为这是 100% 正确的。康德举了一个例子，有一个病人要求医生给出诊断，这位医生穷尽所学，就病人的病情给出了结论，然而这个结论并不一定是对的，只是他基于现有的信息，基于在这个领域的经验，能够给出的最准确的结论。即便如此，他会告诉这位病人他是不确定的吗？可能会。不过更有可能发生的是，如果他的确定性达到了某个临界点——诚然，每个医生的临界点是不一样的——他会将自己的诊断当作事实来陈述。

如果他不得不打赌会怎么样？“经常会有人非常大胆、确信地表达他的观点，就好像他并不担心自己有可能是错的一样，”康德写道，“打赌的提议吓到了他，让他停顿了一下。”现在有了真正会失去的东西，他不得不重新评估自己观点的确定性到底如何。“有时候他得相信原本只值一个金币，而不是 10 个金币，”康德接着说，“如果要赌上 10 个金币，他立刻就会意识到自己有可能犯了错。”

如果赌注更高呢？于是，我们突然就有了一种方法，可以匡正人们理智中的很多愚笨。“想象一下，如果得为任何一个提议赌上一生的幸福，那我们就不会为自己的判断而喜悦，反而会警觉，然后就会发现我们实际上并没有那么的确信。”康德说。你会为一个信心满满地发布在社交媒体上并且花了数个小时吹嘘它没有任何错误的观点赌上全部资产吗？你会赌上你的婚姻吗？会赌上你的健康吗？一旦这么看的时候，连我们最深的确信似乎都没有那么确定了。

当然，为自己的观点打赌和评判他人的观点是有很大区别的。在认为他人犯了错的时候，我们通常不会很宽容；而当自己犯错的时候，我们会非常宽容。想想 2016 年的美国总统大选，当时每个媒体的民意调查都表明希拉里·克林顿会赢，然而他们都错了。在大选结果揭晓之后，没有人像内特·西尔弗（Nate Silver）那样愤怒。在过去的几届大选中，他的预测是如此准确，以至于这一次因为这样的“失误”而备受公众的抨击。不过西尔弗到底说了什么呢？在 2016 年 11 月 8 日最后一次民意调查中，他给出的数据是希拉里赢得大选的概率是 71%，而特朗普赢得大选的概率是 29%。实际上，29% 是一个很大的概率了，将近 1/3。然而大多数人看到的是 71%，并且把它理解成是确定无疑的。我们每次在做判断的时候，往往会因为另一个选项太过复杂、太过伤脑筋而不予考虑。对于大多数人来说，71% 等同于 100%，因此认为希拉里是会赢的。

但是如果让你在西尔弗给出的概率的基础上打赌呢？你会把 71% 的概率当作 100%，然后将押在 100% 概率上的赌注金额同样押在 71% 上吗？还是你会意识到 71% 的概率有更大的误差幅度（margin of error）呢？事实证明，特朗普赢得大选的概率与在德州扑克翻牌圈命中对子的概率大致相同——而且只需玩一两局，你就会意识到在德州扑克翻牌圈命中对子的概率远大于 0。

内特·西尔弗是一个扑克玩家。事实上，很久之前他靠着打线上扑克过着相当舒适的生活。扑克游戏让他对世界的本质有了一些基础的了解，然而大多数人是不会费心了解这些的。扑克游戏是能有效了解概率思维的一扇窗户，之所以如此，正是因为它牵涉到下注：扑克游戏中的赌注不是次要的，而是学习过程不可或缺的部分。只有当学习结果与自身利益密切相关的时候，人们的大脑才会学到东西。这也是为什么孩子们只有在清楚地知道如何或何时应用所学的时候，才能够学得更好，并且记住所学的内容。从经验中学习概率不仅能够让我们理解 29% 的概率是什么样的感觉，而且还会记住这种感觉。如果我们不从中吸取教训，就会蒙受损失。如果我们继续下错注，就会受到惩罚。如果我们一直说“我觉得这样可以”，而不去量化有多少时候是真的“可以”，就会失去所有的钱。

不过在生活中，我们做一件事情的时候往往不会深入思考。我为什么要买那只股票？因为另一位投资者在午餐的时候告诉我那只股票不错。我为什么要卖掉那只股票呢？噢，是因为他抛售了那只股票，而我觉得他的做法是合理的。我们会基于感觉做出反应，却不会查看数据。交易员会卖掉正在盈利的股票，锁定收益，这种做法令人感觉很好，尽管数据显示盈利股票的收益短期内会继续上涨。为了避免“割肉”损失，他们会继续持有亏损中的股票，因为“割肉”损失令人感觉不好，尽管数据显示应该及时止损。事实上，无数研究结果表明职业投资人都拥有一种不同寻常的能力，他们会忽视数据信息，相信自己的直觉和判断，结果表明他们不进行交易操作的话往往会更好。

诺贝尔经济学奖获得者丹尼尔·卡尼曼说过："对于大多数基金管理人而言，筛选股票不像打扑克，而像是在掷骰子。"这不仅是因为大多数基金的市场表现不佳，还是因为不同年份市场表现的相关性[①]非常低。卡尼曼认为："在任意一年，优秀基金的表现大多都是好的，因为它们运势好。研究者普遍认为，所有选股的人，无论他们是否知道——事实上只有少数人知道——玩的都是运气游戏。"

扑克牌桌以外的人很难消化这个经验，甚至连那些看似已经蒙受损失的人，比如股票交易员，往往也不愿意承认自己在确认无疑的事情上判断失误。因为世界比牌桌复杂得多，所以将责任归到他处会简单得多。在当下没有某种反馈能引起你反思的时候，你会误以为自己拥有某项技能。扑克游戏以一种其他活动难以实现的方式改变了你的习惯，并且在改变这种习惯的同时，它还会改善你在扑克游戏以外的其他活动中的决策。

我刚开始跟我丈夫约会的时候，他常常会在谈话的过程中核实我的说法。我这一生从未投资过什么，不过过去我确实有个习惯，我在自己说法上的投资会略微超出实际情况。"你确定吗？"他会以一种令人喜爱的方式问我，然后说"我想我可能得核实一下"。接着他会拿出手机或一本书进行核实。虽然后来我改变了一些，但是却没有完全戒掉这种习惯，直到进入扑克世界以后，我才真正养成了实事求是的习惯。刚玩扑克游戏没多久，我就发现自己会说"噢，我 75% 地确信"这样的话。不恰当地确信会影响自己的银行账户，我已经有过太多这样的经历，也知道表现不佳的责任全在自己身上。

---

① 这里可理解为每年市场表现的差别较大，无法相互参考。——译者注

那种不归咎于他人的个人责任感是关键。其实，与金融从业者相比，有一种特殊的律师群体在概率思维上要表现得好得多，尽管前者的职业与概率的联系更为明显。这一群体就是会从案件最终的偿付金中抽取一定份额佣金的律师。准确评估与其切身利益有很高的相关性，因此他们学会了准确评估。气象学家和赛马优胜预测人员也是如此，他们对风险的评估是精确的，因为他们的评估不仅以百分比的形式明确地呈现，而且其评估表现也会收到即时的反馈。一旦评估失误，他们无法归咎于他人。

在扑克界以外，精确的概率思维是一种罕见的技能。丹·哈林顿（Dan Harrington）是扑克界的一位大师级人物，多年以前他离开了扑克界，开始做房地产生意，并且生意做得很不错。他跟我讲了一个故事，有关未能按照计划展开的一次招聘。应聘的人看起来令人愉快并且能够胜任这一职务，然而最后的结果证明他的判断力其实是有待提升的，应聘的人并没有招聘过程中表现出来的那样好。他和其他雇员之间的一个重要区别是：他拥有传统金融学的背景，而其他人则是来自扑克界和西洋双陆棋（backgammon）界的熟识。“我的合伙人跟我说：‘丹，以后如果我们要招一个非职业玩家，你就踢我屁股一脚。’”丹回忆道，“令人满意的雇员知道公正，他们知道公正所牵涉的决策树矩阵（decision tree matrix），不会将个人因素掺杂其中，而且这个品质来自赌局，是生命中的无价之宝”。此后，他们再也没有招聘过没有在扑克界待过一段时间的人。

我敢打赌概率之父是赌徒这一事实绝非偶然。他是我们知道的第一位超越既有认知的人，既不把运气看作某种未知的女神，也不把运气看作超自然的现象。吉罗拉莫·卡尔达诺是医生、数学家、哲学家，他参与开创了高等代数，因其能激发思维的散文而闻名

（莎士比亚好像就是他的粉丝之一，据说在“生存还是毁灭”这一幕中，哈姆雷特手中拿的书就是吉罗拉莫的《安慰》）。他还通过赌牌赢了很多钱，不过他的赌牌方式在同时代的人看来是另类的。

吉罗拉莫很难容忍当时盛行的占卜术。尽管占星家声称能在星宿中看到未来，但是吉罗拉莫写道：“我从来没有见一个占星家在赌牌的时候走运过，那些听他建议的人也没走运过。”同样地，他也称地相术是“一种反复无常的自大、危险的行为”。在1526年，这种观点还是非常另类的。要知道，在那个时代，一个人会因为说了地球不是宇宙的中心就被烧死。在那个时候，只有占星术似乎才是前沿科学。

卡尔达诺意识到相信运气、把它当作某种更高的力量，是一种会导致失败的行为。在玩牌的时候去猜测是否存在一个神灵或其他给予指引的力量是没有意义的。他提供了另外一种方式：通过概率进行预测。可以基于对自己有利的频率进行出牌。那时，有个人利用带有记号的牌诱惑他玩牌并赢了他很多钱。在思考如何收回所得物（他还输了很多衣物和私人财物）的时候，他灵光一现，想到了一个基于数学的思维方式。最后，他不仅赢回了对手以不正当手段赢取的赌金，还在有史以来第一部关于概率的著作《论博弈游戏》（*The Book on Games of Chance*）中发表了自己的见解。

碰巧的是，在思考如何计算骰子的投掷和牌的发放的过程中，卡尔达诺对普利麦罗纸牌（primero）进行了描述。普利麦罗纸牌被很多人视为最早的扑克牌形式，尽管它玩的不是整副牌，赌注规则也有些复杂，但是它在本质上与现在的扑克游戏是相似的：既有一些个人牌，又有一些公共牌，还有一些复杂的互动——描述你手中或有或无的牌并解读其他纸牌玩家所发出的信号。普利麦罗纸牌传遍了欧洲，有了 primiera、la prime 等各种叫法，后来被称作 pochen，这是一个从动词衍生而来的德文名，其动词形式意为“虚张声势”。法国人借用 pochen 并把它变为 poque。不久之后，这个游戏的形式就发生了变化。

没有人确切地知道纸牌游戏是什么时候传到大洋彼岸的，不过它似乎与其他很多全民娱乐游戏一样，是在一个闷热、无聊的夏季在大洋彼岸扎根的。1803 年，美国路易斯安那州的一些法国人在一艘缓慢开往新奥尔良的蒸汽船上百无聊赖地待着，于是便开始玩起了一个名为 poque 的游戏，不久之后这个游戏随着蒸汽船传遍了美国各地，最终演化为扑克牌。在某种意义上，概率论也随着纸牌游戏迅速传播。

不过，有一件事情让卡尔达诺感到很失望，那就是了解概率并不足以控制运气这一因素，除非出老千，他花了很多时间描述利用坏骰子和带有记号的纸牌出老千的可能性，否则是无法一直赢牌的。自己的发现“非常有助于理解，但是在实际玩牌的时候几乎没什么作用”，他反思道。这种说法并非完全准确，不过你可以明白他的观点：如果希望提高赢率，那就去了解概率；如果想要稳赢，那就得出老千。

扑克牌不仅要你调整自己的确信程度，还要你能接受这样一个事实，那就是永远没有十拿九稳的事。你永远无法拥有所需的全部信息，尽管如此，但还是得将确信抛之脑后，采取行动。

只有当教授才是正经事儿吗?

巴巴 · 阿尼娅并没有被我说服。虽然扑克游戏会让你知道没有什么是确定无疑的，但是她却依旧确信我走向了黑暗。我意识到不管自己说什么都改变不了她的想法。她不耐烦地挥了挥手，就否定了我所谓的玩扑克牌是一个讲求技巧的游戏。而她脑海里还有更多的论据。

抛开技巧不说，整件事还有一个令她困扰的因素。她说："但这毕竟不是个正经事儿，它只是个游戏而已，你怎么能拿游戏当作事业呢？"她想让我当一个教授，因为那才是正经事儿，是一个正经的职业，一个需要技术的职业。

事实并非如此。我越想就越觉得当教授怎么会是一个不需要冒险的事业呢？试想一下，如果继续走学术道路，我会选择研究什么呢？肯定是社会心理学。可是这会儿风头正盛的是神经科学啊，不过也许我会跟着兴趣而不是跟着就业市场走。那么最终会选择和谁一起做研究呢？但愿我能有好的运气，可以在大五类人格（the Big Five）研究占据主流的任何一个心理学研究院找到工作吧。要知道，我的导师可是沃尔特·米舍尔，他是不认同大五类人格的。那发表学术论文呢？我的论文稿会被分给谁审阅呢？是能与我产生共鸣的某个人还是认为我的研究满是胡言乱语的某个人呢？在一场扑克锦标赛中，我不会因为选择了一种与当时位高权重的玩家相反的、会对他们的优势地位构成挑战的玩牌方式而被踢出局。但是，如果与研究院的院长或招聘委员会，甚至与其中一位有声望的著名教授唱反调，那我就彻底没了职业前途。

无论从哪个方面来看，扑克游戏都是一个有技术的活动，而职场则像一场赌博。我的求职演说怎么样？在哪里上的大学？在哪里读的研究生？在面试中有没有得罪某个人？这些细节，在很大程度上都受制于运气，而这个运气要么会助我成功，要么会令我失败。

在牌桌上，我按照自己的方式打牌，或晋级，或淘汰，完全是靠自己的实力。

“但是你为什么不能玩象棋，非得玩牌呢？”我的祖母再次说道，“象棋才是一个正儿八经的游戏。”

我叹了最后一口气，多么希望能够带她到华盛顿广场公园走一走，好让她看一看真正的象棋玩家。象棋游戏满是来来回回的积极进攻，是我见过的最激烈的赌博活动之一。“我和这些人有共鸣，”有一次在华盛顿广场公园散步的时候埃里克告诉我，“因为他们是游戏玩家。他们聚在一起玩象棋，有时候也玩西洋双陆棋。他们能够明白。”

不过我没有精力去解释了，也不会深入地跟她谈象棋是一个信息完全的游戏，而生活是一个充满不确定性的游戏。我也没跟她提起华盛顿广场公园，继续往前走就行了，但愿能在这个过程中证明我自己。

第三章

第一堂扑克课：输的艺术

如果你敢把取得的一切胜利，
为了更崇高的目标而孤注一掷，
面对失去，决心从头再来而
绝口不提自己的损失……

——鲁德亚德·吉卜林
《如果》

老棋迷和年轻奇才的对决

我在手机闹钟的竖琴声中醒了过来，睡眼惺忪，发辫也没那么蓬松了。虽然我特意选了不那么刺耳的闹铃声，但是它却让我对竖琴产生了不健康的强烈的憎恶之情。现在是早上 6 点，通常，一个自由的作家不会在 6 点还醒着，除非她通宵写作。但是我需要从布鲁克林出发，在 8 点的时候到达上西区。其实，埃里克是个爱早起的人。8 点已经是他妥协之后定下的，并不是他最开始提出的时间点。

我们一边吃着熏鲑鱼和百吉圈（纽约所有上课的人都会吃这些），一边开始上课。坐在富威超市的咖啡厅里，埃里克急切地想了解我的学习进展，我得承认到目前为止自己的学习都是理论性的。

“你和丹的会面怎么样？”他问道。

他说的丹是丹·哈林顿，绰号“行动丹”，因为他牌风保守，所以对手眨眼之间就会选择跟注他。他和埃里克很早之前就认识了，那个时候埃里克还在玩西洋双陆棋，梅菲尔俱乐部还是纽约的一个私人扑克俱乐部，后来的很多扑克高手都是在那里开启的扑克生涯。1979 年时埃里克已经来到离哈林顿的故乡只有一河之隔的波士顿，来参加西洋双陆棋锦标赛。丹玩西洋双陆棋已经有一段时间了，而埃里克则是一个新手，“这是一个 19 岁的奇才”，丹回忆时说道。他们在锦标赛上一路晋级，一直到最后，变成了老棋迷和年轻奇才之间的对决。

最后丹赢了。“我下得还不错，”他告诉我，“埃里克只说了一句‘你是谁啊？我从来没听说过你’。因为他是从纽约来的，纽约人一直是这种态度，认为纽约之外的世界并不存在。”

埃里克搞清楚了丹是谁，而丹开始对扑克感兴趣了，6 年后他们在梅菲尔俱乐部再次见面。那次见面是一场延续一生的友谊的开始。现在丹已经隐退了。“我变老啦，”他说，“不管你信不信，这都是年轻人的游戏。像埃里克这样的人是个奇迹，能够在这个年纪继续从事这一职业绝对是令人大吃一惊的事。我在他这个年纪也这么做过，不过是在一个竞争不那么激烈的赛场上。”不过他的成就中有一项是令所有人都羡慕的，那就是世界扑克系列赛主赛事的冠军头衔。他还创造了四次入围主赛事决赛桌的纪录，并且在其中一年的决赛中位居第三，而那一年的赛事因身为会计的克里斯·福星赢得最高奖金而出名。福星开启了现代扑克热，即所谓的“福星效应”。

学习任何一项新技能的关键是找到一个好导师，而最优秀的导师最擅长的事情之一就是知道什么时候该委任他人。自从那时埃里克打开大卫·斯克兰斯基的《扑克理论》（*The Theory of Poker*）起，已经过去几十年了，当时在二手书店一时兴起拿起的这本书驱使他进入了扑克界。他还不习惯带学生，更别说带那些对扑克游戏一无所知的人了。因此为了让我学习基础知识，他真的把我带到了那个写扑克教科书的人面前。《哈林顿在锦标赛》（*Harrington on Hold'em*）是经典书目，自从读过斯克兰斯基的著作之后，埃里克可能就没怎么思考过扑克游戏的基础知识了，而丹·哈林顿则从众多基础知识中提炼出了精华。幸运的是，他刚巧也在纽约。

“我觉得学得挺顺利的，”我跟埃里克说，“我学会了如何在轮盘赌中获胜。”

只有通过失败才能得到答案

丹从西海岸过来，待在中城酒店，我跟他约在那里见面。我不知道该有什么样的期待，不过当他戴着白色的棒球帽跟我打招呼的时候，我很开心——在我见过的所有照片中，他不是戴这顶帽子就是戴另一顶帽子。尽管我已经读了他的好几本书，但还是不敢相信他会愿意跟我讨论扑克游戏的基础知识。

我们在去咖啡厅用早餐的路上就建立了联系。原来他和我一样，都是在并不富裕的家庭中长大的。我告诉他，自己很幸运，父母支持这项新的冒险行动，在存在财务风险的情况下还为我加油，我还跟他坦言，祖母的看法和父母略有不同。

然后他告诉我不管我做什么，那些看法可能永远都不会改变。他回忆起告诉母亲自己在世界扑克系列赛上获胜的那一刻。“那个，妈妈，你觉得怎么样？我赢了 100 万美元，现在是世界扑克冠军。”他记得自己是这样和她说的。而她说：“哦，那挺好的，丹尼。你知道吗，我们有个亲戚，叫帕德里克·哈林顿，打高尔夫球的，刚刚在西班牙的公开赛上赢了 8 万美元。”丹接着说：“妈，我赢了 100 万美元，我是世界冠军。”但是她只回答了句：“丹尼，你听我说，他正在参加欧洲巡回赛，表现得也不错。”

“那么你想知道什么？”他边喝咖啡边问我。

我告诉他，我想了解所有的一切。

我期待的是一堂讲解如何战胜概率、如何筹算、如何处于优势地位、如何采取最优策略的课。当然，我学到了一些这样的内容，但是在这堂速成课上主要学习的还是失败的重要性。

“瞧，你已经读过了我的作品。”丹说。我确实已经读过了，这是埃里克为我制订的学习计划的第一步，他说这是这趟旅程的基础。在什么都没做之前，我先出去买了丹的作品，而且手里拿着笔，从头看到尾。我在书旁的标注足以让一个文学研究生嫉妒得脸色发白。我仔细地阅读每一章节，或突出显示，或加下划线，书的内页上记满了旁注。虽然我可能在几周之前才知道一副扑克中有多少张牌，但我擅长阅读。

埃里克从来没教过别人，而他自己早期的经验也不是特别适合我，我现在还没有任何要放下一切的计划，也不会把所有时间都花费在一个可与梅菲尔俱乐部相提并论的扑克场所，整天与世界上最好的玩家较量。更何况，自他进入以来，扑克界已经发生了很大的变化。一方面，现在有线上扑克，这意味着你能用更少的时间获得更多的经验；另一方面，现在有强大的计算机算法能够帮助你制定策略并在数秒内运行数以百万计的模拟，来回答以前主要通过单纯的重复和经验来处理的策略问题。丹的书是他所能想到的最接近入门读物的了，阅读是一种既能为这趟旅程打下基础又不会让我在一开始就手足无措的方式。

“至少我认为它们是适合你的，”他开始的时候说，“记得告诉我你的进展如何。如果太难了，我们再想想别的方式。”

从夏末到秋初，这些旁注就是我的救生筏。它们是我手上唯一的实物，也是唯一能证明我的确是在学习的痕迹。埃里克从一开始就说得很清楚：要想继续这趟旅程，就必须得达到某些标准。如果要和他合作，我就不能跳过任何步骤。首先，我要读哈林顿的书，看最好的玩家真刀真枪地玩牌的资料。他早些时候告诉我，要注册“Run It Once”。后来我才发现它是一个指导平台，在开始查看大量的话题时，我突然感觉非常迷茫，非常渺小，非常愚昧。我当初到底在想什么啊？到底什么是融合再次加注的底牌范围（merged three-betting range）？为什么在台面（board）有三张同花牌的时候，转牌圈的下注尺度（bet sizing）值得花费几个小时来讨论呢？其次，我们讨论我提出的问题，而埃里克则决定我是否已经具备了足够的理论基础，是否可以开始玩牌且不会输个底儿朝天。最后，我开始玩真正的扑克，来检验自己的理论应用水平如何——玩的是线上扑克，下的是小注，不过用的是真金白银。真金白银地玩确实会和预想的不一样，就像很多擅长玩大富翁游戏的人会是非常糟糕的房地产经纪人一样。只有能在线上扑克中持续赢钱之后，才能够做那件当初我以为立即就能去做的事：在拉斯维加斯玩线下扑克，在真正的赌场中，在真正的牌桌上，用货真价实的筹码打牌。作为预备，我已经买了自己专用的筹码套装。毕竟，我看过视频，人人都会玩那个把戏，就是用一只手把两摞筹码混在一起，后来我发现这个动作叫作洗牌（riffling）。我第一次尝试洗牌的时候，红的、绿的筹码飞得满屋都是，于是我马上在 YouTube 上找了一个教学视频开始练习。“也许你首先应该把注意力集中到学习玩牌上。”在发现我在这项新的灵活度挑战上花费太多精力的时候，我的丈夫温和地建议道。

即便到了拉斯维加斯，要想参加世界扑克系列赛，我还有很长的路要走。主赛事的买入是 1 万美元。对于一个一无所知的业余玩家来说，这是很高的赌注。如果我没有准备好就去的话，相当于是在拿 1 万美元的现金来引燃一堆非常赏心悦目的篝火。这虽然是一个充满温暖和明亮的经历，但很快就只剩下灰烬和弥漫在空气中的有点儿难闻的被浇灭的炭火味儿。埃里克很尽责，也非常看重导师的这个角色。要让他做导师，我就必须得同意，在他觉得没有一丁点儿成功可能性的时候，我绝不能参加一个需要 1 万美元买入的比赛，不管我写不写书。为了能参加那个比赛，我必须得成长到一定程度，即先在低赌注的比赛中一直赢钱，然后一步一步从最小规模的比赛走向更大规模的比赛。

现在已经是 9 月了，主赛事会在来年 7 月举行，还有 10 个月——不到一年的时间，而我的水平甚至都没到能够在一场真正的游戏（线上或线下）中打一手牌的程度。因此我牢牢抓住哈林顿的那些书，希望在阅读得足够仔细的情况下，能从中获得足够大的激励，在接下来的旅程中走得又快又顺。不过，读完这些书所耗费的时间比预计的长很多，这不是一个好兆头，正如埃里克所说的那样，扑克游戏对我而言是一门新的语言，不过我还是那个始终乐观的乐天派，至少在有一本书需要在截止日期前完成的时候是这样。

因此，在见到丹本人之前，我不仅读完了他的书，而且还读了第二遍，仔细剖析了他的书。埃里克和我花了好几个星期，分几堂课，逐个讨论了我的旁注和问题，为学会如何打牌打下扎实的基础。这些课和你们上的那种传统课程不一样，我们不会坐下来研讨，没有课程计划，也没有具体的主题或目标需要覆盖或达成。相反，我们会健步走。埃里克很喜欢健步走，自从多年前买了一个 Fitbit 的智能手环之后，他就开始热衷于完成每天的步数，而且我后来了解到，健步走是他日常生活的一大部分，无论是晴天还是雨天，无论是在纽约、拉斯维加斯，还是在世界上任何一个地方，无论是在玩牌的间隙还是在比赛期间。这不仅是为了锻炼，健步走还是他思考、反思、理解、学习的途径。

我们一起健步走，一起讨论，任由当天下午健步走的步速来决定谈话的节奏。左手边是波光粼粼的、雄伟的哈德孙河，右手边是河滨公园绽放的花海，我尽可能地跟上他的步伐，同时特意把手机放在包的一侧，记录下我们的谈话。我一会儿从包里摸出一本折角的书，找到相关的页面，一会儿拿个小本子，匆匆记下一些尤其重要的、想之后回顾的要点。我并不是一个协调的人，这一点是短板，为了尽量不打乱大步走的频率，我常常发现自己在抓住掉落的手机或笔的时候做出了形意舞（interpretive dance）的动作。虽然我很想告诉埃里克 Fitbit 计步的时候并不会在意他走得快与慢，但是我并没有机会喘上一口气、跟他说这些话。在旁人眼里，我们一定是一个非常奇怪的组合。

正如我所料，我们最早的健步走谈话都是围绕最基础的内容进行的。我已经钻研过最基础的知识，也就是一些基本原则。发牌员先发给你两张牌，你要决定是开牌（play）还是弃牌（fold）。如果你决定玩，那就跟注或加注。其他人也会经历同样的决定过程，从大盲注左手边的玩家其所在的位置——枪口位（under the gun）开始，顺时针进行。接着，每次新的信息出现的时候，也就是发了新牌的时候，你要再做一次决定。最后，如果下注之后，只剩一个人手里有牌，那他就赢了这局。如果这局到了摊牌（showdown）阶段，也就是说，有人跟注最后的下注，那手里底牌最好的玩家将会获胜。在少数情况下，如果两个玩家的底牌相同，或者他们在打公共牌，也就是说，台面上的牌大过每个玩家手中的牌，那么他们将平分底池。不过，那些不那么基础的基础知识是什么呢？

“哈林顿很关注玩牌的风格，”我告诉埃里克，“他说，你要么是一个保守型的玩家，要么是一个进攻型的玩家，要么是一个超级进攻型的玩家。”

“我觉得现在你还不需要考虑这个，”埃里克笑着说，“不过我很高兴他列出了所有这些选项。”

“那为什么会有人想成为除超级进攻型以外的其他类型呢？”我问道，“丹说，超级进攻型的玩家是唯一让他无法真正预测的类型，因为不管手里的牌怎样他们都会玩下去，所以在任何时候他人都无法判断他们手里的牌是什么样的。如果真是这样，那为什么不一直做一个超级进攻型的玩家呢？”

我一直在学的最重要的事情之一就是起手牌（starting hand）的选择。我知道玩家会拿到两张牌，而且得决定是开牌还是弃牌，那在手里握有哪些牌、坐在牌桌的哪个位置的时候，玩家才能断定这手牌足够好呢？埃里克解释过，越想早开牌，起手牌的牌力就要越强，因为还有更多的玩家在按兵不动。这一点是说得通的。做任何决策的时候，信息都是实力。越早行动，掌握的信息就越少。在很多人都按兵不动，等着做决定的情况下，局面可能会发生很大变化。他还说起过各种起手牌的价值：口袋对子（pocket pairs）——点数相同的两张底牌；同花连牌（suited connectors）——花色相同、点数相连的两张底牌，比如一张底牌的点数是 7，另一张底牌的点数是 8；同花隔张连牌（suited gappers，隔一张、隔两张，甚至隔三张的连牌）——花色相同、点数相连但不相邻的牌，比如红桃 6 和红桃 8 就是同花隔张连牌；同色有 A 的顺牌（suited wheel aces）——一张 A 加一张同色的点数较小的、能组成顺子的牌。他告诉我，它们都有不同的战略价值，都得经过深思熟虑。一些底牌牌力强是因为它们让你有了牌面覆盖（board coverage），也就是说，在很多情况下，你都能够组成牌力强的牌型。另外一些底牌牌力强是因为它们的阻断价值（blocker value），也就是说，它们是关键的、能够降低对方组成好牌型概率的牌。还有一些底牌牌力强是因为它们可以组成非常强大的牌型，能从牌力弱的对手那里赢得最大值。此外，他还解释了为什么不能总以同样的方式来打这些牌，尤其是像我这样缺乏经验的玩家。“大体上讲，如果牌好，一开始你不会犯太大的错”，这是他最初给我的一些最重要的具体建议之一。不过在我看来，哈林顿一直在强调的信息似乎也很有道理：如果我出人意料地突然开牌，以一种进攻性超强的方式打牌，那其他玩家又怎么知道该如何反应呢？

“这个，它确实有一定的吸引力，但进攻型的玩家会打败你的，他们会在你觉得自己承受不了压力或者出现其他状况的节骨眼上打败你。他们非常擅长发现这种节骨眼，”他说道，“不过他们也会令自己陷入一些境地，进而透露出很多信息。我同意丹的说法，跟这些玩家对阵很有挑战性，你不会一直想和他们坐在一张牌桌上的。不过，话又说回来，你会从他们那里得到一份不错的礼物，那时就会原谅他们的任何打法了。”埃里克所说的“不错的礼物”指的是大量筹码。他告诉我，进攻性超强的游戏能变成一个短期的福利。不过大多数时候，进攻性超强的玩家会破产。而且在级别最高的牌桌上，他们会瞬间败下阵来。

埃里克说，我对丹作品中这个部分的兴趣，让他想起十来年前的扑克游戏。“那个时候，这些进攻性超强的玩家可以发挥得很好，其中一些还是明星玩家。后来，这种过强的进攻性让他们从牌桌上消失。现在，他们恢复正常了。你得找到平衡，这些人中有人从来都不踩刹车。在买入最高的、动辄数十万美元的赛事中，你必须要踩刹车。不过，有一种与之截然不同的打法，可以让你在 200 美元买入的线上比赛和 10 万美元买入的赛事中都能获胜。”

那么答案到底是什么呢？“行动丹”和埃里克本人事实上已经通过他们的成就为我们提供了一个非常有说服力的答案：从根本上讲，就是要稳扎稳打。塑造稳扎稳打的形象，然后在合适的场合、合适的时机辅助以超强的进攻性。不要总是处于超强进攻的状态，也不要连续多次进攻，而是要有策略地进行。

任何事都不是一成不变的，都是需要仔细思考的。在对的场合，连点数为 7 和 2 的底牌——从统计学的角度来讲，这是你所能收到的最差的一手牌——也是可以赢的。问题是，你无法总是碰到对的场合，进攻性超强的玩家可以在短时间内碾轧所有人，但他会忘记，在某个时刻，这种态势会突然中断。当然，太过保守也是一种负担，你会变成可预测的玩家，往往会失去按弃牌钮的能力。因为一直在耐心地等待着一手好牌的出现，所以在拿到好牌时无法放手。埃里克告诉我：“如果你想在大的比赛中表现得好，比如，如果你想在 400 人的赛场上玩，就必须得开更多牌，因为大多数情况下，仅靠好牌是无法走到最后的。”所以，尽管熟知健全的策略，你也得愿意舍弃它。“事实证明，那些稍显慌乱的、无所顾忌的人更有可能走得远。”走得远指的是在一个赛场上顺利地赢得多场比赛。“你只要聪明点儿就行。”

我点点头，这并不是我期待的答案。在这次健步走结束之前，我还有一个想问的问题，是在读哈林顿的书的过程中遇到的。什么是“M 值”？我应该在意它吗？这是一个术语，我用红笔圈了起来，确保会回过头来看，因为用单个字母来表示的内容看似相当重要。埃里克解释说，M 值提供了一种思维方式，让你思考自己在一场比赛中的处境。他告诉我："你必须得清楚每个玩家的筹码数量，我希望到拉斯维加斯开始玩牌的时候，你能记下每一局的情况。你要告诉我，每一局各个玩家所剩的筹码是多少。一定要始终掌握这个情况。"通常，人们会从大盲注的角度来衡量筹码数量，而 M 值则通过量化破产风险的方式更进一步，它会告诉你在一手牌都不打的情况下，你能在牌桌上坐几局。从根本上说，你的 M 值是起缓冲作用的，能让你在每一局的投入最低。M 值越低，在比赛中更早出局的风险就越大。那 M 这个字母本身是从何而来呢？它源自一位名叫保罗・马格里尔（Paul Magriel）的玩家的姓氏。埃里克跟我说："我想趁你在拉斯维加斯的时候让你见一见保罗，你可以向丹打听一下他，让他告诉你 M 值是怎么出现的。"

不过后来我忘记问丹了，主要是因为他用一句话打消了我想问更多技术性问题的念头。他说："你应当关注的所有一切我们都可以探讨，但事实是，在开始大量玩牌之前，我们的探讨只会让你信息超载。"

我点点头。我当然知道太多信息会给一个毫无经验的新手带来怎样的危险，并且我意识到，至少目前来看，大量的旁注和勉强能辨识的、匆匆记下的赛德尔式的智慧就已经足够了。

"不过还有一点是能告诉你的，那就是你最需要克服的障碍显然是自己，"丹继续说道，"迈克・泰森总结得最好，'每个人都有一个计划，直到嘴角挨了一拳。'他是对的，只有熬过了诸事不顺的一个月之后，你才会知道自己是否具备了所需的条件。如果只是靠运气，你永远都学不会怎么打好扑克，无论如何都学不会，就是这么简单。”

他不是在说要不辞辛劳，这跟“没有付出就没有收获”的态度无关，也不是在说我“可以失败”。他所说的是一件非常不同寻常的事情，是一件如此基础以至于我们往往都会忘记的事情，不管是在学习新事物的时候还是在日常生活中都适用，那就是：你需要一种可以测试思维过程的途径。在迷上策略，迷上花里胡哨的专业技能之前，我需要回答一个更加基本的问题：我的思维是正确的吗？在开始尝试写自由诗之前，我是否学会了如何充分地构思一首诗歌的基本结构呢？在将那些奇异的香料加到菜谱里之前，我是否学会了如何煮一锅简单的白米饭呢？

只有通过失败，我才能得到答案；只有写过了不好的诗歌之后，我才能学会写自由诗；只有烧过了糟糕的饭之后，我才能学会煮一锅简单的白米饭；只有在交了一次又一次的烂稿之后，我才能交上合格的书稿。“你必须得经历失败，”丹继续说道，“虽然听起来很残酷，但事实就是这样。”

失败的好处在于它能给你一个客观的视角，这是成功无法带来的。如果当下就赢了，如果在初次涉足任何一个新领域的时候就大获成功，那么你就完全没有办法衡量自己是真的那么出色还是出奇走运、侥幸成功。

丹告诉我，埃里克之所以还活跃在扑克界，真正原因是他敢于冒险，同时仍会保留足够多的剩余筹码以扳回局面。我得问问埃里克是不是认同这一点。而丹之所以有“行动丹”的绰号是因为他有一个保守的形象，而埃里克也并不总是因大胆诈唬而闻名的。“据我所知，很多厉害的玩家玩牌的时候比埃里克大胆得多，问题是，这种大胆是他们性格中与生俱来的特质，而这种特质中孕育着失败的种子。”他们接连不断地赢牌，却不知道该如何优雅地输牌并继续玩下去。“你会发现，很多十年前的超级巨星现在已经没什么钱了。他们之所以成为巨星，是因为有能力做到极致。他们曾经是有能力的，然而当态势略有恶化的时候，他们要么一败涂地，要么不知道该如何管理钱财，于是全部花费在毒品和体育博彩上。所以他们真是大胆吗？并不是。”

没什么是针对个人的，要把所有的事都当作公事来看待。我的目标要纯粹，即竭尽所能地把公事做到最好。“有些人的目标是成名，更有甚者，他们只是想采取行动而已。”丹说。而正因为这样，他们最终才会一败涂地。

我知道哪些方面是自己并不了解的吗？我的思维是正确的吗？丹告诉我：“作为一个职业的扑克玩家，你必须得理解一点，那就是：如果无法客观地评估事态的发展，那你就是个失败者，你会败在这个游戏上。道理就是这么简单。如果你不理解当下发生了什么，那这个游戏会让你知道，‘你的钱正在被卷走’。”

丹说，关键是要把你的批判性思维和自我评估能力培养得足够好，能够不断地、客观地再评估自己所处的境地，以及所处的境地是否好到可以按照现在的方式继续玩下去的程度。这个道理讨论的不是输赢，而是概率；它讨论的也不是思维，而是思维过程。丹在高峰期的时候终止了自己的扑克生涯，而不是在走下坡路的时候，他的这个经历生动地说明了上述道理的准确性。

“9 年前，我刚刚赢了 163 万美元。走出赛场的时候，我看了一圈，然后说，‘这就是终点了，我不能再继续下去了，虽然赢了 163 万美元，我却只感觉到疲惫不堪，再做这个已经不值得了’。我当下就决定不再玩任何职业的扑克游戏，因为我的心思已经不在那儿了。”大多数人不会劝你在取得人生最大成就的时候离开。但是丹日益年迈，逐渐变弱，而这个领域却在不断发展，于是他选择在落后之前离开。

因此，我的第一堂扑克课不是关于赢牌的，而是关于输牌的。

丹说：“在输牌的时候，你会变成一个大赢家。每个人都能在将要赢牌的时候好好打牌，但是眼看要输的时候，你能控制住自己并且把牌打好吗？而且在这个过程中，你没有过于保守，而是尽量保持客观，评估自己手中的牌赢率如何。如果能做到这一点，那么你就能在这个游戏中无往不胜。”

这让我产生了共鸣。毕竟，起初正是生活中的失意让我来到了牌桌前。因此，学会如何在一个游戏当中失败并且失败得有建设性、有成效能够帮助我在生活中面对失败，并且在失败之后卷土重来，不把失败看作是个人的损失。虽然让我产生了共鸣，但这却是个很难满足的要求。丹点点头，说：“不过，做到这点很难，即便对我而言也是如此，而我已经练习了一辈子。这不是一件容易的事。”

我们告了别，他错过了晨练，不过这会儿去享受“安详的退休时光”了。

还有，我确实学会了如何在轮盘赌中获胜。原来你只需要国防部的超级计算机，一个从克劳德·香农和爱德华·索普的作品中发展而来的软件程序和一副耳机就可以了。哦，当然还要去赌场才行。要是太贪婪，你就会出局。

少一点确定，多一点质疑

“丹很厉害。”埃里克认同地说。而且，他还说丹告诉我的一切都是对的。埃里克说，虽说客观性不是成功的唯一关键因素，但却是必不可少的一个关键因素，不过客观性不是一个唾手可得的东西。

他说："你在一开始就能对将要面临的挑战有一个实事求是的认知是好事，这种认知并不多见。你已经知道了会经历失败，而且失败发生的方式很随机。"

他的话并没有让我感到好受一些。我想提醒他，我是一个作家，输不起太多钱。那些话从一个收入超过 3 000 万美元的人嘴里说出来自然是容易的。

不过这么想实际上是不对的。埃里克最开始的时候也没赢多少钱，而且还差点输得倾家荡产。当时他从大学退学去玩西洋双陆棋，决定走上一条更加传统的职业道路，那时他第一次遇见丹。后来，他遇见了现在的妻子鲁阿（Ruah），明白了自己需要"严肃地"对待生活，所以便去了华尔街，但刚好赶上 1987 年的金融危机，他失去了工作，而鲁阿这时怀孕了。

他没有计较这次失意，反而重新评估自己的选择并且开始认真学习。其实，他是"被逼着好好打牌的"。接着他就开始赢牌了。为什么那么多人都无法赢牌，而他却可以呢？这其中有天赋的因素，埃里克显然非常擅长扑克游戏所涉及的各个环节，不过还有一个更大的技能因素，那就是：他不会自负。他愿意客观地看待自己，客观地看待自己的牌技。

他告诉我："当事情不如意的时候，其他人会把它视作经常发生在他们身上的不公平待遇。"他们太过计较，不知道该如何失败，不知道该怎样从失败当中学习。他们要么责怪物，要么责怪人，不会退一步分析自己的决定，分析自己的玩法，分析自己哪一步可能走错了。“那种思考方式是生活中的一大障碍。我们时不时地都会陷入那种境地，不过重要的是得会区分。就像伟大的吉卜林[①]所说的那样，‘如果你能坦然面对胜利和祸灾，能把它们都看作一种假象……[②]’”

我点点头，我知道那句诗。

他告诉我：“我很喜欢这句诗，这是扑克的一个基础部分。赢牌的时候，玩家很容易上头，而输牌的时候，他们又无法承受。在扑克游戏中，玩家很容易妄想。”

我记下了这句话。要先理解矛盾双方中负面的一方，只有这个时候你才能真正学会妥善地思考自己的决策。因为你在赢的时候，很难停下来分析自己的决策过程。既然事情发展顺利，我又何必回顾呢？就学习而言，胜利才是真正的敌人，而灾祸则是你的老师。只有灾祸能带给你客观性，能抑制你的妄想和过度自信。并且究其根本，胜利和灾祸都只是假象，它们的本质都是受制于概率的结果，只不过其中一个是更好的教学手段而已。

在一场经典的对控制错觉（ illusion of control ）的论证中，哈佛心理学家埃伦·兰格让学生猜抛出的硬币最后是正面向上还是反面向上，然后再告诉他们猜得是否准确。在三种不同的设置中，结果是按照一定顺序提前设定的：要么按照直观上随机的方式排列；要么在开始的时候集中更多正确的猜想结果；要么在结束的时候集中更多正确的猜想结果。无论是哪种情况，正确猜想结果的绝对数量都是一样的，唯一的差别是排列顺序不同。

① 这里指的是英国作家鲁德亚德·吉卜林。——译者注

② 选自鲁德亚德·吉卜林的诗《如果》，此处参考无心剑先生的译文，略有改动。——译者注

然而，论证结果却是截然不同的。在猜想结束后，兰格会问每个参与者一系列问题。是否感觉自己能更好地完成这个任务？是否觉得自己尤其擅长这个任务？是否需要更多的时间提升自己的表现？假如干扰有限的话，他们的表现是否会更好？等等。在任何情况下，答案都应该是否定的，如果参与者给出其他答案则意味着他承认这个纯粹的概率事件（投掷硬币）实际上是需要技巧的。不过这个显而易见的答案却不是兰格得到的答案。当学生被分到一个随机的设置中或者正确结果集中在最后的设置中时，他们给出的答案确实是否定的。但是当被分到正确答案集中在开始的设置中时，他们的眼光会突然变得短浅起来。他们会回答说：是啊，我很擅长这个；对，如果有更多时间的话我能表现得更好。成功会让一个人失去客观性，会让人突然陷入控制错觉之中。他们居然会以为自己能够预测硬币投掷的结果。

如果输得早，我们还有可能客观。但是在一开始就赢的话，控制错觉就会充分发挥它的作用。正如兰格的书名那样——《反面，算我赢；正面，算概率》（*Tails, I Win. Heads, It's Chance*）。尽管兰格的作品写于 20 世纪 70 年代，读这本书的时候我还在读研究生，但是我和沃尔特的新课题得出了同样的结果，证明这个理论依旧成立。我们有充分的论据证明不应看重结果，然而人们却非常重视它。

埃里克告诉我："扑克游戏吸引人的地方在于，通常情况下妄想是不会有好结果的。"虽然控制错觉短期内可能不会有什么影响，但是如果你一直这么认为，那几年之后就没人认识你了。在现实生活中，我们有可能会始终处在这种错觉之中，然而在扑克游戏中，如果看重错觉多过客观，那我们终将失败。

我承认自己紧张了。完全客观是很高的要求，我真的能做到吗？

埃里克当然能做到。不知怎么的，在吃熏鲑鱼的时候，他都能表现出自己从反馈中学习并且相应地调整自身行为的能力。

“你不喜欢蛋黄的口感吗？”在菜上桌的时候，我问他。我点的是熏鲑鱼和百吉饼，他也点了一些鲑鱼，还点了我们第一次见面时吃的蛋白卷。对我来说，蛋白卷舍弃了蛋的精髓，虽然还不是很了解他，但是我忍不住要评判一下。

“不，我喜欢蛋黄。但是我读了一篇报道，说只吃蛋白会更健康一些。”

后来，我发现埃里克很喜欢研究营养学，但是他也愿意听别人提出反驳的论据，而这正是我这会儿在做的。我甚至还暂停了自己的小型演讲，拿出了手机，寻找更新的研究做参考。营养学是个挺棘手的东西，而凭空给出的营养学建议就更不好说出口了。很多人都会大为恼火并且不让你说下去，你凭什么在他们已经有了主意的时候还要告诉他们该怎么饮食呢。埃里克听了我的话，读了我找出的参考信息，点点头表示认同。后来我们一起吃早饭的时候，他点了全蛋饼。我忍住了想要问他全蛋是不是更好吃的冲动，不过我在他脸上看到了满意的表情。我又拿出了手机，这次是为了引用自己喜爱的诺拉·埃弗隆所写的一篇文章。她写道：“你可以吃各种胆固醇比较高的食物（比如龙虾、牛油果和鸡蛋），而且它们不会对你的胆固醇指数有任何影响。完全没有。你明白吗？”她为蛋白饼感到特别不值，“每次看着朋友们吃蛋白饼的时候，我就会觉得他们很可怜。首先，蛋白饼是没什么味道的；其次，那些吃蛋白饼的人都以为自己在做一件了不起的事情，而实际上他们只是被误导了而已”。她接着说，再多的说教都改变不了别人的想法，这种结果很常见，尤其是在涉及营养学观念的时候。埃里克大笑，吃起了面前的蛋饼，既有蛋黄又有蛋白。

在坐地铁回布鲁克林的时候，我意识到埃里克并没有给出很多具体的建议。我们的谈话更多是理论上的，这和我期待的不一样。我突然意识到这种体验，这种没有为我的任何一个问题提供任何实际答案的交流有些熟悉——准确地说，他给出的唯一答案近似于“嗯，这得看具体情况，要不我们自己仔细考虑一下吧？”这种交流不算是苏格拉底式的对话，因为埃里克不会像那样把我晾在那里，而是采取一种更注重过程而非建议、更重视探究而非目的的交流。

我抱怨说如果能至少给点建议，让我知道该如何打一手牌就好了，他则给了我一个微笑并且讲了个故事。他说，那一年年初的时候，他在和扑克界当时最成功的一位豪客赛玩家聊天，那位玩家就如何打某一手牌给出了一个非常具体的建议，埃里克默默地听着，然后跟他说了一句话：“少一点确定，多一点质疑。”

埃里克告诉我：“他不是很能接受，事实上，他非常郁闷。”但埃里克不是在批评他，而是在分享自己通过多年的实践掌握的方法。多一点质疑，保持开放的心态。

然后我意识到，他的话让我联想到了但丁和维吉尔。身处陌生之境的但丁，对身边的事物一无所知，也不知道该去向何处，而引导他穿过地狱的维吉尔，并没有指明方向，只是在但丁自己开辟道路的时候站在他的身旁。

当人们知道我在跟埃里克合作的时候，马上就说想知道他对某些打法持什么样的看法、他本人是如何打某些牌的。这位令人难以捉摸的冠军会吐露他的秘诀吗？其实，在埃里克看来，答案很简单，那就是：没有答案。扑克游戏是一个持续不断的探究过程。一手牌可以有多种打法，玩家在打牌的时候需要有一个思维过程。即便埃里克本人在面对同样的对手、处于同样的位置、手握同样的纸牌时，也有可能决定换一种打法。这其中没有确定性，只有思维过程。

的确，这是令人沮丧的，我也希望得到答案，希望他告诉我，当位于枪口位的玩家加注、位于劫持位（hijack）[①] 的玩家再加注（reraise）的时候，身处小盲注、手握一对 10 的我该如何反应。我想大喊：道理讲的已经够多了，请给我点确定性吧！告诉我是该跟牌、该全押，还是该收牌吧！告诉我是否正在犯错吧！但是这位像维吉尔一样的人物岿然不动，独留我一人处于沮丧但并不是生气的情绪之中，几周之后，我惊奇地发现自己已经接受了这种情绪。毕竟，扑克游戏是要学会面对不确定性并泰然处之。只是当时我还没有完全意识到这种不确定性指的并不只是纸牌结果的不确定性，它还指在判断哪些做法是“对的”时的不确定性。唯一能够确定的只有思维过程。

几年前，埃里克听说麦克·卡罗组织了一个研讨会。麦克因其讲述“马脚”的书而出名，这本书讲他在牌桌上对其他玩家的现场实时解读。埃里克说：“他是一个非常古怪的人，沿着讲台走来走去，开口就问扑克的目标是什么。”我认同地点点头，这也是我常常会问自己的一个问题。

---

① 劫持位是德州扑克中的一个位置，位于按钮位（button seat）和关煞位（cut-off seat）的右边，和按钮位中间隔着关煞位。——译者注

埃里克接着讲："有的人说是'赢牌'。他回答说'不对'。有的人说是'赢得很多底池'，他回答说'不是，扑克的目标是做正确的决定'。我觉得这是一个非常好的看待扑克的方式。"

他不愿教我怎么打牌，不是因为他太小气，而是因为只有有了做决定的能力，有了自己悟透一切的自律，我才能得到这个答案。他能给我的只有工具，只有构建思维过程的积木，而我才是那个要从中摸索出一条路来的人。

短期来看，这让我感到沮丧。不过在这个自己一无所知的领域里，我至少没有任何"掉入蛋白陷阱"[①] 的危险。如果你在一开始对任何指令性的建议存有疑问，如果"少一点确定，多一点质疑"是你的指路明灯，那你不仅会倾听，而且会适时地调整，进而成长。如果这都不算自知和自律的话，那我不知道什么才是了。

---

① 对照前文，此处"掉入蛋白陷阱"指的是对某一事物形成误解。——译者注

第四章

一位战略家的思维

知可以战与不可以战者胜，识众寡之用者胜，
上下同欲者胜，以虞待不虞者胜，将能而君不御者胜。

——孙武

《孙子兵法》

开始玩线上扑克

很快我就有了一个新的晨间日程。在一周当中，我会抽几天去曼哈顿上城区和埃里克一起健步走。剩余的时间中，我会选择一个看上去令人难以理解的逆向通勤路线。先乘地铁从布鲁克林坐到曼哈顿的富尔顿站，然后换乘 PATH 地铁到哈得孙河下游，最后从车站走到最近的一个愿意接待我的咖啡店——有时是星巴克，有时是稍微好一点儿的地方——去喝一杯咖啡。有时我会去霍博肯，如果心情不佳的话我也会去泽西城。我会点一些东西，然后接下来几个小时就待在那儿，打开电脑，进入线上扑克的世界。

我不太在意那个"一万小时定律"，即便有人把它转化成"嗯，也许不一定非得一万个小时，只要是足够的、能与其他人和活动有可比性的时长即可"。原因很简单，没有证据表明这种定律经得起考验。尽管有些人学习的时间更长、更努力，但是却没有另外一些投入少的人收获得多，事实就是这么简单。

作为阐释"一万小时定律"的典型案例，波尔加三姐妹的故事一次又一次地被人提及。波尔加三姐妹的父母从女儿们能拿起象棋时，就开始训练她们成为国际象棋冠军。如果这个故事能说明什么的话，那就是，它论证了训练的局限性。的确，她们都成了优秀的象棋选手，然而却有着各自不同的成长轨迹。三个姐妹中最优秀的一个，训练所花的时间最少，而“最不优秀的”一个（这里用双引号是因为她也是一个有很高成就的选手）尽管花费了无数小时练习，但仍旧无法达到同样的水平。象棋是一个完美的测试活动，在“波尔加实验”中，象棋训练是在理想的环境控制下进行的，即便如此，我们仍旧可以看到其他因素——不管你称之为基因、天资、决心还是其他——的作用。此外，象棋可以说是一项最容易受训练程度影响的活动：一项只要有“好”环境，像罗宾·霍格斯所说的那样，就能够立即收到成效的活动。你能够马上实践所学的知识，而且能立即知道自己的决定是否正确。

大多数真实世界环境都是霍格斯口中的“差”环境，在这种环境中，由于外界的干扰，行动和成效之间会出现错位的现象。行动中会有出人意料的因素、不确定的因素、未知的因素，一时之间，你无法确定所学的是否正确，是否得到了正确的实践。因为有太多因素在同时发生作用，所以在大多数环境中，行动和成效错位的问题会更加严重。

尽管如此，但有一点还是确定无疑的，那就是：在训练的时间不够长并且离训练发挥成效的时长还差得远的时候，如果不训练，你就学不到东西。如果你对一件事是认真的——无论是下象棋、写作、玩扑克，还是成为一名宇航员——就必须得学习综合技能。没有人天资聪慧到可以马上行动的地步，连莫扎特都得上课。如果你想学习怎样玩扑克，那么除了打牌、看别人如何打牌、感受不同情境的区别之外，没有其他与之等效的途径。过去需要有几十年的赌场经历才能获得的训练，现在通过玩线上扑克就可以实现。线上扑克发牌发得很快，每一次出牌都有计时器，催促玩家行动，仅需几分钟情境就会发生变化，而在线下游戏中，这往往需要几个小时。

我请教过的每一个人都一致认同这一点：如果想在任何可控的时间范围内提高自己，那就得玩线上扑克。唯一的问题是玩线上扑克在我的家乡纽约属于非法活动。起初，这个信息让我感到困惑。纽约有大量的彩票抽奖活动，而且城里到处都是梦幻体育活动（fantasy sports）的广告，扑克游戏起码比这些活动的技术含量更高吧？

作为扑克界的新人，我之前并不知道这些颇具戏剧性的信息，而现在这些信息却从我请教过的每一个人口中说出。也就是在这个时候，我知道了扑克法规被称为错综复杂的字母形花片汤（alphabet soup）[①]，它抓住了以下这些问题的核心：为什么明确的决策如此重要，原本清楚明白的事情当中为什么常常会融入无关紧要的考虑。

这一切都源于 2006 年一项被称为《非法网上赌博执法条例》（Unlawful Internet Gambling Enforcement Act，UIGEA）的立法。自此之后，任何在网络上与赌博有关的付款流程都是违法的。不过这项法规的界定有些模糊：赛马除外，而赛狗则不然；梦幻体育？当然是一种技能；其他体育博彩？自然是赌博。其中一个界定的表述是“一个人如果以有价值的东西作为赌注或冒着失去这件东西的风险，将它押在一场靠运气的比赛或者一个不在他的掌控或影响之内的、未来可能会发生的事件上，将它押在一项正式或非正式协

① 字母形花片汤指的是一堆字母的组合。——译者注

议上并且约定如若出现某种结果，他或者他人将得到赌注，那他就是在赌博”。不过随后条款又有补充，称诸如贸易和房地产的投机行为除外，这两项原本是应当被包含在内的。心理学家阿瑟·雷伯称之为“一种难以令人信服的辩解，旨在区分那些被社会认可的赌博形式和那些不被社会认可的赌博形式”。或者区分那些有政治便利的赌博形式和那些被强大的游说团体反对的赌博形式，比如扑克游戏。

有那么几年，线上扑克游戏似乎是可以从监管雷达下悄悄溜走的。然而 2011 年 4 月 15 日，《非法网上赌博执法条例》开始生效，这一天是扑克界的“黑色星期五”。尚未离开美国市场的三个主要扑克网站——全速（Full Tilt）、扑克之星（PokerStars）和绝对扑克（Absolute Poker）——被起诉，其资产被冻结。这似乎意味着美国线上扑克的终结。

不过，美国并没有立法阻止各州将线上扑克合法化，因此，一些州逐渐加入线上扑克合法化的行列，其中就包括新泽西州。这也是我这会儿可以在格雷戈里咖啡玩线上扑克，可以坐在这里遥望哈得孙河对岸的曼哈顿的原因。并且只要坐在这里，我的行为就是完全合法的，但是跨过哈得孙河回到曼哈顿那一刻，我马上就变成了一个罪犯嫌疑人。当你停下来思考这一点的时候，会觉得匪夷所思，不过话说回来，政客从来都不是以逻辑和公平著称的。而且我愿意打赌，他们当中，肯定不止一人身边有像我的苏联祖母那样的人，在其耳旁低语：“这是恶事，恶事，恶事！”

这就是我身在这个我轻视的州的原因，我看不上它仅仅因为它是新泽西，这算不上一个真正的理由。并且我想告诉大家，这种情绪早就有了。1952 年，杰克·莱特和李·莫蒂默二人合著的《美国机密》(*U.S.A. Confidential*)一书内有这样一个章节，章节名为“新泽西：佛罗里达的郊区”。这一章的开篇是这样的：“没有任何一个地方像新泽西那样。它是纽约和费城的温床、乐园、垃圾场，还是它们的罪犯避难所。它是连通两大城市的要道，鲜少有人会在使用这条道的时候中途停下来或看看道路公告牌以外的风景。如果他们这么做的话，就会看到很多丑陋之物。新泽西一直都是这样的。”

我在电脑上开始了一场比赛，并且按下了录制键。

最致命的错误：大多数决定的出发点不对

回到曼哈顿，在开始播放视频的时候，埃里克坐到了我的旁边。

埃里克在看到屏幕的时候告诉我：“我喜欢那只小狗，这一点加得好。等玩现场扑克的时候，我们得给你做一件印有小狗的T恤。”

我选了一张金黄色腊肠犬的照片做头像，很好奇人们看到我的头像后会有什么样的反应。我是从美国最好的玩家之一——杰森·梅西埃的视频中获得的启发。他的头像是一只小狗，而这在无意间影响了我对他的玩牌风格的印象。后来我发现，这个印象一点也不准确。我的网名是心理大师（thepsychchic）。这是我在非常审慎的考虑之后选择的一个词，所有字母都是小写，目的是尽可能多地向对手传达我想要表达的信息。psych 是 psychology（心理学）的缩写；也可以理解为 psychic（超能力者）的简写，因为很多文化水平不是很高的对手也许会把它读成 psychic；还可以理解成 psycho（精神病患者）的简写，对手看到也许会琢磨：她会不会发狂，吓得我一时失神，进而读懂我的想法呢？当然，还有 chic，这里省略了字母 k[①]，既赋予了网名以视觉上的对称性，又让他人有将它错看为 psychic 的可能，不过最终 chic 还是会被理解为“女人”，就连那些没受过什么教育的人也会这么理解。在扑克界这样一个男人的世界里，玩家与女性对战的方式不同于与男性玩家对战，他们或许以为自己不是这样的，然而事实上他们就是这样的。一项针对线上扑克的研究表明，如果对手的头像是女性，那么男性玩家诈唬的频率要比面对头像为男性或中性的对手时高 6%。不过，男性玩家是拒绝相信这种可能性的。

有一次，在线上扑克第一手牌刚刚发出的时候，位于前位（early position）[②]的我拿到了花色不同的两张牌，一张 J，一张 10，我选择加注，之后多个玩家选择跟注。也就是说，很多玩家决定下和我的赌注数量相同的注，为的是看前三张公共牌，即翻牌是什么牌。翻牌都是黑桃，而我手里没有一张黑桃，不过翻牌中有一张 K 和一张 Q，这样一来我就命中了两头顺子听牌（open-ended straight draw）的牌面，只要再有一张 A 或一张 9，我就能凑成五张连牌，即顺子，而顺子就是好牌，几乎可以胜过任何牌面。当然，同花除外（同花指的是五张牌都是同一个花色）。如果任意一个玩家手里有两张黑桃，那我就已经“进了死胡同”（drawing dead）[③]，即便我能够组成想要的顺子，我也会输。如果任意一个玩家有一张黑桃，

① 这里 chic 的全拼应为 chick，指代女性。——译者注

② 在德州扑克中，前位指的是位于大盲注左边的三个玩家所在的位置。——译者注

③ “进了死胡同”指的是一个即使公共牌未全出现，就已经断定没有胜算的局面。——译者注

那我的“出路”（outs）[①] 就会减少，也就是说我组成顺子所需的牌就会少两张。这时，如果 A 或 9 中有一张是黑桃，那他们就能组成同花，就算我能组成顺子，我也还是会输。不过可以这么说，在这个时候，我并没有考虑这些。我这会儿的想法大致就是：不能让别人看出我的真实状态——一个不知道自己在干什么的人。我不想表现出软弱。

我是第三个叫注的，大盲注和小盲注 [②] 都还在局中，而他们选择了让牌，这是一种将叫注动作（action）让给我的方式，为的是看我会有什么样的反应，会做出怎样的叫注动作。普遍的做法是让牌，把叫注动作让给在前翻牌圈（pre-flop）采取积极行动的人。也就是说，如果必须得在前翻牌圈最后一个加注的玩家之前叫注，那么你可以先让牌，看看会发生什么。还有两个人是在我之后叫注的，因此不论我选择如何行动，都得意识到总共有四个玩家会在我之后做决定——两个还未行动的玩家以及两个已经让牌的玩家，然而如果刚好有人下注，新的叫注圈开启，后者就有机会做出不同的决定。

我决定把赌注押在顺子听牌（straight draw）上。当然，这手牌还不是确定能赢的牌，不过这是一手不错的听牌（draw），而且我想赢得所有的筹码。因为有四个跟注的玩家，所以底池中有很多所谓的死钱（dead money）。我决定押上半个底池的赌注（即所下赌注相当于底池中现有筹码数的一半）。下一位玩家决定弃牌——哈利路亚！——不过接下来那位玩家决定跟注。接着，最糟糕的情

① “出路”指的是一个玩家在某个阶段可能获胜的几种方法。——译者注

② “大盲注”和“小盲注”指的是位于大盲位和小盲位的玩家。——译者注

况出现了，小盲注决定加注，而且加注额度异常的高。我没别的选择，只好弃牌，不仅输掉了最初的加注，还输掉了半个底池的赌注。

“嗯，我们有很多需要聊的。”在我出局之后、牌局还在进行之中时，埃里克说。

我转过头看他，试图读懂他的表情，不过他还是一贯的冷静，没什么表情。

“首先，你为什么要在那时加注呢？”

“你说过 J 和 10 是一手好的底牌，所以我觉得应该玩下去。而且我之前也靠这样的底牌赢过，没有人能预料到我会这么打。”

这是我的第一个失误。我不仅误以为不同色的组合跟同色的组合一样好（其实不然），而且还忽略了前翻牌圈一个最重要的要素：位置。

埃里克说：“你应该更晚一些再开牌，现在开牌的话，在你之后可以加注的玩家太多了。一旦他们加注，你接下来就会陷入非常糟糕的境地。”

在任何互动中，你都得尽可能多地获取信息。如果你是最后一个行动的，那得到的信息就最多，你会知道对手们的决定，知道他们的打法、开局的赌注。如果这是一场谈判，那么你就能获得主动权；如果这是一场争论或辩论，那么你就会处于优势。因为对手们先行动，所以你掌握的信息比他们多，就可以根据他们的行动做出反应。“位置”是最重要的。

我们继续反复回顾整个牌局，确定我犯了玩家有可能犯的每一个错误。在开牌之后，我应该让牌而不是在翻牌圈下注。既然决定下注，那就不应该下这样额度的赌注。我唯一的可取之处是在烧掉了一大笔筹码之后决定弃牌。

不过我最致命的错误并不是策略不行，因为埃里克说：“你最后肯定能掌握好策略，这是相对简单的部分。”我最致命的错误是大多数决定的出发点不对。我一门心思地注意着牌桌上正在发生的一切，包括那个小小的、提醒着我还有多久得做出决定的计时器，以至于抛开了思维过程，转而留意起各种各样的容易勾起记忆的事实。你告诉过我“这样的底牌是一手好牌”不是加注的理由，而“我想赢得筹码”也不是下注的理由（其实，我是不想因为打得太过保守而让埃里克以为自己太软弱、太被动，这才是那个无法向埃里克言说的，甚至自己也无法完全承认的理由。毕竟，他在更早的时候告诉过我，进攻型的策略往往能赢得比赛）。至于赌注额度，我也不知道自己为什么会那么下注，只是当时觉得下半个底池的赌注是合理的。我对那些被丢入底池的、金额更大的、数量过多的宝贝筹码有点儿恋恋不舍，鉴于手里剩下的都是金额较小的筹码并且当时没人弃牌，我便下了大注，目的是逼他们弃牌，这样就能赢了。

埃里克说：“我们讨论过这个。面对每一手牌，你都要有一个清晰的思维过程。我知道哪些信息？我看到了什么情况？这些信息将会如何帮助我在这个牌局中做出明智的判断？”

我知道我们讨论过这一点，然而当所有信息同时出现而计时器又在倒计时的时候，去实践这一点要困难得多！为什么计时器会以那种方式倒计时？为什么往右拖动赌注金额滑块那么难？仅拖动滑块就花了足足 20 秒的时间。什么样的施虐狂会设计这种界面？

“每一次叫注，你都得回顾并思考自己所掌握的一切信息，然后得出正确的结论，不能行动得太快。”

即便有可恶的计时器在一旁的时候也不能吗?

“即便有可恶的计时器在一旁的时候也不能。高额买入赛中也有计时器,等到了拉斯维加斯你就会看到的。”在埃里克所参加的锦标赛中,尽管叫注是现场进行的,但玩家做决定的时间也是有限的:计时器通常给你 30 秒的时间,30 秒过后你就得启用自己的时间银行(time bank)。在线上扑克中,玩家会有一个真正的时间银行;而在现场扑克中,你可以把纸牌交给发牌员,作为某种延长时间的方式。

这让我感到担忧:在设计心理学研究的时候,我操控压力(pressure)和强烈情感(hot emotions)的方式之一就是引入时间压力(time pressure)。我看到过一个又一个参与者的决策质量随着时间的推移而下降,人们会感到紧张、恐慌并冲动行事。我在线上扑克中自然感受到了这种压力。仅计时器的恐吓就足以让我立即行动,以防惹怒它。我能感觉到这个惹人厌的家伙正盯着我,并且还在评判我。

埃里克说:“你会习惯的,这真的不是什么大事。其实你只需要进行几秒钟的反思,回顾一下每一次叫注。停下来,深吸一口气,想一想你有哪些选项。是弃牌还是跟注,抑或是加注呢?每个选项都是有可能的。你得注意不要过快地行动。对很多人而言,太快行动都是一个很大的失误,连我有时候都会犯这种错误。”

这是一条非常有用的建议。用心的行为和不用心的行为之间的差别就在于此。好在作为一个新手,我还没有形成任何肌肉记忆,无论是好的还是坏的。我还没有因为“你总是在这里下注”或“你总是在这里让牌”而采取行动。我的战略中还没有“总是”一说,因此必须得在所有选项中积极地寻找,才能养成更加周全的习惯。

埃里克说："你还是一个新手，这一点很好，因为你还会对一切持怀疑态度。尤其是在最初的时候，你要从基础开始学起，然后就可以开始慢慢地培养从不同的视角思考每一个选项的习惯。充分考虑每个可能性，看看还有什么是可以选择的。"

我在上大学的时候，除了心理学之外，还学过军事理论和历史。我不仅对决策感兴趣，还想知道世界上最有战略意义的一些决策是如何制定的，因此便读了一些关于军事活动、战争和冲突的书。当然，读的都是经典书目，有卡尔·冯·克劳塞维茨的《论战争》，有孙武的《孙子兵法》。在尝试将一个相当简单的扑克决定涉及的所有策略要素记入脑海的过程中，我对埃里克所说的话有了某种感悟。这就像一场军事活动，而我则是指挥官，只不过除了我和我的叫注动作之外，没有其他的兵力。

我从来没从这种角度思考过自己生命中的任何一个处境，不过现在看来它真的是有道理的。在任何一场军事行动，甚至任何一个小的军事活动开始前，你都需要评估局势、领地、敌方的性质。你不能仅因为某种策略之前被证实过有效，或者曾见过别人使用这种策略并取得了成功，就一直坚持这种策略。每一次采取行动的时候，你都得基于刚刚获得的和之前获得的信息进行重新评估。你需要一个过程、一个系统、一个计划，一个能够伴随反馈结果逐步发展的过程、系统或计划。如果没有的话，你怎么会知道战斗的结果——在我的例子中，这个结果是负面的，不过也有正面的结果——是因为技能还是因为运气呢？如果刚刚输掉了筹码，那么它是你面对不乐观的形势赌了一把的结果，还是你计划不利的结果呢？

我的底牌（一张 J 和一张 10）是一个武器，而它的价值高低取决于何时利用以及如何利用。如果我处于比对家有利的位置，可以最后一个行动，可以在做出决定之前观察所有敌对势力的行为，可以从更高的视角评估整个局势，那它的价值就会急剧上升。我有可操作的空间，有最后的发言权，没有人可以突袭我，因为我是最后一个行动的。然而如果我必须得第一个或者第二个使用这个武器，而且还面对着可能突然从背后发动袭击的对手呢？那这个武器的价值就消失了，这个时候我会发现自己被逼进了一个面临多种路径的境地，不知道还可以采取哪些行动。我的视野模糊了，不确定性也增加了。突然之间，已知信息和未知信息的比例发生了变化。对 A 不是在任何情形下都可以让我放心开动的，对局势有很强的依赖性（而且就算底牌是一对 A，玩家也会非常希望身处众所周知的更有利的位置）。位置意味着信息，对敌人了解得越多，就越强大。当然，好的位置并不意味着我不会被偷袭，但是它能让局势变得略微可控一些。

此外，这里的动作是多路径的，需要同时面对多位对手。人人都知道打一场两条战线的战争要比一对一的战争困难得多，更别说是四条战线的战争了。埃里克告诉我："当你面临多种路径的时候，往往必须得更直接一些。"因为有太多需要同时应对的变量。像一位制订多阶段计划的将军一样，我必须得考虑到几步以后的事情。如果这把牌继续下去，我会坐在一个好的位置上吗？我下注是因为想让他们弃牌，但是如果他们不弃牌我接下来该怎么做？要是他们加注的话怎么办？那时我该做出怎样的反应？每一个优秀的策略家都得想清楚所有可能的变化。牌局上的玩家越多，就越难想清楚。然而，如果我想在深思熟虑之后再行动而不是出于本能地做出反应，就必须得学会如何在给定的时间内想清楚所有可能的情况。

这手牌是比赛开始后的第一局，这一点对我肯定是没什么帮助的。在这个时间点上我不应该做出任何大的动作，因为我对其他玩家的情况一无所知，还没有机会形成任何判断。我并不了解对手，不知道他们的弱点是什么，强项又是什么；不知道自己该在什么时候防守，什么时候进攻；不知道他们在有一手好牌的时候，会有什么样的举动；在有一手差牌的时候，又会有什么样的反应；他们诈唬的次数是过多、过少还是刚刚好呢？单单琢磨一个玩家就够令人头疼的了，更别说要琢磨透四个玩家了。

尽管在线上扑克中判断玩家可能不如在现场比赛中方便，但这并不意味着你无法研究他们的行为模式，即玩家如何下注、什么时候下注、下了多大的注。如果你和一些玩家玩得时间足够长，就会开始觉察到他们是什么类型的玩家。有一些是进攻型的、散漫的玩家，他们开牌的次数过多并且在下注的时候会押上身家性命；有一些是进攻型的、紧绷的玩家，他们的确会疯狂地下注，但是只在牌力非常强的时候才会开牌；还有一些是被动型的、软弱的玩家，他们喜欢尽可能多地开牌，但是一旦有人随之加注，他们就会立即弃牌。在线上扑克中，你不仅能和同样的玩家反复对阵，还能随后记下他们的概况并且用不同颜色加以标记。这样，下一次再碰上他们的时候，你就能立刻知道应该把他们对应到评估体系的哪一级。

如果那时能观察到更多的牌局，至少我会意识到这样一件重要的事情：在这张牌桌上，在这个竞技场上，玩家真的很喜欢战斗。他们已经做好了进入战斗的准备。他们来这里不是为了坐在牌桌旁围观其他玩家的，而是希望亲身参与其中。在这里，玩家真的很喜欢看翻牌和转牌。他们很少在别人下注之后弃牌，而是希望一直坚持到河牌圈。要是了解到这个信息，我就会知道，在这张牌桌上，叫注动作非常有可能变成多路径的，因此，就会知道该选择哪些武器、位置和策略，即选择更强的武器，更有利的位置，更精选的、进攻性更强的、可以在不同阶段经得住多次攻击的策略。为了这样一个行动，我得有底池赢率（equity）更大的手牌，也就是有持续提升可能性的手牌，而不是那手温和的、弱小的听牌。

就策略而言，这一局的形势于我是无益的。埃里克告诉我："你得学会留意台面结构（board texture）。"它是干面（dry board）还是湿面（wet board）？是静态面（static board）还是动态面（dynamic board）？干面指的是台面上的公共牌彼此之间没什么大的联系——花色不同、点数跨度很大，因此其他玩家不可能有很强的听牌；湿面指的是公共牌彼此联系密切——有两张或者三张同色，能够组成顺子的一部分，这种局势意味着一旦玩家手中的听牌命中台面，那之前没有强牌的玩家，牌力会突然上升；静态面指的是新补充的牌不大可能改变现有的局势；动态面指的是有很多听牌，比如顺子听牌或同花听牌（flush draw），任何新补充的牌都有可能使优势地位发生变化并且极大地改变你手中牌的价值。台面结构是不断变化的战场，面对不同的结构，要有不同的策略。你不可能在山地发起一场应该在平原或海上发起的行动。面对动态面，你需要谨慎行事，仔细地事先筹算；面对静态面，即便眼光更短浅一些，你也不会蒙受太大的损失。如果我和对手一对一的话，同色的台面（即湿面）适合诈唬；但是如果有多位对手的话，湿面就变成了困境。在学习的这一阶段，我的重点不是掌握能够应对任意一种可能局势的具体方法，而是意识到自己必须学会关注、思考、调整并适应局势，要在前进的过程中掌握具体的调试方式。然而令人诧异的是，很多人甚至从来不会停下来思考，无论最初的路线是如何的纰漏百出，他们也会坚持现有的优先策略，一错再错。在这一局中，我已经犯了这个错，而埃里克的任务就是确保我不会重蹈覆辙。

我的考虑不周不仅体现在这一方面，还体现在所下的那半个底池的赌注上。我为什么会那么做呢？下注尺度及其所得是非常有用的一组模拟量，我们可以拿它们来模拟大多数决定。你冒了多大的风险，为了得到什么？你在什么样的局势下会经常下注且下的都是一些小注呢？又在什么样的形势下会不那么经常地下注但下的都是大注呢？你在什么时候会下超大的注？在什么时候会套入底池（pot-committed）？你的所有决定是怎样随着对手的变化而变化的呢？在使用每一个策略的时候，你都得问自己这个策略能达成什么结果以及是否可以以更小的赌注达成同样的结果。在几位士兵就能做到的情况下，你是否有必要派出一整个营呢？这是不是一个侦察兵、一个小的试探性赌注就能完成的任务呢？你是否有必要拿出大型武器、带着整支军队上阵呢？

假如真的挺到了河牌圈，那我就需要确保对对手做了恰当的评估。埃里克说："如果台面上有一个潜在的顺子或同花顺，那么后位（end）的玩家有可能在诈唬。对你而言，后位也是一个适合诈唬的位置。"但是我如何才能知道这些呢？这个时候，我还没有看过一场摊牌，不知道任何一个玩家的真正策略，而且显然我还没有到可以选择好的时机、做假动作的时候。

这就引出了最为重要的一点：我还不是一个非常好的指挥官。我掌握的信息不够，没能看清整个战场，甚至都不确定自己是否拿对了武器。以这局线上扑克为例，我认为我的底牌是很好的，是能凑成顺子的一手牌，因为埃里克曾经用同一手牌做了类似的演示，只不过我的底牌花色不同。当时我没想太多，毕竟，我曾经读到过花色只会给你的手牌增加 2% 的底牌赢率。天啊，知道这个之后我真的特别高兴，2% 不算多，有这 2% 和没有差不多是一回事儿。

只不过有和没有并不是一回事儿。任何一个战术家或战略家都会当即告诉你，任何优势都很重要，2% 是很大的概率。此外，花色相同会让底牌成为更强大的武器，打起来也更容易。因为这时你可以更加清楚明白地驾驭很多局势，所以有了额外的心理优势。不过因为我还不了解这个，所以感觉不到，也不理解。在这个时候，我的优势是零。而我最担心的是什么呢？不是自己思考得是否准确，而是自己看起来是否弱小。一位优秀的指挥官永远不会担心别人怎么想。只有当你在有策略地利用他人对你的看法来塑造自己在未来行动中的形象时，这种看法才是要紧的。

当然，当观察者是比你优秀的玩家时，他的看法也是要紧的。现在埃里克说起这个，我也是承认的。“我当时以为如果让牌的话，会看起来很弱，而且你也告诉过我需要更有进攻性，不要畏首畏尾地玩牌。”

埃里克说：“首先，你不能那么想。我是说，你这个时候的确是很弱，而且你都不应该参与这一局，不过这不是重点。重点是，你不能基于他人的看法打牌。不畏首畏尾地打牌和有进攻性不是一回事，它指的是你不能因为担心而做决定，这跟保守或进攻性无关。你可以非常有进攻性但依旧心存恐惧，你可以保守但同时强大。”

我点点头，从自己带来的一大盒糕点中拿出一个杏仁羊角包咬了一大口。吃点甜的，更容易消化批评，尤其是合理的批评。

埃里克继续说道：“你知道的，这真的很重要。事实上，很多玩家在现场直播中打得比平时差得多，因为他们非常担心自己看起来如何。”现场直播指的是用电视播送牌局，好让人们看清玩家手里的牌。

在电视直播扑克比赛早期，埃里克因为拒绝将自己的牌展示给摄像机或读牌人而出名，但在有些人看来，他因为这个而臭名昭著。他这么做不是因为担心别人会认为他蠢，而是不想透露自己的策略。而现在，玩家已经无法再拒绝展示自己的牌，不过这本来对他也没什么妨碍，因为他是我见过的最擅长调整自己打法的玩家之一。

埃里克的“蜻蜓隐身模式”

当你想象动物王国里最成功的狩猎者的时候，你会想到什么图景？可能是一头狮子或者一只猎豹，气势汹汹地奔跑着；也可能是一匹狼，悄悄地跟在猎物后面。它们都是不同寻常的野兽，都是强壮且致命的，但却都不是最成功的狩猎者。在这三种动物中，猎豹的杀伤力最高，能够猎杀近 58% 的追捕目标；狮子位居其次，猎杀率不足猎豹的一半，能成功猎杀 25% 的目标；而狼只能猎杀到 14% 的追捕目标。真正致命的杀手出人意料，是蜻蜓。哈佛大学研究员 2012 年的一项研究表明，蜻蜓能够成功捕捉 95% 的目标猎物，这一点令人震惊。它看起来不像前面三种动物那样富有魅力，也不是备受吹捧的对象，很难有人会把这小小的、长得像外星人一样的飞行昆虫看成与它们类似的物种，然而它却是比它们更有杀伤力的捕食者。它的眼睛能够捕捉到最微小的动作偏移；它的翅膀能够让它突然转向并以超出想象的速度与姿态猛地掠过；它的头脑已经进化到一定程度，不仅能够留意到潜在的目标，而且能够以惊人的准确度预测它们接下来的动作。蜻蜓如此厉害，是因为它不仅能够看清楚自己的猎物在做什么，而且还能够预测猎物将要做什么并且准备做出相应的反应。

在扑克界，埃里克就是蜻蜓。他既不会趾高气扬也不会洋洋自得。他不会大吼一声宣布自己的到来，而只会默默地观察，然后再基于从猎物身上观察到的信息改变自己的猎杀方式。他不仅知道自己的对手在做什么，还能预测他们接下来会做什么，并且知道他们行动的时候会有怎样的表现，然后有针对性地设计自己接下来的动作。虽然埃里克的警觉体现出明显的鸟类特质，而蜻蜓虽是昆虫，不是鸟，但也是一种飞行生物，因此把埃里克比作蜻蜓是十分合适的。

我第一次见埃里克在一手牌中使用“蜻蜓隐身模式”（dragonfly stealth mode）不是在现场比赛中，而是在视频中，是在比赛结束几年之后看到的。我早就听说过这个传奇的比赛并且找到了视频，想在自己涉足现场扑克之前回顾一下。那是在2015年5月，埃里克一对一地挑战欧洲扑克巡回赛总决赛超级豪客赛（EPT Grand Final Super High Roller）的冠军。超级豪客赛是一个需要10万欧元买入的赛事，赢家可以获得200多万欧元。他的对手是一位从波兰来的年轻新秀，德米特里·乌尔班诺维奇。在过去的几个月中，乌尔班诺维奇在欧洲扑克赛场上所向披靡。3月，他在马耳他夺得了欧洲扑克巡回赛豪客赛的冠军，赢得了50多万欧元，并且在巡回赛的各种边赛事（side events）中取得三个冠军、一个亚军的成绩。他还是全球扑克指数排行榜年度玩家的候选人，是一位绝对炙手可热的玩家。埃里克后来告诉我：“这是典型的年轻新秀与像恐龙一样的老古董之间的对战。”我还没跟他提我的蜻蜓理论，如果提了的话，他可能依旧会支持老古董的定位。尽管总能挺到决赛桌，但是他仍然把自己看作一只属于过去的笨拙迟缓的恐龙，一直在等着那颗致命陨石的袭来。

这场对战一开始，乌尔班诺维奇就以 3∶1 遥遥领先，不过几个小时后，埃里克慢慢赶上来了。在这个使用了“蜻蜓隐身模式”的牌局开始的时候，埃里克拥有相当于 41 个大盲注的筹码，而乌尔班诺维奇只有 17 个。埃里克身在大盲注的位置，有一张方块 J 和一张方块 4。这不是一手一流的牌，但是一对一对决的时候，任何同色的底牌，尤其是有一张大牌的底牌，牌面价值都很高。乌尔班诺维奇平跟底池（limping into the pot），跟注了与大盲注相同的筹码数，接着埃里克选择了让牌。翻牌圈台面上出现了两张 A，一张 6，其中两张黑桃，一张方块。除了有可能凑成方块连牌（running diamonds）之外，台面上没太多埃里克指望得到的牌，于是他让牌了。乌尔班诺维奇也让牌了。到这时为止，牌桌中央的筹码一点儿也没增加。转牌是方块 K，这让埃里克凑成了同花听牌，他再一次选择让牌，而乌尔班诺维奇则下了 30 万元的注，约合底池的一半。埃里克手持同花听牌跟注。河牌是红桃 5，一张完全无用的牌，玩家既未命中黑桃同花和方块同花，也未命中顺子听牌。埃里克手中只有 J 高牌（jack-high），对下了很多赌注的玩家而言这并不是一手好牌，所以他让牌了。乌尔班诺维奇下了将近半个底池的赌注。在这个阶段，很多玩家都会立即弃牌。当你的手牌什么都没命中而且还大不过其他高牌（high-card hands）的时候，还有什么好考虑的呢？但是埃里克不是寻常玩家，他一直都在观察，一直在伸展自己的翅膀，他已经预测到可能会出现这种特殊的情况。

他摇了摇头，第一次改变了自己标志性的牌桌姿势。左胳膊肘枕在桌沿上，左胳膊越过胸前，左手放在右边肩膀上。他挠了挠下巴，身子向后仰了仰，叹了一口气。他咬着嘴唇，自顾自地耸耸肩，盯着乌尔班诺维奇，又看了看台面。三分钟过去了，他还是没有弃牌。最后他看了看乌尔班诺维奇，往台面中央扔了一些筹码：他跟注了。乌尔班诺维奇把底牌翻开，原来是一张黑桃 2 和一张黑桃 4，面对这样一手未命中同花的同花听牌，埃里克的 J 高牌已经足够大了。乌尔班诺维奇扬了扬眉毛，微微一笑，似乎不敢相信。在长达 5 个小时的对决之后，埃里克夺得了冠军头衔并且赢得了截至当时其扑克生涯中最大的一笔奖金。获胜的埃里克像往常一样谦虚，他对在颁奖仪式上采访他的解说员乔·斯泰普莱顿说："即便拿到亚军我也会非常兴奋，当然，拿到冠军让我更开心。"

我在想，在底牌赢的概率非常小的情况下，你如何能跟这么大的注呢？我怀疑自己永远都没有勇气做相同的决定，尤其是在电视直播中，在冒着被全世界的人（或者是世界上那一小部分决定看比赛的人，不过在聚光灯下的你会有种全世界都在看的感觉）看到自己要把钱付之一炬的风险的时候。这种我严重缺乏的能力源自"蜻蜓隐身模式"。观察最细微的动作，蓄势待发，根据自己的经验判断对方会有什么动作，并做出相应的回应。在埃里克身上，这种观察是多层次的，其中有他在过去几十年中积累的对这种局势的了解。他说："这种感觉就像是在前翻牌圈，你知道手里有 A 的玩家会加注，手里有 K 的玩家也有可能会加注一样。"他有太多一对一对决的经验，知道典型的进攻型对手——乌尔班诺维奇的进攻性很强——在手握整副牌中最好的一张时是不会平跟的，他会立即施压。"而且在手握 Q 时，他是不会下注的。"埃里克继续说道。事实上，Q 在摊牌中比较有价值：它能打败埃里克手中可能会有的任何听牌。“所以在这一局中，诈唬出现的可能性要比表面上看起来大得多。”

不过这只是基于经验的一般观察。真正让埃里克出类拔萃的是，他能够剖析每位对手的特性。自从掉入陈强尼的陷阱以后，他已经取得了很大的进步。截至目前乌尔班诺维奇的牌风是怎样的呢？答案是：进攻性极强。比赛初期，他的那种进攻性是强大的玩家都会有的。但是当他们二人一对一的时候，他的进攻性升了一级。在打了一手又一手牌之后，埃里克注意到了乌尔班诺维奇身上之前从未表现出来的某种模式。“在我俩一对一之前，他还没那么疯狂。”埃里克说。一对一后，他就疯狂了起来。“他的下注也是我考虑的一个因素。如果有一手好牌的话，他会那样下注吗？如果真有，那种下注方式也是说不通的。”

通常，埃里克行动得相当迅速。但在这场对决中，他花了将近五分钟思考。他告诉我：“我在试着回忆他在有好牌的时候是怎么下注的。在将其他所有因素考虑在内后，我意识到他的这手牌很复杂。”过去，乌尔班诺维奇会为牌力强的牌下高价值注，因为作为一个优秀的玩家，他知道不能总是在虚张声势的时候下大注；牌力中等的时候，他会自信地下弱价值注。所谓的弱价值注，是指一位玩家虽然没有最强牌型，但意识到自己仍能从最差的牌型中获得价值，因此在很多玩家拿到边缘牌（marginal hand）[①] 决定让牌以避免被其他牌力更强的玩家加注或跟注的时候，这位玩家却会开心地下注并赢得额外的收益。埃里克告诉我：“那个时候，他在欧洲巡回

① 指的是期待值为 0 的牌，牌力很低。——译者注

赛中屡战屡胜。”一个风头日盛的玩家会更有可能采取积极行动，特别是在手里有像样的牌时更有可能早些下注。埃里克说：“在手气那么好的时候，你会感觉这局自己应该能赢。”其他玩家不会感觉你在诈唬。对你而言，这局没有什么难度，赢面是属于你的，你是不可能被打败的。然而在这一局中，乌尔班诺维奇并没有过去常有的一些表现，因此埃里克判定：这不是一个手气好的玩家在手持价值牌时会采取的策略。

除此之外，埃里克非常清楚自己的外在表现如何。作为一个传统的职业玩家，他有一个传统的形象。“你在打牌的时候诈唬过吗？”在一对一的对决赛中，乌尔班诺维奇曾在略早一些的一个牌局中这样问他。答案当然是肯定的，不过在那一局中埃里克没有诈唬，因为那时他手里拿的是第二坚果同花（second nut flush），也可以说是那个台面上牌力第二强的一手牌。乌尔班诺维奇没能弃牌，最后损失了很多筹码。这位年轻的新手，没有埃里克的经验，可能不会意识到这位较为年长的对手并不只是能诈唬而已，他还能在手持 J 高牌的时候跟注，而这也是他进攻策略的一部分。如果你以为可以通过施加足够的压力让某些玩家弃牌，那么就去做吧。只是你最好每次都有同样的动作，否则，善于观察的蜻蜓会发现你动作之中的偏离并采取相应的行动。

这是一个非常复杂的过程，并且对处在这个阶段的我而言，它还是一个我无法完全理解的过程。我就是这么告诉埃里克的。他笑了笑，准备告诉我他真正的秘诀。“主要是因为艾克——即艾萨克·哈克斯顿——给了我一个咖啡丸，所以我才没有倒下。这一点很重要，因为我当时很累。”他说，他过去从没那么干过，后来也没那么干过。“这是与我的精力相关的一个因素。”埃里克当时达到了自己的极限，他知道自己需要能量——纯粹的体能，于是便要来了自己所需的（我草草地记下：研究咖啡丸）。

在动物王国，他是致命的蜻蜓。如果从军事上说的话，他就是负责潜入的游击队队长。首先，他在暗中观察，不会用任何华丽的动作宣告自己的到来，而是完美地融入周遭的环境，观察当地的兵力，察看队伍究竟该以怎样的方式靠近。他没有通用的武器，没有预先决定的策略，只有一个以极大的耐心和观察为基础的非常灵活的、极其致命的系统。其次，是为了胜利、结合当下的情况、甘于赌上一切的意愿。

埃里克说："最好的玩家并不会介意旁人眼中的自己是怎样的，你在观摩顶级玩家的技巧时会觉得很有趣。有时候，因为你冒的风险太大，局势会严重失控，尤其是在无限额德州扑克中，别人有时候会把你当成世界上最大的笨蛋看待，他们会在心里嘀咕这个人脑子里到底在想什么，你得能接受这一点。"

接着他又说，其实他并不介意从表面上看自己究竟犯了多少错，只要认为自己的思维是站得住脚的就行。"有时候你甚至可以打非常不好的牌，只要你有充分的理由说明这么打是能行的。"我打花色不同的 J 和 10 牌也不总是最糟糕的选择，前提是我得清楚地知道自己为什么这么做以及我希望达成什么目标，并且在前进的时候有一个靠谱的、基于优质情报的战斗计划。

我告诉了埃里克我对战争的感悟，但是没有具体描述，只说了一些类似"所以，扑克实际上就像战争一样，我需要的只是一个好的策略"的话。

埃里克想了一会儿。"我认为打扑克就像身处爵士乐团一样。"这个答案与我的期待不符，不过，他的言行很少与我的期待一致。

"你要与其他乐手连通并与之同步。实际上，它与你个人无关。重要的不是爵士乐本身，而是这些乐手在做什么，你应该如何回应。"他接着说道，"我想有些玩家之所以成功是因为他们拥有一种风格。不过你必须得竭尽全力做一个自由思考的人，不能只有一种风格，知道吗？"

这是一个非常纽约式的类比，而我确实也很爱爵士乐。这是一种更加柔和、更加流畅地看待扑克游戏的方式。我的视角是一种零和（zero-sum）视角，而他的视角则为更为正和（positive-sum）的互动留下了空间。我的视角是假定会有伤亡，而他的视角则暗示着大家会在相当长的一段时间内一起演奏，然后共同进步，相互回应，逐渐成长。这也解释了他为什么能成功——如果一位新的乐手加入或者你从一个大型爵士乐团换到了酷派爵士乐团或自由爵士乐团，那么为了生存，你就得学习新的语言①，而他一直都是这么做的。

我承认自己有一点儿泄气。只打了一手牌，我就觉得一切几乎都得学，要牢记的内容也很多。

他安慰我："你没问题的。相比记忆力，打牌更多是靠经验。"虽然打得不好，但是我一直在打。"我非常希望你能多打几手牌。你现在的工作只是熟悉什么是一手好牌，以及该怎样打一手牌，哪些打法是可行的，哪些打法是疯狂的。没有什么是比深入其中、犯

① 此处融合了前文的两个类比，一个是把扑克游戏比作一门新的语言，一个是把牌桌上玩家之间的互动比作爵士乐团内乐手之间的互动。这里"一位新的乐手加入"指的是在牌桌上面对一位新的玩家；"从一个大型爵士乐团换到了酷派爵士乐团或自由爵士乐团"指的是牌桌的变换，整句话的意思是在面对不同的玩家、身处不同的牌桌时，埃里克能做到不断地学习，因而能够成功。——译者注

很多错更好的学习方式了。”

我非常确信自己在犯错的道路上走得越来越远了。

选好你的位置

尽管开头令人沮丧，但是最终我在其他方面也走得越来越远了。爵士乐的类比既富有诗意又能给人以启迪，但是助我迎来第一场胜利的是战争思维，而且这场胜利来得不能更及时了。毕竟，玩线上扑克只是计划的第一步，并且线上训练所花的时间比想象中要长。我还没有开始玩现场扑克呢，而且埃里克也不允许我玩，得到能打得比 J 和 10 那手牌更好时才可以。我无法经常去新泽西，也不能随便找一个咖啡店逼着自己待到参加完了想参加的多个线上游戏之后再走，因为我正在养成一种非常不健康的摄取咖啡因的习惯。我肯定不能采取多桌（multi-table）方式——多桌是个术语，指的是同时开启多个牌局，在同一时间参与多场游戏，可以是现金游戏，也可以是扑克比赛，还可以两种都有，几乎每个职业线上扑克玩家都是这么玩的。目前多桌手牌的纪录保持者是刘蓝迪，认识他的都知道他的网名——nanonoko。早在 2012 年，刘蓝迪在同一时间开启了 25~40 个牌局，在 8 个小时内创纪录地玩了 23 493 手牌。当时，挑战的唯一要求是最终必须有赢利，为的是防止他开局之后就弃牌。最终的结果是：他赢了 7.65 美元。这个结果与他平常的表现有很大的差别，不过也表明了一个有经验的线上职业玩家在给定的时间内到底能接收多少信息。在一个小时之内开局最多的纪录保持者是法国职业玩家贝特兰德·格罗斯皮尔，网名是 ElkY。他在玩单桌即时锦标赛（Sit ’n’ Go）的时候，同时开了 62 个牌局，最终也有赢利。而我，还没能在参与一个牌局的时候持续赢利呢。天黑得越来越早，天气变得越来越冷，主赛事也越来越近了。令人难过的是，我的目标似乎遥不可及。

“我就不能跳过线上游戏，直接玩现场扑克吗？”我叹息道。埃里克只回了我一句“不行”。我想像发牢骚的小孩子那样抱怨一句“你开始的时候也没有玩线上游戏啊！”不过我忍住了。我比谁都了解，如果他有机会那样实践的话，肯定能创下自己的纪录。他从来不会放弃任何一个提升自己的机会。

现在是晚上 9 点了，我已经筋疲力尽。从下午 5 点开始，我就一直在玩需要 16 美元买入的线上锦标赛了。我喝了很多咖啡，不久前咖啡店的店员还走到我身边，问他能不能玩几手。我一直在担心会被撵走，因为在这里坐了很久而且没有再点吃的。虽然我在这里点了午餐，但是离午餐结束已经很长时间了。结果店员本人也是个扑克迷。我解释了一下为什么不能让他玩：一方面线上扑克不允许别人代玩，另一方面我在录游戏视频给导师看。他耸耸肩，说了句“祝你好运”。

开始的时候有 200 多位玩家，现在只剩 60 多位了，只有跻身前 20 位才会获得赢利。我坐在了一个新的虚拟牌桌前，坐在左边的那个恰巧是网名有红色边框标注的玩家——游戏网站允许你用颜色标记任意一位玩家，我选择用红色来标注最有攻击性的对家。我对这个网名没什么印象，不过之前好像已经把这位玩家归为“好斗的笨蛋”（ aggressive idiot asshole，缩写“AIA”）一类了。之所以将他归为此类，一是因为他的下注模式；二是因为根据我的记录，上次我们一起打牌的时候，他变着花样地称呼我，一会儿叫我“笨女人”，一会儿叫我“蠢货”（游戏有一个面向所有玩家的聊天功能，玩家用起来并没有什么顾虑。聊到我的时候，大多数评论都不那么令人愉悦，不过有一个玩家在叫我“坏女人”的时候确实有一些开玩笑的意思，当时我们俩手中的牌不相上下，最后他输给了我。不过我其实并没有和他们交谈，因为我的原则是在有人跟我说话的时候绝不回应）。

在这一手牌中，我碰巧在翻牌圈命中了同花 A 高牌，这是玩家所能遇到的最好的牌型之一。我手里有同色的红桃 A，台面上的三张牌也都是红桃。这一局中我的对家有两个：一个是“好斗的笨蛋”，另一个是之前没遇到过的。第一个该叫注的玩家决定让牌，紧接着是我，我可以让牌也可以下注。因为我知道自己的牌最好，所以不仅想赢牌，还想赢更多的钱。让牌的风险是可能没人下注，那么底池就小；下注的风险是人人弃牌，那我就不能赢更多的钱了。这时我的行为评估背景就派上了用场：毫无疑问，“好斗的笨蛋”肯定会下注，因为在与我对阵的时候，他总是会下注，而且会下大注，所以我让牌了，而他果然选择了下注，而且注码还很大。第一位玩家弃牌。即便到这个时候，我也没有加注，只是简单地跟注。下一张公共牌是 A，“好斗的笨蛋”全押。显然，在他眼里，我是一个软弱的、被动的、一看到吓人的大牌就会惊慌失措并弃牌的女孩。我选择了跟注，他摊牌了。他的底牌非常简单，是空气牌（air）：花色不同的 K 和 Q，完全没有命中台面（miss the board）。而我的则是坚果牌（nuts），是最好的牌型，扑克玩家也称之为同花 A 高牌。我赢了，筹码翻了一番，筹码量接近 13 000，在平均筹码数量为 8 000 左右的情况下，我成了筹码领先的玩家之一。（我要锻炼自己成为一个大方得体的人，不能将随后朝我袭来的大量恶言恶语全部抄录下来，尽管我很想这么做。“好斗的笨蛋”，如果你读到了这本书，请记得，我完全是凭意志力保全了你的好名声。）有了这个开头，我又继续打牌并赢下了迄今为止最大的一场比赛：晚上 11 点刚过，我赢得第一名。“好斗的笨蛋”，谢谢你，下次一定再来啊。在看录像的时候，埃里克问我：“你能打破不聊天的原则，告诉这些人阿瑞亚（Aria）[①]那里有位厉害的扑克玩家吗？[②]我们得让其中一些‘鱼’[③]来拉斯维加斯啊。告诉他们来了可以赢大钱。”

几乎每次打牌的时候，我都会听到埃里克说：“选好你的位置。”只要拿到最好的牌，随便一个笨蛋都能赢，但这不是打扑克的重点。发牌员发出最好的底牌只是偶然的，如果每次都等着好牌，那你的筹码早晚得输光。还有，即便最后拿到了对 A，你也赢不了什么钱，因为连观察力最差的玩家都能注意到你只会在底牌最好的时候才会开牌，所以会跟你保持尽可能大的距离。这样一来，即便你赢了，和输牌也差不多。

打扑克的重点在于长期赢牌，用最好的牌赢最多的钱，同时在拿到最差的牌时，尽可能地少输钱。为了做到这点，你必须得选择好位置：知道什么时候该进攻以及如何进攻。被动的玩家是赢不了牌的，畏首畏尾、总是担心会被别人打败的玩家也是赢不了牌的。不过，众所周知的进攻型玩家也赢不了牌，他会步那个“好斗的笨蛋”的后尘。你必须得成为一个战略家。不畏首畏尾地打牌并不意味着一路杀过去，压制所有牌、所有玩家，你确实需要有进攻性，但是需要有策略地进攻，针对合适的玩家，在条件适宜的情况下

---

① 阿瑞亚，指的是 Aria Poker Room，拉斯维加斯的一个赌场。——译者注

② 此处埃里克的意思是“我”可以去拉斯维加斯的 Aria 赌场玩牌了。——译者注

③ 较好的玩家对那些输不起、牌品差的玩家的贬称。——译者注

进攻。

J和10的那手牌以惨败告终，虽然令人沮丧，但是也正是它让我一路走到这里。我耐心等候，评估自己的对手，在脑海里制订了一个专门针对他的计划。的确，当时我有最强大的武器——绝对的好牌，没必要进行战略诱骗，但如若不进行战略诱骗，我很容易就会下大注，透露出自己的处境，因而无法像这次用小小的注码赢下巨大的底池。即使进攻型的笨蛋也会时不时地弃牌，因此这次我耐心地等，并停下来调整，在他掉入陷阱的时候，我并没有洋洋自得，而是继续利用自己的优势。这只是一场小规模战斗，虽然这时我已经有了更大的实力，但离战斗结束还有几个小时。我仍然坚持打牌、叫注，为的是赢牌，而不是因为不想显得软弱。“好斗的笨蛋”把他的筹码输给了我，然而我没有接着输掉它们，而这，至少是个成就。

胜利的感觉很好，而且这种感觉会持续一段时间。在第一次赢牌几周之后，一个杂志记者找到了我，约我写篇文章。我翻看从前的邮件，发现和这位对手曾经打过交道：她过去也多次请我写文章，但是因为稿费太少，不值得费那个劲儿，所以我从来没有写过。而每次我一提到稿费，她就没下文了。我心里还是有一些想接受这一个约稿的，一方面写稿子很有趣，另一方面我对这个主题的背景知识也有很多了解，重要的是这篇稿费也没有那么低。要知道，之前她要给的稿费可比这还低。在这个时候，这个约稿实际上是一个我所需要的、不错的激励。

然而，在某种程度上，我一定得记得：不能畏首畏尾，不能担心外人眼中的自己是什么样，不能害怕别人因为你做了或没做什么而离开，得动动脑筋。因此我决定让牌：我回复她称自己在筹备下一本书，这些天没怎么接约稿工作。这不是拒绝，而是给对方留下了叫注的空间，改变决定的势头，让自己处在掌握主动权的位置。在判定对方的反应之前，先按兵不动，不到万不得已的时候，先不透露自己底牌的牌力。一天之后，我收到了一封邮件：如果我们能给你更高的稿费呢？这是个机会，如果在从前我肯定连忙答应了，但是现在的我判定自己并没有必要急忙抓住任何机会，换个方向或许能找到更明智的策略。我回复说：这个金额或许不够，因为时间有限，稿费得比在《纽约客》的高才值得我花时间。实际上，我没有加注，而是在跟注，只是继续待在这个牌局中看看还会发生什么。接下来的一封邮件称：每个字 3 美元。成交！我赢了这一局，而且从中获得了超乎想象的价值。“好斗的笨蛋”，谢谢，因为你，我学到了很多。

我依旧感觉自己没有做好面对真实牌桌的准备，不过确实对虚拟牌桌不是那么陌生了。也许最终还是能赶上世界扑克系列赛的。我突然非常想去拉斯维加斯，去真正的扑克桌上练练手。不知怎的，对我来说，线上扑克似乎并没有那么真实。

第五章

第一次实战比赛：一个男人的世界

打扑克也是一个富有阳刚气概的仪式，并且，大多数时候，
输牌的人要么感到非常懊恼，要么觉得自己已经有了
足够多的思考，所以选择离开，即便离开时
并不优雅，但起码是欣然离开的。

——大卫·马麦特
《关于男人》（*About Man*）

我的第一场扑克锦标赛

人群安静下来，其中有穿晚礼服的，有穿低胸装的，还有穿20世纪90年代T恤的——我看到一件有Nirvana乐队图案的水洗T恤，还看到一件像是演唱会周边的、致敬Metallica乐队的T恤，还有穿燕尾服的，有戴棒球帽的，每个人都期待地看着升起的舞台。

我们在金色大厅里，分坐在30多个牌桌旁，头顶是宏伟的圆形穹顶。其中有一些是名人，有演员、导演、运动员等，还有一个是我理应认识的尼克斯队（Knicks）的球星；还有一些是扑克界的名人，比如世界扑克系列赛的冠军、世界扑克巡回赛事（World Poker Tour）的冠军、纪录保持者。有以前大火的明星，还有现在正当红的明星。有一些人只是热爱扑克游戏而且有钱可以买下一个座位或者包桌，支持一下受之无愧的慈善机构，又或者他们只是足够幸运，碰上了个有钱的老板。还有一些人像我这样，是无名小辈，既没钱也没名气，不声不响地入了场。不过我们来这里都是为了同一件事：打扑克。

“嗨，我知道你们已经听了很多演讲，也知道你们只想玩游戏”——人群里出现一阵赞赏的骚动——“但是你们得再等五分钟，听我说……”人们还是各聊各的，这还不如哀号一声有效呢。“只是开玩笑的啦。发牌员们，洗牌、发牌！”这几个带有魔力的字眼一落地，整个大厅瞬间充满了欢声笑语。现在刚过 7 点，夜晚终于拉开了序幕。

这是我的第一场扑克锦标赛，与想象和计划中的一点儿也不一样。仅在几周之前，日历上标注的拉斯维加斯之旅还很遥远，埃里克和我一直在研究日程安排。我到底是在干什么啊？几分钟前还没感觉紧张呢。我以为第一次参加锦标赛是作为观察员，坐在埃里克旁边，看他打牌，几周以后自己再坐在牌桌边。在报到台前，有人给我了一张看起来没什么的白色卡片，上面有两行字，一行是当晚的慈善机构，另一行是桌号（5 号），我以为那是晚餐的座位安排。安排我来这里的埃里克有其他的计划，他冲我友好地挥挥手，我瞪了他一眼。

他跟我打招呼，像往常一样撇着嘴傻笑，跟我说：“我觉得这样会更有趣。线上游戏玩得够多了，是时候打你的第一局现场扑克了。”

“但是我还不能打现场呢。”我抗议道。突然之间，拉斯维加斯看起来好遥远。我是怎么想的啊？赢了一次线上比赛并不足以让我成为职业扑克玩家。我觉得自己刚刚学会使用电脑上下注用的滑动条。“我还没准备好，不知道在现场比赛中怎么做。”

“打现场扑克很令人兴奋！你有新手的运气，没问题的。”埃里克如是回答我。

“得了吧，你自己都不相信新手会有运气。”

“嘿，会很有趣的。雅米（Jamie）也参赛了，你等下就能见到她。”雅米是埃里克的女儿。打扑克似乎是他们家的传统。埃里克自豪地告诉我上一次她打比赛的时候拿了冠军，那是另外一场慈善赛事，她最后打败了几百个玩家。

我问他，你们家还有谁是扑克玩家啊？

“其实，我妈过去打过牌，并且赢了牌。”埃里克跟我讲了她是怎样在他父亲的片场打败所有人的。他的父亲当时在导演一部纪录片，剧组人员聚在一起友好地玩牌，最后他的母亲赢了几百美元。

我说：“我担心自己不能像雅米那样赢牌，我觉得自己什么都赢不了。”

埃里克脸上挂着大大的微笑，望着雅米，笑着说：“我真的很好奇能带她在职业扑克玩家这条道路上走多远。我不清楚，甚至都不确定自己是否要鼓励她玩扑克。”他停顿了一下，又补充道：“因为扑克界对女性尤为严苛。一个女性玩家想要躲开线上骚扰、糟糕的评论或其他不好的事情，几乎是不可能的。”

这不是他第一次提及，不过这一次有些东西似乎在我的脑海里扎了根。我无法辨别究竟是什么，但思绪开始翻腾起来。

埃里克继续说道，不过那些认真玩牌的女性往往能自成一派。“你知道吗，我敢说，那些玩扑克的女性要比男性聪明得多，这一点其实挺有意思的。如果你和瓦内萨·塞布斯特或丽芙·波利聊天，就会发现她们真的都很聪慧。我是说，显然扑克界有很多非常聪明的男性，但是我们周围还有一大批十分令人瞩目的女玩家。”

他谈过扑克界的环境，我并不感到奇怪。在扑克界看到厉害的女性玩家就像是看到患有诵读困难症却取得了非凡成就的人一样。她们之所以成功，不是得益于这个环境，而是因为克服了这个环境，而这让她们的才能更加出众。作为女性，在面对这样艰苦的斗争时，必须要异常出众才能脱颖而出。

我请他至少给点儿上阵前的建议，问他有没有哪些诀窍，能够帮我从线上世界切换到这个陌生情境。他说，没有，放手去玩就好了。在这个节骨眼上，建议只会让我感觉脑袋要炸了。

"哦，有一点要注意。慈善赛事都是全押的盛宴。"

全押的盛宴？

"基本上和涡轮锦标赛（turbos）差不多。盲注涨得非常快，你必须得强势一些，加大注码。"

我能想象得到自己看起来有点儿震惊的模样。虽然一直在学习，但我并不擅长非常强势的风格。每次尝试的时候，我就会陷入那个拿着不同色的 J 和 10 打牌的境地，就会在错误的时间、错误的场合采用错误的策略。

"你下载过 SnapShove[①] 吗？"他问。

那是什么？

"是很不错的一个应用程序，我也在用。这个程序是麦克斯·西尔弗编写的，他在今年的主赛事中走得挺远的。"

"哦，是吗？"

"是的。经验不足的时候，你会遇到一些需要计算的情况，这个时候 SnapShove 基本上能满足你的所有需求。"

"好的，我现在就下载。"然后就开始在苹果应用商店搜索。

"你听说过急速弃牌（snap fold）这个术语吗？它的意思是立即弃牌，因为你迫不及待想甩掉这手牌，所以称之为急速弃牌。

---

① SnapShove 是一个应用程序，实质上是一个交互式的全押 / 弃牌表格。它利用纳什平衡理论，通过一个即时的、简便的、灵活的界面让你明白是该全押、跟注还是弃牌。——译者注

SnapShove 能让你以差不多同样急切的情绪全押，让你明白在大盲注注额不同的时候，该选择哪手牌继续打。”

我开始查找并不熟悉的关于手中牌和命中率的术语列表。如果说线上扑克感觉像在异国的话，那这完全就是在火星了。我在想要不要就此急速弃牌，回到布鲁克林的舒适区。埃里克一定是从我的表情里看出了什么，因为他补充了一句鼓励的话。

“其实，现在想一想，这会是很好的训练机会，能为去拉斯维加斯做准备。我们需要锻炼一下你的进攻性。没有比涡轮锦标赛更好的场合了。”

就像我说的，这个提议无法让我高兴起来。我们一次又一次地发现，我的进攻性需要一些重要的支撑系统。它既不是与生俱来的也不是我所熟悉的——而且持续无法激活内在动力并摧毁对手给我的影响超乎预料。甚至连在线上小胜的时候，最终赢牌的策略也是找到进攻性很强的“笨蛋”，这样我就不用强势进攻了，只需被动地接受现有的局面。实际上，我并没有成功地发动过关键性的进攻，也没有过可以引以为傲的诈唬。

每当看到我放弃进攻策略、选择更加被动的策略时，比如：在该加注的时候却选择了跟注；当别人下注后，在本应该考虑虚张声势、再次加注时，却本能地弃牌；只有在牌型最好的时候才会再次加注，面对需要更强势的策略的牌型时则不会再加注——他就会说我是在错失良机。他告诉我：“你逐渐掌握了基础，但是我想我宁愿你在一开始的时候就练习如何成为一个更强势的玩家。虽然会有更多的变数，但是那样你能学到更多，能够玩更多手牌。”强势的策略并不总能以胜利告终，但也没关系，因为更多手牌意味着更多的学习机会。而且我已经知道了他和丹对待失败的态度。

还有，他认为女性的身份可能对我是有利的，不过这一点有待确定。埃里克说："哪种玩家的名声会更好些呢？是每一手牌都有一些玩家跟注的狂热玩家呢？还是可以更多次侥幸成功的较为保守的玩家呢？这真的是一个有趣的问题，至于答案，我也真的是不清楚。"不过他说，在名声还没有形成之前，作为一个没什么名气的女性玩家，我可以利用自己一直拒绝采用的进攻型策略并且更容易得手。

手上又是棘手的同色 Q 和 8，每次拿到这手底牌我都会失误。我想起来，有一次，坐在小盲注位的我在上一玩家加注之后选择了跟注，我还没来得及解释这手牌的来龙去脉，就看到埃里克开始摇头。他告诉我："这个时候跟注是个错误的决定，除非你对其他玩家有很好的判断。"这手牌的牌力还不够强，不可以在小盲注位上做出多路径的叫注动作[①]。我沮丧地点点头，太遗憾了，我并不想弃牌。埃里克说："其实，你应该认真考虑加注。"牌力没有强到可以跟注的地步但是却应该加注？"注码加大些，可以加六倍注。"这意味着我要加的注码得是前一个加注注码的六倍。对牌力不是很强的一手牌而言，这个注码相当大。埃里克解释道："利用你的形象。如果是你，下这么大的注码会让别人以为你的牌力超级强。即便有人跟注，你的处境也不会特别差，而你这时跟注就等于是把筹码往火里扔。"

我似乎往火里扔了不少筹码。就像有一次，我手拿 Q 和 8 在大盲注位上选择了跟注，然后在翻牌没有命中任何对子而且有一位玩家下注、一位玩家跟注的情况下，我选择了弃牌。埃里克说：

---

① 此处的意思是，在这一局中，作者玛丽亚的牌力不够强，叫注时需要注意，不能做出任何会让她可能同时对上多位对手的叫注动作。——译者注

“没关系，这个筹码花得值。这时你应该考虑先让牌再加注（check-raise）。如果是你，这个动作向别人传达的信息就是牌力很强。”一个优秀的玩家在这种情况下大多会选择弃牌，我得有多疯狂才会去尝试在三位玩家面前虚张声势。

埃里克说了很多次“如果是你”，于是我开始明白他的意思了。我不仅是一个未知变量，而且还是一个女性，甚至在线上游戏中也是如此，即便其他玩家看不到我的脸。埃里克说：“在打现场扑克的时候，你的那个形象会更有价值。”的确，“如果是我”，人们虚张声势的次数会更多，不过在我做出疯狂举动的时候，他们弃牌的次数也可能会更多，因为他们认为我没有能力识破他们的诈唬，之所以做出疯狂举动，是因为牌力很强。我可以把这个作为优势，更加强势地打牌，以一种在其他情况下不会采用的方式积累筹码。我采取被动的策略——跟注、让牌、弃牌，只是出于惯性。而埃里克一直在跟我说要挑战自己，积极主动，加注、让牌后再加注、继续加注。

被动状态会给人一种不真实的安全感。你以为自己不会陷入过多的麻烦之中，而实际上，每一个被动决定的结果一定是慢慢失去筹码。而且如果在牌桌上一直选择那些被动策略的话，那我可能面临着更深层次的问题。谁又知道我在生活当中因为惯性的被动失去了多少众所周知的筹码呢？有多少次因为别人展示了力量，我在不应该离开的时候转身离开了呢？有多少次我被动地待在某种情境之中，不积极掌握主动权、扭转形势，最终任由自己被打败呢？退缩看似是一个简单的解决方案，实际上却能成为引发更大问题的根源。

当环顾四周，回顾埃里克脱口而出的对扑克环境的评价时，我意识到了自己心神不安的一部分原因。人群里到处都是女性，但是坐下来、在牌桌上打牌的大多数都是男性。是的，每张牌桌上确实有一两位女性。后来我意识到，这将会是我见到的女性玩家最多的场合，女子锦标赛（Ladies Event）除外。在任意一个比赛现场，女性参与者的比例一直都在 3% 左右。不过大多情况下，穿西装的职业玩家是来这里玩牌的，而穿晚礼服或低胸装的女性则是来这里看热闹、搞社交的。

接着我弄明白了一个一直困扰着我的问题：自己屡次无法增强进攻性是因为社会的熏陶。我一点也不喜欢这个领悟。多年来，我已经学会了，身为女性，争强好胜是得不偿失的。那些掌权的男性以及一部分努力爬到了顶端又怕自身地位受到威胁的女性，他们都不喜欢好胜心强的女人。

这不仅是我的看法，而且是事实。我记得多年前自己曾经报道过一则新闻，讲的是一个人文学院的哲学部为一位女学者提供了助理教授的职位，这在学术界是罕见的，但是当这位女学者给上述学院写邮件询问职位的相关信息时，职位邀请却被立即撤销了。显然，她不再是一个合适的人选了。

哈佛大学肯尼迪政府学院的高级讲师汉娜·赖利·鲍里专门研究女性谈判，她对此有一种解释：在自己的研究中，她发现女性会因为在谈判中要求更多的钱而受惩罚，而男性则不然。惩罚她们的有男性，也有其他女性。女性可被感知到的好胜心不仅不会得到欣赏，反而会被看作消极信号。而男性的好胜心则是他有很大潜力的证据。如果一位女性想方设法地坐到了领导位置，在她以一种命令式的或独断的方式行事的时候，别人对她的看法会比对男性领导的看法消极得多。如果一位女性被聘用，那他人评价她的时候更有可能基于其社交技巧而非能力；对比之下，一位男性则会继续因当初让他得到聘用的资历而受到重视。

当女人以一种更女性化、对抗性更弱的方式行事的时候，并不是在害羞或者在犯蠢，而是在聪明行事。女性在回应现实的世界，因为知道不这么行事的话就会招致能改变人生轨迹的惩罚。女性是为了适应社会才被动行事，毕竟，谁不想招人喜爱……进而得到聘用，赚钱谋生呢？

这些我都知道，但是我以为在心理学上的训练，对这些偏见的了解以及在人生中取得的某种职业成就意味着我已经实现了去社会化（socialization）[①]，能够为自己挺身而出，能够不让上司的喜好决定自己的为人处世。然而，现在花点时间认真想一想，扑克游戏让我明白了一点，那就是真相远非如此。现在我身处一个完全陌生的世界里，学习一项全新的技能，导师是最优秀的玩家当中的佼佼者。我没有坏习惯，没有既定的不好的思维方式，只是聆听、学习、吸收最佳策略的一块白板。那么从各方面来讲，我应该已经学得很好了。只是，这显然不是故事的全部。一块真正的白板应该听导师的话并且执行——为什么不呢？如果埃里克告诉我应该尝试某一策略，那我就应该照做，只是我无法做到，无论什么时候只要我去尝试，就会感觉不对劲，就会失败。这不是因为我没能学会进攻型的策略或者不明白它的优点，我已经学会了，也明白它的优点并且希望它能奏效——但是我做不到，因为背负着那种在整个职业生涯中不知不觉累积起来的精神负担。我根本就不是一块白板，这个认知虽令人不快，但很重要。现在我明白了，或许就可以着手解决它了。

① 此处“去社会化”的原文是“overcome my socialization”。“socialization”一词的意思是：一个人逐渐学习以一种可被社会接受的方式行事为人。结合上下文，“overcome my socialization”即“去社会化”，意思是：不受世事的影响、不受他人喜好或偏见的束缚。——译者注

因为如果不解决这个问题的话，我在扑克界就待不了多久。扑克比赛中的女性之所以这么少，是因为在一个男性比率高达97%的环境中，女性一生中需要克服的偏见大规模地呈现了出来。要想以最好的状态达成目标，就得克服内在的很多因素。

埃里克或许在我之前就已经注意到了我刚才意识到的事情。他本人也远非一个疯狂的、进攻型玩家——而且他在鞭策我往强势的方向走的时候并没有那么不露声色，这一事实让我觉得，他已经看到了我身上有需要改变的部分。

我怀疑地摇摇头。我不是这样的，其他女性才是这样，难道不是吗？

埃里克把我的不适更多地当成了紧张情绪。“别担心，给，喝杯酒吧。假使你很快败下阵来也没关系，这里的食物还不错。”他补充道。

“我记得你告诉过我打牌的时候绝对不要喝酒。”

“酒能缓解你的紧张情绪，让你更愿意赌一把。”

我想喝酒倒也没什么，毕竟，我已经够紧张的了。于是我拿了杯酒，坐在牌桌前，打量着一张张脸庞。幸运的是，我没有看到熟悉的人，职业玩家都被安排到了其他地方。坐在我左手边的女人是牌桌上除我之外唯一一位女性玩家，她正在偷偷地用手机查手中牌的大小。是顺子比同花大？还是同花比顺子大？我感觉稍微好受了一些。至少我知道这两个牌型谁大谁小。

败下阵来：惊慌失措与虚张声势

我试图引起埃里克的注意，希望获得一些安慰，但是他坐在房间的另一侧，挨着他的女儿。他们在哈哈大笑，我希望他们不是在笑我。我试着做深呼吸，用我在书里和演讲中经常提到的能让人平静的方式冥想。冥想有助于保持冷静，也能让自己更加慎重。既然我能劝告他人沉思冥想，那自己肯定也能做到。有那么短暂的一瞬间，它几乎就要奏效了。

接着第一轮牌就发到桌上了。这和线上扑克一点儿也不一样。我感觉自己呼吸困难，像个溺水的人一样。我以为自己在小游泳池里练习了，知道如何游泳，然而慢慢意识到大海跟小游泳池不是一回事（后来我也认为慈善赛事是小游泳池，但那是很久之后了）。我忘记了自以为已经掌握的一切，像第一次玩线上扑克那样，只是这次糟糕得多，因为每个人都能看得到我的挣扎。在虚拟的世界里，对手并不知道我搞不懂下注用的滑动条，不知道我总是因为紧张和无能点错注码滑动条；看不到严重失误后的我是怎样地局促不安，看不到拿到好牌时的我是怎样地兴奋不已，听不到我在心里大叫好牌或差牌，有时候也会叫出声来，那要看我有多喜欢那手牌。而这里，我身在明处，有太多的眼神、声音、气味和人需要留意。埃里克是怎么做到的啊？

我有点儿不知所措，跟不上现场的状况，可以确定的是每个人都看得出来我的手在发抖。我差点在前翻牌圈弃掉了一副对 A。事实证明，现场扑克和书里读到的或视频中看到的完全不一样，它和舒服地躲在电脑屏幕后打牌也完全不是一回事儿。

然而，慢慢地，我像狗刨式游泳一样开始出牌。我没有弃掉那对 A，虽然无法从中获得尽可能多的价值，看到自己的牌后，我就兴奋地下注过度，这有效地阻止了其他玩家叫注，但是确实赢下了底池。不知怎的，我走了运，赢了几把相当不错的牌。我太紧张了，没怎么敢诈唬，不过拿到了几副不错的对子。我很想告诉你们具体是什么牌，但是大脑忙于记住并吸收其他的一切以至于忘记了它们。尽管记忆力出错，但是最初接受的训练开始发挥作用，我记得在做每个决定之前暂停一下。我还在以最直来直往的方式打牌，在明亮的灯光下，到底怎么诈唬啊？不过至少考虑了各种可能性并且承认了自身的局限。有时，我还知道自己应该做什么，只是通常不会这么做，不过至少我是清楚的。有那么一瞬间，我下的注码刚刚好，赢得了一大堆筹码以及对手的一句"打得不错"。这位对手从事对冲基金，更加不露声色，而我却忍不住微笑，感觉就像一个因为完整、准确地说了一句英语而被幼儿园老师斯科特女士奖励了一颗星的五岁小女孩（我刚上学的时候，还不会说英语，那时我们刚刚从苏联搬到美国）。

我很快就忘记了这一时的胜利，因为那种害怕别人发现自己在滥竽充数的恐惧感又回来了。周围的玩家正在一个一个地被淘汰，我忍不住想自己似乎也应该是其中之一。房间里的人越来越少了，外围的牌桌已经清空，我们挪到了离中央更近的牌桌前。我从一张牌桌换到另一张牌桌，根本没有机会认识对手，刚刚熟悉某个牌桌的节奏，就到了换桌的时间。我没办法对他们做出评价，也揣摩不透他们的想法，只能竭尽全力好好打。但至少我还在玩牌，这意味着我要么是鱼群中最呆滞的那条"鱼"，（"鱼"指代的是那些有钱的、牌技差的玩家；"鲸鱼"指代的是那些很有钱的玩家；"鲨鱼"指代的是把他们一个一个打败的职业玩家），要么是今天晚上非常幸运的那条"鱼"。

"那是条活鱼"，在看锦标赛时，埃里克不止一次地这么跟我说。如果你放些诱饵，并且足够有耐心，那就能从活鱼那里赢得无数的现金。活鱼是大家喜闻乐见的。在这个时刻，我感觉自己就像一条活鱼。尽管还坐在牌桌前，但是却摆脱不了那种自己不属于这里的感觉。我能想象到牌桌上的商人正在看着我，心里说：这条活鱼已经上钩了。

几个小时过去了，我惊奇地发现自己开始体会到一种新的感觉。现场扑克挺有意思的，我也没有想象的那么差。当然，身为心理学家的我脑海里一直闪着一个念头：自信过度。尽管我知道自己连“新手”都算不上，也知道现在的成功大多是因为运气，但是同时我又在想，自己可能有打扑克牌的技巧。

理论上，我是了解那些偏见的，但事实证明，在实践中克服它们要困难得多。玩线上扑克的时候，我非常努力地去理解从前没有机会去留意的基础策略的基本概念。现在我已经理解了一些较为基础的概念，理性的不足又迎面袭来。在原本轮不到我打的一手牌中，在极其幸运地命中了顺子听牌后，最后摊牌、赢下底池的时候，发牌员的表情像是在说“你逗我玩呢吧”。我发现自己在想，也许“手气好”的说法是有一定合理性的。起初，这种说法是从职业篮球中衍生而来的。在职业篮球中有一种流行的观点，即如果一个球员手气好、投中了几个球，那他会越打越好，会投中更多的球。不过真的存在“手气好”这回事儿吗？即便它并不存在，相信它的存在会让它变得更加真实吗？在篮球领域，心理学家托马斯·吉洛维奇、阿莫斯·特沃斯基、罗伯特·瓦隆认为“手气好”其实是一个推理谬误，他们在观察波士顿凯尔特人队和费城 76 人队的时候，没有找到任何证据能证明“手气好”不是错觉。不过在其他领域，它的作用方式会不会不一样呢？我已经被反复灌输了那种传统的思维，但是这会儿却感觉自己运势正好，应当下大注，一定得下大注。

后来这个念头被打消了一点，因为我拿着一副对 J 却输了牌，实际上，这手牌还算差强人意。在那一局中，翻牌中出现了一张 A 和一张 Q，两张牌都有可能让任意一位对手组成点数比我大的对子，但我拒绝后退。过去半小时我的牌都不好，这局该我赢了！因为拒绝弃牌，我已经损失了一大半筹码——沉没成本谬误（sunk cost fallacy），我们以后还会经常见面的。接着，我没有重新评估就开始试图追平损失。我总该转运了吧？不可能一直输下去啊，这样太不公平了。这就是赌徒谬误（gambler's fallacy），误以为概率是有记忆的，如果接连不走运，那就“应该”时来运转赢一次了。因此在应当弃牌的几局中，我选择了继续下注。

概率的运作方式很有趣，不是吗？运势（runs）让人心理不适。在我们的脑海里，概率的分布应该是正常的，也就是说，应该像我们描述的那样运作。如果一枚硬币被投掷 10 次，那其中 5 次应该是正面朝上。当然，实际上，概率的运作方式并不是这样的，尽管连续投中 100 次正面朝上，会让我们以为这枚硬币是假的，以为自己陷入了斯托帕德式的交替现实之中，但是连续投 10 次或 20 次正面朝上还是有可能发生的。我们的不适是由小数定律（law of small numbers）引起的，我们认为小样本能够映射大样本，而事实并非如此。不适是可以理解的，有趣的并不是我们的不适，而是这种不适感在运势于我们有利和于我们不利的时候是不一样的。“手气好”和赌徒的谬误实际上就如同一枚硬币的正反面：一个是积极的近因，一个是消极的近因。面对概率事件，我们会反应过度，但是事件的性质会以一种原本不可能的方式影响我们的感知。

我们对那些自认为该大赢一把的愚蠢玩家是有印象的。我们总是欣慰地想自己并不是其中一员，认为自己能认清运势的本质，知道它其实就是统计概率。但是在实际发生的时候，我们却有一些心神不宁。在米格尔·德·塞万提斯1605年出版的小说中，堂吉诃德告诉他的侍从桑丘·潘沙："我们经历的这些风暴都是征兆，说明天气很快会变好，事情也会顺利起来，因为无论是好的还是坏的都不可能一直持续下去，既然坏的已经持续了这么长时间，那么好的马上就会到来。"人类想让概率公平已经很久了。实际上，在玩游戏的时候，如果概率看似不同于自己的直觉感知，我们就会畏缩不前。弗兰克·兰茨做游戏设计已经20多年了，现在主管着纽约大学的游戏中心。我和他在其位于纽约大学的办公室碰面时，他跟我分享了游戏设计的一个特征。他说："在电子游戏中会有随机的类似掷骰子的项目，游戏设计者常常会影响其随机性，使之更加契合人们的错觉。如果连续两次投中正面，那么第三次投中的可能性就应该更小。我们知道事实并非如此，但总感觉应该如此，因为我们对随机性的作用方式有一种奇怪的直觉。"因此，游戏其实迎合了那种错觉，为了不让人们觉得游戏设置是"被操纵的"或者"不公平的"。他说："所以游戏其实做了特别设置，降低了第三次投中的可能性，限制了概率。"

过去，兰茨玩了很长一段时间扑克。他热爱扑克游戏的一个原因就是扑克中的概率是真实的，不会迎合玩家。相反，扑克会逼一个想成功的玩家直面其错觉。他说："我从游戏当中学到的就是以一种不迎合自己偏见的方式直面现实。"最好的游戏一定是挑战玩家错觉的，它不会为了吸引玩家而迎合其错觉。

扑克会逼你摆脱错觉，离开不真实的舒适圈，前提是，你想赢。兰茨指出："扑克不是一个设计师从现代意义出发设计的游戏。

根据现在电子游戏的设计理念，扑克游戏其实并不好。但是我认为它要优于游戏设计，因为它不迎合玩家。”如果想成为一位优秀的玩家，就必须得承认没有“该我赢的时候”一说，不论是好牌、好运气、健康、金钱、爱还是其他什么。概率是有失忆症的，未来的每一个结果都与过去毫无关系。只是我们执着地以为概率不但有记忆，而且有个人针对性，只要我们足够耐心，最后就会获得奖赏，只有这样才算公平。

不过还有这样一个太过人性化的因素：只有在运势对自己有利的时候，我们才能接受。因此才会有“手气好”的说法。在赢牌的时候，我们一点儿也不觉得该转运了。如果运势于己有利，我们会极其乐意它无限期地继续下去。虽然认为坏运气昨天就该结束了，但却永远不想让好运气终结。

为什么聪明的人会执着于这类模式？因为事实证明，和其他很多偏见一样，这些错觉之中也存在一个积极因素，一个与我最感兴趣的东西，即我们对运气的认知，密切相关的因素。心理学中有一个概念，是朱利安·罗特 1966 年提出的，叫作控制点（locus of control）。当外在环境中发生了一件事的时候，其起因是自身的行为（技能）还是一些外在因素（概率）呢？内控者（即控制点在个体内部的人）常常认为是自身影响了结果，但他们对结果的影响往往没那么大；外控者（即控制点在个体外部的人）认为他们做什么并不是很重要，事件该怎么发生就怎么发生。通常，内控会带来更大的成功，那些认为事情发展受自己控制的人心理更健康，可以说，他们往往更能掌控自己的命运。对比之下，外控者更容易抑郁，在工作方面上，则持有一种较为懈怠的态度。

不过，有时候外控才是正确的反应，比如说在概率上，无论你做什么都影响不了整副牌，该来什么牌还是会来什么牌。但是如果我们习惯于那个一开始促使自己来到牌桌前的内控，就会误以为自己的行动会影响到结果，以为概率是青睐自己的；就会误以为赢的概率该归我们了，因为今天手里的对 A 已经输了两次了，不可能再输第三次。我们会忘记历史学家爱德华·吉本早在 1794 年就提出的告诫，“一般而言，概率定律是非常正确的，但具体而言概率定律是非常荒谬的”，这是历史给我们上得特别好的一课。尽管从长期来看，概率的分布是趋于均衡的，但是从短期来看，谁知道呢，凡事都有可能，我甚至有可能坐上这场慈善赛事的决赛桌。

有一件事是可以确定的，那就是，我得除去对坏运势的厌恶以及运势好时的热情洋溢，否则会输掉很多钱。如果能够在足够长的一段时间内摆脱这种厌恶或热情，那最后身在牌局中的我就不会再认为自己理应连续走好运或者理应时来运转了。至少我应该怀揣摆脱这种情绪的期望，不然的话就会成为一个破产的扑克玩家。

尽管笨手笨脚、能力不足，但我还是在慈善赛事中待了三个多小时。10 点半的时候，我因为一手早该弃掉的牌——花色不同的 K 和 J 而输了个精光。我们不是刚刚讨论过这个吗？我在想什么呢？我自责道。事实上，我清楚地知道自己在想什么或没在想什么。我受了刺激，于是便把所有筹码都推到了牌桌中央。

在这一局开始的时候，我选择了加注。一个压制着整个牌桌的进攻型对冲基金男选择再加注。我没有弃牌，这是我犯的第一个错误。我忍不住想他一定是在摆布我，于是决定坚持下去。他或许真的是在摆布我，但是我没有选择在最好的位置或者用最好的方式来坚持。一部分的我觉得用这样一手边缘牌来坚持是一个错误，而且如果我要坚持玩下去，就应该加注才对，增加自己的进攻性并且诈唬，埃里克的那句“如果是你……”这时一直在我的脑海里回响，但是另一部分的我既没有加注的胆量，又太固执不肯弃牌，所以选择了跟注，宝贵的筹码所剩无几。然后在翻牌圈，我什么都没有命中。因为台面和我的底牌一点都不搭，几乎没有任何凑成最好牌型的可能，所以我要么诈唬，要么出局。不过，第一个叫注的是那个对冲基金男，他押下了大量注码，如果我想跟注的话，这些注码足够逼我全押的了。我并没有太多选择，诈唬已经不再是选项之一，因为如果选择跟注，我就得指望转牌、河牌于我有利，而且还不一定能赢牌，所以连他的诈唬牌都有可能大过我现在的牌。就在我要痛苦地弃牌时，左手边的男士插了一嘴。

“什么？你打算就这么放过他吗？”

我紧张地笑了笑。

“来吧，你必须得跟。他在诈唬，你难道看不出来吗？”

牌桌上的玩家都加入进来，使我确信自己必须得跟注，而我抛开了所学的一切，照做了。对冲基金男摊开了一对A，我的第一场现场扑克比赛就此终结。

我漫步走开，恨死了自己。我知道自己不该那么做，那会儿的打法不是基于知识，而是受到了最糟糕的一对组合因素，不安和胆怯的影响，进而采取了绝对不可能赢的折中策略。我让不安和胆怯战胜了自己，虽然不想被摆布，但也不想摆布别人，结果就是一团糟。我对扑克游戏一窍不通，显然，对生活也是一窍不通，我不过是一个希望别人喜欢多过希望胜利的胆小女人。也许我根本不想去拉斯维加斯，也许世界扑克系列赛没我更好。

我慢慢走到埃里克旁边，他当然还在局里。

“你出局了？”他问道。

“嗯。”

“什么牌？”他坐在椅子上往后仰，轻轻地把牌推到牌桌中央——他要弃牌。

我跟他说了那对命运不济的K和J，省略了所有因为太过生气而无法与他分享的细节。

“是啊，你不应该那么打。”他就事论事地说着，毫不迟疑地指出我的错误，“与大多数玩家相比，我很少打K和J牌，因为它不是一手好牌。”

我点点头，有点难受。

“不过，你坚持了一段时间啊。那就挺好的了，拿一把椅子过来。”

在埃里克让我偷瞄他的底牌时——后来我才知道，这种行为叫“sweating”[①]——我还在琢磨着自己没能以成功的姿态在现场扑克中崭露头角。事实上，我很久没有作为新手出现在某个领域了，也记不起上一次尝试学习一项新的技能是什么时候了，所以感觉格格不入。我怎么会输得这么惨？怎么就记不得一直以来认真学习、练习的技能和策略了呢？我以为我知道自己在做什么，玩线上扑克时我甚至证明了我是掌握知识的——至少是掌握一部分知识的。那为什么在第一场现场考验中、在最需要知识的时候，我的知识全部消失不见了呢？我确实在赛事中待了几个小时，但是考虑到个人表现，我无法将一时的胜利归功于技能。

事实很简单，我惊慌失措了。我们事先已经做好了准备，相信

① 在扑克牌中，sweat指牌局之外的人旁观某位玩家打牌或者全力支持这位玩家。　　译者注

记忆是可靠的，相信情绪会让记忆更加清晰。1890 年，威廉·詹姆斯是这样描述情绪记忆的："它令人印象深刻，几乎像是在脑组织上留下的疤痕一样。"高涨的情绪带来高强度的冲击，进而引起非常清晰的回忆。按照这个逻辑，在那个紧张的时刻，我所有的知识都应该顺利地涌现，我应该应对自如，回忆起所学的知识并且加以运用，但是我们这会儿都知道事实并不是这样的。记忆不仅会随着时间的推移发生变化，而且记忆图景越情绪化，我们就越无法有针对性地调用它们。置身于一个情绪高涨的场景中，比如一个新手置身于一场扑克锦标赛中，无论我们再怎么确信一切都在自己的掌控之中，也还是会遗漏一些具体的细节。我们能够回忆起一个大概，但回忆不起错综复杂的细节。

那天晚上，我早早离开回房休息了。（原本我应该留下来看埃里克打牌，他最后拿了亚军。在我离开之前，他说："你得提高自己熬夜的耐力，扑克赛就是场马拉松。"）我责备自己，感觉自己是一个差等生。但事实上，我未必是个差等生，只是个被情绪击溃而无法清楚思考的新手。

随着时间的推移，有一些事件，死亡、惨烈的袭击、致命的事故始终会让人情绪激动，仅仅因为它们本质上就是能激发情绪的事件。但是扑克比赛不同，只有当你与我处境相似、同为担惊受怕的新手时，它才会让你产生紧张情绪，但在参加了一段时间的扑克比赛之后，你会觉得它没有什么大不了的，这时打扑克就变成了你的第二天性。

在熟悉到那种程度之后，你不会再有意识地过一遍打牌所需要的所有复杂动作。不过，两种阶段都有学习的机会。在新手阶段，一切都很困难，你得努力学习才能弄明白。不过，你还要意识到这种困难非常大，并且得适应这样一个事实，那就是，你的成功在很大程度上取决于其他人、取决于概率。在扑克比赛中表现得好不仅需要你打得好，而且需要你打得比其他人都好，即便身为最好的玩家，你也可能会输，因为概率可能会于你不利（在慈善赛事中赢了埃里克的人完全是个业余玩家）。

一旦熟练了之后，你就会失去客观判断的能力，会开启自动驾驶模式，会忘记自己在做的事情实际上异常困难，会忘记其中有多少概率的成分。当然，那时也是你最容易受坏运气影响的时候。之所以在快到家的时候撞车事故发生得最为频繁，一是因为基本概率，在家附近开车的频率较高；二是因为熟悉，如果要开启自动驾驶模式或发短信的话，那一定是在最熟悉的区域。

秘诀是熬过平稳期。我们对概率的看重和技能之间的关系可以用 U 型曲线来表现。技能为零时，你会很看重概率；技能较高时，对概率的看重会减弱；技能达到专家水准时，你会再次看到自己的不足，并且意识到无论技能水平如何，概率都会发挥很大的作用。无论是在扑克中还是在生活中，学习模式都是一样的。

虽然我是一个惊慌失措、紧张兮兮的新手，但至少我有能承认这一点的客观判断力，而且已经开始去了解自己诸多不足的原因，这是个不小的成就，并且是靠扑克达成的。

这是好的部分。不好的部分是我的不足得靠自己弥补。我有很多不足，但是现在，扑克界最大的赛事还有 8 个月就开始了，我却允许自己被他人煽动，明知手上的牌没什么希望，还无可救药地要去跟注。理论上，我学到了很多；实际上，我基本上注定是要失败的。我连一场从未打过扑克的人都能参与的慈善赛事都应付不了，怎么能打一场满是职业玩家的需要 1 万美元买入的比赛呢？从表面看来，我甚至无法在赌注如此低的赛事中运用过去几个月硬塞进脑子里的知识，又怎能希望去拉斯维加斯与人竞技呢？

那天晚上，我把已经进入深度睡眠的丈夫叫醒，跟他说我觉得自己无法成功。那手 K 和 J 牌已经打败了我；“内在化的性别刻板印象比我愿意承认的要多”这一认知已经击溃了我。整个扑克事业的难度之大让我感到紧张。不知怎么的，那个晚上，拿着真正的纸牌和筹码与真实的玩家玩扑克的时候，我体会到了坐在电脑屏幕前时体会不到的难度。我都不想坐 PATH 地铁去新泽西了，更别提坐飞机去拉斯维加斯了。也许我注定不该玩扑克。

一部分的我知道基于一个晚上的经历得出结论是不明智的，但另一部分的我只感觉到了疲惫、沮丧，感觉自己的幻想破灭了。毕竟，我连在慈善赛事上多待几个小时获得宝贵经验的耐力都没有，反而像个小孩子一样爬到床上休息去了。又怎么敢以为自己能在一场连续多日并且每日持续 13 个小时，甚至持续到凌晨的大型赛事中坚持下去呢？

一个半梦半醒的声音说：“睡觉吧。你总是劝我说第二天早上一切都会更好的。听听自己的建议吧。”

这意味着谈话就此结束。

所以我就睡了。他说得对，第二天早上我确实清醒了，于是便拿起电脑包去坐地铁。也许还没准备好，但我绝不会就这么认输的。不然的话，不就落入了对女性的刻板印象吗？我就是要让他们看看，在坐上开往格罗夫街的 PATH 地铁、一家星巴克咖啡进入视野的时候，我这么想着。我一定要让所有人都看看。

第六章

没有爆冷门

你永远无法判断厄运最终会不会变成好运……
当不幸发生时，你必须记清楚，因为它们很有
可能让你避开了更糟糕的事故；又或者当你
犯下大错的时候，这个错误或许比深思
熟虑后的决定更能让你受益。

——温斯顿·丘吉尔
《我的早年生活》(*My Early Life*)

梦幻之地：拉斯维加斯

“拉斯维加斯不应该存在。”从这句话中你就能够得知所需了解的一切。在飞机上第一眼看到它的时候，你就会意识到那种不协调。先是顶上有白雪覆盖的高山，接着不再有雪，只剩下群山与点缀其间的小块沙漠，然后你看到的就全是沙漠了。很快，你就会看到一片片整齐的、一模一样的房子，像是从大富翁游戏中拔出来的一样。充满活力的绿色与其他目光所及之处映入眼帘的黄色、棕色形成鲜明的对比，这种最显著的视觉对比提示你正在进入一个非自然生成的区域。

的确，拉斯维加斯几乎是凭空建造出来的。在没有胡佛水坝为它提供稳定水源和电力的时候，它只是一个穷困潦倒的城镇，是那些想去洛杉矶的人中途停留的地方，这是它最有名的一点。20 世纪 20 年代，在当地唯一的铁路公司宣布破产之后，它连中途停留地都算不上了。早在 1931 年，《时代周刊》是这样描绘它的：“一个小小的沙漠城镇，是建设营地的铁路干线大本营。”一个大本营因为需求而出现，然而一旦没了这种需求，这种大本营就多半会消失。

胡佛大坝建设动工的时候，拉斯维加斯一点儿也没做好准备。旅行者布莱尔·科恩回忆道：人们从四面八方涌来，酒店一间房间都没有了。这座城镇需要再建 1 000 栋房子和 150 个商店。这里一个加油站也没有，牛奶、冰淇淋都得从外面运进来，所有的邮政信箱都租了出去，办理存局候领业务的队伍从早到晚都排了一条街那么长。在拉斯维加斯，同时营业的大赌场有 6 个，餐馆有 57 个（餐馆大概是唯一不需要增加的设施），药店有 7 个，杂货店有 50 个。不过，这座城镇只有 6 个维护治安的人，而且都没有穿警服。

那时的“大赌场”还不能算是赌场。直到巴格斯·西格尔带来了黑帮，建造了弗拉明戈酒店，拉斯维加斯才开始有了一种更加持久的光彩，它不再只是前往好莱坞的中转站，还成为一个让好莱坞幻想变为现实的地方。接着好莱坞也来到了拉斯维加斯。1966 年，退隐的百万富翁霍华德·休斯搬到了金沙饭店，他没有离开，而是买下了整个酒店。很快，这座城镇的绝大部分地产都归在了他的名下。到 1989 年史蒂夫·韦恩决定建造第一个真正的现代拉斯维加斯度假村，即迷拉吉酒店的时候，好莱坞的明星已经完全取代了黑帮的地位。原本应该消失在沙漠之中的拉斯维加斯，反而变成了一个充满活力的梦幻之地。

下飞机的那一刻，你会觉得虚幻与现实之间的界限模糊了起来。这不是一个典型的机场，从机舱门出来，可以直达老虎机。如果往大了说拉斯维加斯代表的是开发者和富有远见之人的理想，那往小了说它则代表了令西进运动的人们为之痴迷的梦想：暴富。它是超越洛杉矶的梦幻之城，有着从未冷却的淘金热。它是真正的美国之城、希望之城。只要有胆识或有幸运女神的眷顾，任何人都能成功。

一旦你离开了位于机场和部分赌场之间的过渡区域，就更难判断现实世界是依旧存在还是已经完全远去了。拉斯维加斯大道位于这座城市的中心，集中了各种赌场和度假村，设计得让你可以不用再见日光。在室内，你可以看到清澈的蓝天和蓝天之下的威尼斯水城，以及水城的河道和广场；可以看到星空和星空下的罗马恺撒宫，以及令人无可救药地迷失其间的巨大柱廊。如果说飞行是一次视角的转换，可以让你从上往下欣赏小小的陆地，并意识到生活在其中的自己是如何渺小，那么拉斯维加斯的赌场则是另一种视角，它的设计就是为了吸引你的注意力，让你以为它就是整个世界。这就是其开发者的真正愿景：这里囊括了生活的全部，因此你再也不用离开。

赌场的构造方式能够降低你的决策能力，并且打乱你的情绪储备。有些是特意设置的，比如老虎机、免费的酒水、精心配置的便利设施，这些都是为了让你感觉再无走出赌场的必要。而有一些则是意外的连带后果。我不知道谢尔登·阿德尔森是否研究过创造心理学或情绪健康，如果他研究过的话，就肯定知道打造一个无须走出户外的世界，其实是在打造一个旨在限制他们的世界。

新鲜空气、蓝天、河流、树木：这些都是保持头脑清醒的元素。我们的大脑在看到绿色植物的时候会重启。在自然环境中散散步，我们会少些怒气，更加放松，更有活力，思维也会更加周全。就连城市绿化，即与真实的林地相对的环境，比如公园，也会有类似的效果，它会减少压力荷尔蒙皮质醇，增加愉悦感，提高我们解决困难问题的能力。在和埃里克分享我的想法时，他问："所以赌场的设计不利于好的决策喽？谁能想得到啊。"

一般而言，赌场，尤其是牌桌是细菌孵化器。它们甚至都比不上幼儿园，因为后者的清洁人员在清洁的时候至少会对其表面进行消毒。我摸过的筹码，像是从 20 世纪 70 年代一直用到现在而且一次都没洗过的。有一次，有一位玩家要把湿漉漉的手放到我胳膊上，来证明他刚刚在洗手间洗过手，我不得不告诉他不要碰我。

我拖着行李箱离开老虎机往出口走的时候暗自想：我讨厌拉斯维加斯。令人难以置信的冷空气迎面袭来，现在正值拉斯维加斯的冬季。没人告诉过我拉斯维加斯会变冷，也没人跟我说过除了各种令人不快的事情之外，我还会被冻得直打哆嗦。这说明了我对沙漠气候的了解是如此之少。

我一边把行李箱放进埃里克汽车的后备厢，一边跟他说："我觉得我挺讨厌拉斯维加斯的。"我是第一次尝试西进，因此埃里克决定在机场接我。

他说："我知道那种感觉。这里和纽约很不一样，不过我们的日程里有一些不错的安排。"我们有一个排得很满的扑克日程，如果我希望有机会在 6 个月之后的世界扑克系列赛上竞技，就得做很多准备。起初因慈善赛事大败而生出的强烈情绪已经平息，自从那次涉足"现场"扑克后，我一直都在玩线上扑克。这一次将是我第一次真正体验每天打扑克的感觉。埃里克说："如果不投入时间，那你永远都无法变得优秀。只有每天都打牌，学习效果才最好。"我得充分利用这个机会。我一生中接受过很多训练，也知道 6 个月的时间有点勉强。我完全没有多余的时间，不过偶尔可以在繁忙的日程中找个空闲吃顿饭。埃里克答应要带我去吃这辈子能吃到的最好吃的寿司（他的原话是"非常好吃而且物超所值"）和泰国菜（他说："拉斯维加斯有世界上最好的泰国餐厅，这里的泰国菜被严重低估了"）。吃泰国菜，我是支持的，但是拉斯维加斯的寿司嘛，我有点儿犹豫。不过我已经学会了相信埃里克，如果他说这里的寿司好吃，那肯定是真的了。

不过这会儿，我们既不去打牌，也不去学习或享用美食，而是要实地考察拉斯维加斯。

“你知道佩恩吗？”他问我。

是主持 Penn and Teller① 的佩恩吗？

“嗯嗯，就是他。”

如果他口中的“知道”指的是“在电视上看过”，那我是知道佩恩的。

“我们会途经他的老宅，这栋宅子就要被坦克压平了。”

什么？

原来，佩恩·吉列特建了一栋五颜六色的豪宅，这栋宅子有个可爱的昵称——“监狱”（Slammer）。宅子里确实有一个原装的监狱马桶，佩恩最近把它卖给了一个开发商。为了不让这栋意义非凡的房产白白地变为废墟，他决定将摧毁豪宅的过程放到自己正在制作的电影——《那个庭院》(*The Grounds*) 中作为纪念。因此，他租了一辆俄罗斯的 T–90 主战坦克，要从房子中间碾过去、摧毁它。我们准备过去围观。

正当我们站在 T 形步道上——这栋房子有个 T 形步道，这是我怎么都无法理解的一点——听着让避开楼下区域的提示时，坦克隆隆地驶过，一堵墙就此倒塌，灰尘扬起。在坦克碾过庭院、第二堵墙倒塌的时候，打扮成僵尸的演员（至少在我看来他们是僵尸）成

---

① Penn and Teller 全名是 Penn & Teller: fool us，是 Penn 和 Teller 两人共同主持的一档魔术类节目。——译者注

队散开，围观的人十分淡定。我意识到，在拉斯维加斯，游戏和生活、虚幻与现实密切融合、无缝连接、难以区分。这里是一个生动逼真的成年人乐园。

也许我来对了地方。毕竟，在这里，人人都能成为想成为的人。

保持冷静，做好预算

我在笔记本上写了一份扑克日程：早上 10 点去恺撒宫或好莱坞星球赌场，11 点去蒙特卡罗酒店或迷拉吉酒店或米高梅大酒店。我逐一查看日赛（daily tournaments），看看哪些是与埃里克的豪客赛的时间错开的。一共有几十场比赛可供选择，其中一场在阿瑞亚，埃里克打牌的地方。阿瑞亚是一个不错的赌场，我很开心他们开了一些买入更接近我预算的牌局，它们不同于埃里克的那些牌局，有的需要 2.5 万美元买入，有的需要 5 万美元买入。我急忙记下了这场比赛并在后面画了个星。

“不行，你不能打那场。”看到我用星标标注的选项，埃里克给出了非常明确的回应。为什么啊？这场比赛很方便啊，而且很刺激。“你还没准备好，不能来阿瑞亚打牌。”

为什么不能啊？我几乎每天都在打线上扑克，甚至赢了差不多 2 000 美元呢！如果我连这场比赛都不能打，那他怎么会让我在最后参加 1 万美元买入的比赛呢？

“首先，这里的玩家都特别厉害。你需要从更低的级别着手。”

“其次，140 美元的买入太高了，你需要积累更多的资本（bankroll），然后再玩买入那么高的比赛。”我感觉自尊心受到了打击，因为他觉得我应付不了一场小小的比赛。还有，资本是什么？

事实证明，自从那场慈善赛事以后，尽管我在策略方面有了相当大的进步，但是还需要补充一些其他的基本知识。后来我了解到，资本的含义就是其字面意思：需要在扑克中投入的金额。大多数玩家的预算都不够，尤其是在资本变动幅度比现金扑克大得多的扑克锦标赛中。只有在赢了 40 美元买入的锦标赛之后，我才能参加 140 美元买入的比赛。埃里克给我上了一堂扑克经济学速成课。有些玩家有资助（backing），资助的细节各不相同，不过大体上，它指的是有人预付给你现金，用来资助你所有的牌局，你赢了之后和他们分享赢得的钱。不过，如果你一直输的话，就会进入所谓的“补偿”阶段，也就说你得在赢钱之前先偿还输掉的钱。再有就是投注（staking）。投注指的是，投注者可以购买一部分比例的叫注，以获得同样比例的赢利。比如，拿 10% 的叫注换 10% 的赢利。如果之前成绩不错，那你可以以加成（markup）① 价出售叫注：在这种情况下，投注者需要支付更多的钱，以获得旁观赛事、分享赢利的机会。还有就是交换（swapping）。如果你看中了另外一位玩家的牌局，那就可以要求交换一定比例的叫注，比如 5%，这样一来，他的赢利中有 5% 归你，你的赢利中有 5% 归他。这三种方式都是为了控制风险，最好的玩家不仅知道该在什么时候冒更大的风险，还知道该在什么时候降低风险。

事实上，多数玩家会破产，甚至连职业玩家也是如此，因为太过在意自己的资本会显得没魅力。埃里克告诉我：“他们原本心里

① 在扑克锦标赛中，加成是玩家向投注者要的额外费用。比如，在一个 10 000 美元买入的锦标赛中，如果一位玩家要以 1.2 的加成卖掉自己 10% 的叫注，那么投注者要支付玩家 1 200（=10 000 × 10% × 1.2）美元，进而获得这位玩家 10% 的潜在赢利。——译者注

应该是更有数的，但却消耗太多。最让人难受的事情是看到那些有天赋的玩家不理解切实存在的波动（Variance）[①]，他们可能会接连18个月或接连两年走运，赢了200万美元或500万美元，然后便感觉不会有对自己不利的牌，因而肆无忌惮地投注。”接着就会发生不可避免的事情：“他们会接连输牌，在经历了过去十年鲜少有人经历的好运后，最终落了个身无分文的下场。这种事情一而再再而三地发生。”

当然，这一生，总会有人教导我们要做预算。至少，我们会不断地听到预算这个词，会听到诸如“要多存一些钱以备不时之需”和“要省着点花钱”之类的话。不过，我们很容易找到反对的借口：我挣得不够多，没有多余的钱可以存；我的房租太高了；我生活在纽约市，你让我怎么存钱？而且很多时候，即便做了糟糕的财务决定，我们也不会因此而受惩罚，不会因此生病或失去工作，所以不会从真正意义上尝到储蓄短缺的恶果。即便不做预算，我们也过得还算可以。

然而，扑克游戏就没有那么宽容了。如果你参与的比赛买入过高，冒的风险过大，下的赌注过多，就必然会陷入面临破产的境地。很多玩家常常在破产之后起死回生，他们也引以为傲——但在埃里克看来，这没什么值得骄傲的，因为你不能总指望获得借款，获得资助，获得东山再起的机会。到了某个节点，如果你破产了，就再也没有回转的余地了。

事实上，埃里克成功的秘诀之一就是保持冷静，即便在低谷的

---

① Variance，此处译为“波动”，指的是玩家资本会经历的高低波动，波动越大，资本的变动幅度就越大。——译者注

时候也要如此。他很少给自己积极的评价，但是有一次却告诉我："有一方面我似乎做得还可以，那就是一直以来我都能应对财务上的波动，总能熬过去。我不像其他玩家那样会因为财务波动而有很多情绪上的波动，我觉得这点是非常有价值的，你得认真对待。"

当他用这种平淡乏味的商业用语来表述资本管理时，我就明白了要想理解这一点，重视运气的影响力、重视波动的作用是多么重要。是的，从长远来看，世界上像埃里克这样的人会越来越受欢迎，他们的技能会让他们大获全胜。但是，如果你在短期内没能保护自己不受概率变化的影响，那就看不到以后。这不是是否自负的问题，而是实实在在的事关存活的问题。真正的技能是清楚自己的局限，预判在不远的未来波动会给你带来多大的影响。因为谁知道"不远的未来"会在多久之后变成现在呢？毕竟，概率的分布是与过去无关的。在还没有一个打扑克专用银行账户并且所有比赛用的现金都源自每月的生活费时，不做蠢事，不参加需要 140 美元买入的比赛，这就是技能。没有安全保障，你的技能就无从谈起。你可以是所选职业中最有天赋的人，但是在最糟糕的情况出现时，如果没有抵抗其直接影响的能力，那你可能再也没机会恢复。于是我认真地答应调低目标。

在看到我所列的其他日程时，埃里克说："得让你离开拉斯维加斯大道。我想让你看看真正的拉斯维加斯，见识一下真正的人物。"

他选定了一个我从来没有听过的赌场：金砖赌场。埃里克说："这才是传统的拉斯维加斯，它会让你真实地感觉到这是个什么样的地方。"之后我们就去了市中心。那里有比尼恩赌场，第一场世界扑克系列赛就是在那儿举行的，当时的赛场是一个小得连现代的边赛事都无法容纳的房间。我看到了著名的马蹄铁，在心里暗暗记下，要再来这个创造了如此多历史的地方看一看。

“自从我开始玩扑克以来，世界扑克系列赛真的发生了很大变化。”我们开车经过的时候，埃里克回忆道。是因为规模更大了吗？我问他。“规模更大了，赛事的种类也令人大为惊奇。有买入最高的赛事，比如一滴水豪客赛（Big One for One Drop）。”这是一场需要 100 万美元买入的赛事。“然后还有很多你都不知道的赛事，但是我觉得到时候你会想参加的。”

我们在金砖赌场下了车，它看起来非常……黄，不是金色，更像是被烟熏过的没什么光泽的芥末黄。难道我真的要在这里开始拉斯维加斯的扑克生涯吗？

埃里克朝入口点点头说：“我觉得如果你能在这些比赛中连续多次表现良好，就能在一些较大的比赛中拥有真正的优势，甚至可以考虑参加世界扑克系列赛的女子锦标赛。”

什么？女子锦标赛？这是我第一次意识到最后没准备好、无法参加目标赛事是一个有可能会发生的情形，而不是因为夜间紧张不安而做的噩梦中的情形；也是我第一次意识到整个对话的重点不是提升我的能力去加入高等级玩家的阵营，而是让我不要那么容易失望，也许低等级玩家的阵营才是我最终的归宿。

“你别误解我。”埃里克紧接着说，显然他从我眼中看到了一些沮丧。“很明显，你的目标更高。我知道，而且也支持你。我想要确保你明白，我的意思是你可以把女子锦标赛当作自己第一场需要大额买入且有真正个人优势的赛事。”

我默默地点头。我明白，但我对女子锦标赛的热情是有限的。单从名字上大家就能看出来它是只针对女性玩家的赛事。它的买入以前是 1 000 美元，但是后来男性玩家觉得好玩也开始加入（而且他们以为女性赛场会特别温和，也就是说，这里的玩家会更弱一些），因此买入涨到了 1 万美元，和主赛事的买入一样多，不过女性玩家可以便宜到 9 000 美元（为了不违反《反歧视法》，从严格意义上讲，女子锦标赛必须得对男性开放）。而且，它的确被看作世界扑克系列赛中最温和的赛事，暂且不论这种看法准确与否。

“我认为从时机来看，要说我们能在足够短的时间内参加那些买入较高的比赛，是有些乐观的。不过，我们可以在拉斯维加斯找一些像这样买入较低的比赛，你可以现在就着手参加并且会有种‘噢，这也没那么糟糕嘛’的感觉。这样的锻炼会非常有价值。”

我知道埃里克只是尽力做到实事求是，他一直强调的都是期望值设定和务实，强调有多少资本打多大的牌，不要冒无谓的险，只在有优势的时候买入更高的比赛。不过这些话听起来会令人感到气馁，因此我下定了决心：如果由我做主的话，未来我一定要参加主赛事，而不是女子锦标赛。我无法充分地表达那种感觉，反正一想到女子锦标赛，我就会感觉不自在。我理解设置女子锦标赛的初衷是让女性融入一个 97% 的参与者都是男性的比赛，让她们也有赢得冠军手链的机会，而事实上，世界扑克系列赛有史以来，在 1 500 多位女性玩家（截至 2019 年，共有 1 503 位女性玩家）当中，只有 23 位赢了公开赛（那些面向所有玩家的赛事）。赢得冠军手链的女性玩家只占 1.5%，这个比例甚至比女性参赛者整体所占的比例还要低。这幅图景并不乐观。是的，虽然我完全能够理解这个初衷，但是不知怎么的，将女性玩家分到一个单独的赛场里，就好像在承认她们不能在公开赛事中竞技一样，让人有一种被轻视的、挫败的感觉。我还不知道自己会成为什么样的扑克玩家，是更强势还是更保守，是更有创造性还是更传统，是更沉稳还是更急转突变。我不知道自己会有什么样的名声，牌技会有怎样大的提升，会形成什么样的本能反应，也不知道什么样的风格会让我感觉最自在。但是在第一次走进赌场大门、进入金砖赌场并尝试打赢这场 50 美元买入的比赛之前，我答应了自己两件事。第一件事，我要坚持到底。就算花费的时间超过一年，我也一定要学会打扑克，一定要成为一个赢牌的玩家，成为一个值得与之对抗的玩家，即便做不到，我也要竭尽全力。第二件事，如果要在扑克界有什么名声的话，我希望那个名声是一个优秀的玩家，而不是一个优秀的女性玩家，我不要加修饰词。

掉进狐狸的陷阱

我第一眼看到的是一张狐狸般的男人的脸。他的双眼在扫视着整个房间，在寻找机会。埃里克说想让我见一见真正的人物，那这位肯定算是一个了。他看着像是来寻找猎物的，如果再配上枪支、刀具和拳套，就和想象中那个西部世界的人一样了，不过我不确定这个世界在现实中是否存在。他应该再戴顶牛仔帽，搭配他的波洛领带和靴子。

我排着队，在穿过镶着玻璃的甬道，经过老虎机、牌桌和错置的电梯之后，站在了登记台前，我终于找到了扑克牌室。尽管在岁月的洗礼和长久的使用后牌室内的各种色彩柔和了一些，但是色彩之间的碰撞和不协调依旧让人眼花缭乱。地板上铺着各种黑色、金色和红色的俄罗斯方块一样的瓷砖；墙上镶嵌着闪闪发亮的钻石；每个光面上都折射着老虎机的彩色灯光。仿佛一切都蒙上了薄薄的一层灰尘——但不是那种真正的灰尘，而是多年人来人往留下的痕迹。这里到处是烟味儿、香水味儿和熙熙攘攘的人，有些陈旧却又充满生机。

那只“狐狸”，我在心里这样叫他，在附近转来转去，眼神似有似无地落在排队登记的队伍上，看看有多少人会参加下午这场比赛。我递上了现金。

“你有玩家卡吗？”

我摇摇头，之前不知道需要一张卡，也没人告诉过我。埃里克为什么没提醒我呢？这时的我看起来一定像只迷失的羔羊一样，坐在登记台后的那个见惯各类玩家的女人这会儿变得温和了一些。

“别担心，你可以在那里拿到一张玩家卡，很快的。”她含糊地朝左边挥了挥手。“下一位。”

10 分钟后，我回来了，拿着刚刚制作的卡。那个男人还在那儿鬼鬼祟祟地转来转去。比赛就要开始了，而我才勉强赶到登记台前。我特别担心迟到，绝不能第一次参加比赛就迟到。我试着再次递过去现金，这次她收下了。这是我在拉斯维加斯的第一场比赛，是开打的时候了。

我坐到其中一张破旧的棕色椅子上，递上了小巧可爱的座位卡，然后工作人员将一堆筹码推到了我面前。我环顾四周，每个人看起来都很自在，他们的筹码整整齐齐地码着，还有几个玩家在洗筹码。我还没学会怎么洗，每次洗的时候只要每摞筹码超过三个，它们就会四处乱蹦。我暗暗告诉自己要更加努力地练习。牌桌上还有几个位置是空着的。

我们开始打牌，过了 10 分钟，那只“狐狸”来到牌桌旁，坐到其中一个空位上。我的位子在正中央的五号位，他的位子在我右边的二号位（我了解到，牌桌的座位是以发牌员左手边的位子为始，顺时针排序的。这次抽位的时候，我很走运，不论从哪头数，我都在中间位，不可能会犯低级错误）。

“你们好！”他跟全桌的人说，“咱们这桌看起来都是挺友好的嘛。”

我们笑了笑，跟他打了个招呼。

他接着说：“好事儿。因为我之前从来没真正玩过，需要很多帮助。”

我高度警觉。之前读的书里提到过这样讨厌的人！我还研究过这类人。这种老套的言不由衷的开场白、天真的新手扮相是最古老的花招之一。在这里，我才是真正的新手，但是我宁愿去死，也不愿意告诉任何人这是我第一次来赌场的扑克室。当然，我有可能是错的，但是不知怎么的，我就是怀疑“狐狸”并非真正的新手。

“噢，该死。我都不知道是该跟注，该弃牌，还是该干什么！”在一手牌打完之后，“狐狸”装作困惑的样子。他故意把元音发得很重，好像是在说，我不是本地人，只是一个无害的老头。“噢，那我就跟跟看吧。”

他的对手摊出了两个对子，而他则摊出了一个顺子。“这是好牌不？我的牌比他的大吗？还是他赢了我的钱？”

“干得好，先生！”他那乐于助人的邻位说。在整场比赛中，他似乎把自己当成了“狐狸”的导师。难道只有我一个人注意到了情况有点儿不对吗？

“狐狸”继续着类似的伪装，直到第一次休息的时候，牌桌上的大多数筹码都莫名其妙地堆在了他的面前。我们站起来伸展腿脚的时候，他的邻位不解地摇摇头：“好吧，这肯定是新手的运气，一个小时前他甚至都不知道满堂红是什么，现在看看这堆筹码！”周围都是认同的低语声，我则保持沉默。

休息之后不久，“狐狸”和另一个玩家在底池中。现在是河牌圈，对家下了一个大注，他一边玩弄筹码一边哼哼唧唧的，最后往牌桌中央扔了个筹码。他的对手摊出了坚果牌，这是台面上能出现的最好的牌。

“等等，等等！别给我看你的牌！我还没决定是不是要跟注呢。”“狐狸”抗议道。

“你扔进了一个筹码。”他的对家说道。在现场扑克中，往台面中央扔一个筹码意味着跟注。

“噢，糟了，不会吧！”狐狸先生郁闷地摇摇头，“我是个新手，笨手笨脚的，一不小心筹码就脱了手！”

“算了吧，”那个保护他的邻位说，“他还是个新手。”

我知道的不多，无法开口说什么，毕竟自己也是个新手，但是我一点也不喜欢这样。

“我弃牌，弃牌！”“狐狸”故意弄乱自己的牌。

这是我第一次遇见钓鱼者（angle shooter），喜欢利用老旧的诡计或不正当的手段赚对手便宜的人，这里果然是传统的拉斯维加斯啊。

之后不久我就出局了，第一次出师，运气不好，不过如果继续躲在线上世界里或者在更成熟的扑克室里，我学到的肯定没这么多。不是因为那里没有钓鱼者，而是因为面对较不熟练的玩家时，他们更有可能会降低赌注。

我也明白了鲨鱼和鱼的类比是从何而来。“狐狸”肯定是在围攻小鱼。他是个捕食者，而我们则是他的猎物。当时我突然意识到局势原来可以变得如此严酷、零和，而外在表现则是充满欺骗性的。在扑克界，没有那么多赢家。

我在想，自己有多少次明明处于这样的局势之中却不自知，没有尽可能地密切关注，没能区分迹象和噪声，进而没能意识到，在我痛苦地往前游的时候，有头鲨鱼正咬着我的脚后跟，但我却以为它是站在我这边的？我有多少次像那个友好的、乐于助人的邻位一样呢？当然，我不止一次地身处更嘈杂的环境，有很多时候以为他人是站在我这边的，结果却被他们从背后捅了一刀；也有过开始觉得还不错的一段友谊，结果却发现他人在寻找契机，一旦找到了自己想要的，他们或他们的友谊就会消失。帮助别人并收到感谢的感觉很好——直到你发现自己其实被利用了。至少，在牌桌上，一切都是摆在明面上的，前提是你得知道该留意哪里。

接下来的几场比赛我打得也不是特别好。金砖赌场之后，我又去了神剑城堡赌场、哈拉斯赌场、迷拉吉赌场试了试运气。每个赌场给我的体验都略有不同，我开始越来越多地从每一手牌中看到真实生活中的模式。这些赌场中的玩家采用的并不都是那样像金砖赌场里充满进攻性的鲨鱼策略。这里有被动的玩家，有保守的玩家，有积极的玩家，还有懒散的玩家。有的玩家爱喝酒，有的爱打牌而且从不弃牌；有的是来这里度假、娱乐的，有的是来这里认真打牌、想要赢钱的；有的是来赚其他人便宜的，还有的只是来交朋友的；有爱聊天的，有爱盯着他人的，有欺凌弱小的，有友好的。每一场游戏，每一次淘汰，每一手牌，我都全盘照收并且全部记下来。那么，我该如何调整呢？怎么做才能让自己成名呢？什么样的表现才能使我最终从输走到赢呢？

我在百利赌场参加了一场 60 美元买入的日赛。比赛规模很小，只有两桌玩家，眼看着玩家先是减少到了一桌，然后减少到了8位、7位、6位……最后到了4位，而发现自己依旧身在其中时，我感到有些自豪。在发现翻牌后命中了一个套牌999的时候，我兴奋得难以抑制。前一位玩家下了注，我开心地将所有筹码推到底池中央。就这样，所有的学习即将见效，我终于要赢得第一笔现场扑克赛的奖金了。然而，一位手持同花听牌的玩家跟注了我，他最后命中同花，我因此出局，并大为震惊。

不要回味爆冷门

我走着回到了阿瑞亚，埃里克在那里参加一个买入略高一些的赛事——2.5万美元一场。他这会儿正休息，所以我就开始倾诉自己的不幸。

在我还没跟他说完自己在翻牌后凑成套牌、全押然后被跟注的经历之前，他便说："打住。"我有点儿困惑地停了下来，这都还没说到高潮（或者应该说是低潮）部分呢，而且中途打断我也不像埃里克的风格，他是我认识的最擅长倾听的人之一。我期待地看着他。

"关于这手牌的打法，你有什么疑问吗？"

"哦，没有啊，"我回答道，"我是说，我凑成了套牌，但……"

"那我就不想再听了。"

我咽下了要说的话。

他接着说："听着，所有玩家都想和你讲他们拿了一对A却被打败的经历，别做那样的玩家。回味爆冷门的经历是非常不好的心理习惯，永远不要细想爆冷门的事情，这无法帮助你成为更好的玩家。讲述这种经历就像是在别人家草坪上倒垃圾一样，臭得很。”

哦，这个比喻的确让我明白了他的观点。但是，我连发泄一下都不可以吗？

事实证明，我不能。

“专注于过程，而不是运气。只要想清楚‘我打得对不对’就可以了，其他想法都是无用的，那种思维方式只会让你一事无成。你知道牌局的随机性，但是琢磨这种随机性是没有什么益处的。你得确保扑克室里那个说‘你能相信刚刚发生了什么吗’的人不是自己，而是其他人。”

我还没怎么思考过这一点，不过一如既往，这个男人说的是有道理的。表达一件事的方式不仅影响我们的思维，而且还会影响我们的情绪状态。这看似是件小事，但我们所选的词汇，包括被筛除的词汇和被选中用来表达的词汇，折射了我们的思维。清楚的语言表达意味着清晰的思维，但某种情绪的表达，不管它看起来多么无伤大雅，都会影响你的认知、你的思维、你的心态、你的情绪和你的世界观。正如 W.H. 奥登 1970 年在一次访谈中对采访者韦伯斯特・肖特所说的：“语言是思维的母亲，而非侍女；语言会让你看到自己从未想过或感受到的东西。”我们使用的语言会成为心理习惯，而这种心理习惯又决定了我们学习、成长的方式以及会成为什么样的人。这并不仅仅是一个语义学的问题，讲述爆冷门的故事真的是有影响的。我们对运气的看法会真实地影响自己的情绪、决定，以及看待世界和自身在其中的角色的方式。

世界上并不存在客观真实。每一次经历什么的时候，我们总是会进行自我诠释。我们如何组织句子，把自己作为动作的发出者还是接收者？这会决定我们是内控者还是外控者，是命运的掌控者还是外在力量的劳工。我们视自己为受害者还是胜利者？一个受害者会说“牌面于我不利”这种话，在受害者眼里，要么是别人做的事情影响到“我”了，要么是“我”周围碰巧发生了这样的事情，不赖“我”，也不是“我”能掌控得了的。一个胜利者会认为“我”做出了正确的决定，虽然结果和“我”预想的不同，但是“我”在压力之下的思考是正确的，而这种正确思考的技能是“我”能掌控的。

这种思维变换的影响是值得思考的。在扑克界，如果你是那种回味爆冷门经历的人，那么在跳到下一场比赛后，你会讲述主管扑克的神祇是如何的不公并用这个故事来逗乐牌桌上的玩家（毫无疑问，其他玩家会竞相与你做伴）。如果在生活中经历了爆冷门，那你受的挫折会大得多，持续的时间也长得多。突然之间，你的表达变得更加重要。我认为，如果你把自己描述成残酷的纸牌游戏的受害者，那这种表达就会有阻挡好运的效果：因为沉湎于不幸之中，你无法看到那些自己能做的、可以克服不幸的事情；潜在的机遇会从你身边溜走；人们会厌倦你的抱怨，带给你支持、机遇的社交网络也会缩小；你甚至不愿去尝试某些活动，因为你会想，反正都是输，还试什么试呢，你的心理健康会受影响；而且这个循环会一直持续。

相反，如果你把自己当作一个差一点儿就胜利的，一个思维正确、竭尽了全力却败给了波动的人呢？那就无所谓了，因为你还会遇到其他的机会，而且如果你的思维保持正确，那个波动终究会变得正常。这也为你埋下了种子，让你能够成长为一个有恢复力的人，能够胜过无法回避的爆冷门并且为下一次做好心理准备。人们也会和你分享信息：如果失去了工作，你的社交网络会在新工作出现的时候想到你；如果刚刚离婚或分居或失去了爱人，那合适的单身人选出现的时候，他们会第一个想起你。我认为这种态度有放大好运的效果。的确，你无法改变手里的牌，波动也会持续下去——但是当再次受到生活的打击时，你的情绪状态会更好，会更能适应。而且，现有的心态能让你做好准备以迎接将在某个节点到来的波动，即便这个节点在遥远的未来。

其实，我们很容易就能发现爆冷门的影响是怎样渗透到一切事情之中的，到最后你不仅会抱怨结果，还会抱怨其他方面。一旦那么做了，你就滑入了危险的心理境地。你会抱怨：我牌桌不好，周围有那么多挑战性较低的牌桌，为什么我却坐在一张集中了所有优秀玩家的牌桌上？我的牌是死牌（dead card），为什么其他人拿到的都是点数很大的对子，而我拿到的却是没什么价值的垃圾牌？（后来，在一场大赛中，埃里克把我拉到一旁，告诉我，我的想法令他担忧。他说我在描述事情的时候，往往会说这件事发生在了我身上，而不认为这是自己行为的结果，并且不愿承担责任，如果不停止这种思维方式，那我在扑克界是待不长的。）这种爆冷门的思维模式决定了我们看待其他人的方式。

伟大的玩家是不会那样打牌的，太疲惫了，它会让你过多地视自己为受害者，而受害者是赢不了牌的。牌桌不好？不，它只不过是一个能迫使你好好打的有挑战性的牌桌罢了。你没办法改变牌桌，不如调动所有内在力量，拿出最好的状态来打，把它当作一个学习的机会就好了。死牌？不，没人知道你拿的是死牌。如果你的表情是“我拿了死牌”，那在你逆来顺受地弃牌的时候，每个人都会来压你一下；如果你决定趁这个机会打造保守的形象，然后适时地采取行动，那么你就有了优势。最好的玩家不需要对 A 就能赢牌。一切都取决于你看待问题的方式。

还是从前那个半杯水理论（一半是满的和一半是空的），只是我们一直都错误地践行这个理论却不自知。爆冷门的经历会把你拖垮，它们会让你关注自己无法控制的牌面，而不是可以控制的东西，也就是决定；它们会让你忽视自己能做的就是基于手上的信息做出最好的决定，结果并不重要。如果你明智些，就应该反复做同样的选择，忽略爆冷门的经历。专注于不幸的结果是有害的，尽管你没有把垃圾丢在别人家的草坪上，但它已经毒害了你的思维，降低了你在未来执行理智决定的能力。

埃里克说："我们做个约定吧。我不关心一手牌的结果，不在意你是赢了还是输了。所以你在跟我讲牌局的情况时，不要和我说结果。我想让你竭尽全力，忘记牌局的结果，因为惦记着结果不会给你带来任何帮助。"

我点点头。他以为我沉默是因为受训了有些懊恼，其实我是在回忆过去，数一数在很久之前，在还没听过这个术语的时候，我有多少次任由爆冷门的经历压倒自己；想一想要是听从了那条简单的建议：不要回味爆冷门。要是忘记爆冷门的经历，我能节省下多少情感能量并加以有效利用啊。

"休息结束了，走吧，你可以看我们打牌。"然后我们走回了扑克室。

第七章

发短信会让你损失百万美元

所以，如果一个人敏锐地、聚精会神地观察，
他就会看见幸运；虽然幸运女神蒙面飞行，
但人们也能看见她。[①]

——弗朗西斯·培根

《论幸运》（*Of Fortune*）

① 引自曾冲明译本，略有改动。——译者注

在观察之际，机遇只偏爱那些有准备的头脑

显而易见，这场小小的聚会集中了世界上最优秀的一些玩家。过去几周游走在赌场与赌场之间，我已经熟悉了那些闲聊声和因为免费而几乎人人都喝的饮料、啤酒和鸡尾酒。我也习惯了无休止的牌桌交谈，每个人都把自己当作读懂人心的好手，想用那句“我手里拿的可是点数最大的对子，你真的要那么做吗”获得优势，然后刻意盯着对方。扑克界是一个完全不一样的世界。

我认出了几张面孔，其中有穿着印有 #BAZAM 字样背心的道格·波尔克，我一直在看他的一些视频，研习他的策略；有穿着黑夹克、蓝衬衫，戴着印有“PokerGO”字样棒球帽的卡里·卡茨，早前埃里克向我介绍过他，说他是多媒体扑克牌公司 Poker Central 的创始人；有丹尼尔·内格里诺，也就是扑克顽童（Kid Poker），他似乎是唯一一个兴高采烈地闲聊的玩家。还有一位玩家长得特别像哈利·波特，一撮黑发偏分到一边，戴着黑框眼镜，除了那个伤疤外，他哪里都像哈利波特（后来我才知道，他是艾克·哈克斯顿）。有一位玩家看着像参加完火人节（Burning Man）直接过来

的，顶着一头霓虹粉短发，他是贾斯汀·波诺莫；另一位看着像要去参加铁人三项的人，而不像扑克玩家，他是詹森·古；还有一位看起来像是非常友好的卡通角色，每次我瞄向他的时候，他都在微笑，跟着心里的节奏摇头晃脑，他是丹·史密斯。此外，还有一群玩家看着像是刚从一个关于空气动力学的研究生论坛中过来的一样，大多都戴着眼镜，还有一些戴着围巾，只有一个戴着软呢帽。

这是一个混杂的群体，不过我还没有意识到到底有多么混杂。我现在只能猜测接下来几个月会学到什么东西。从另一个角度来看，与其他地方相比，拉斯维加斯体现出了真正的美国特色，你能从扑克牌桌上看到非常接近美国梦的东西。的确，这里有出身富贵的玩家，也有出自书香门第、家底殷实的玩家；有一位玩家有布朗大学哲学学位，有一位曾经在哈佛大学教经济学，这类人在任何正式场合都不会显得格格不入。

但是，这里还有另一类人。有一位玩家来自贫困率超过20%的西弗吉尼亚乡下，是妈妈带大的，因为他那暴虐、嗜酒成性的父亲大多数时间里都在坐牢。他有过一次又一次无家可归的经历，很多人都说他“永远不会有任何成就”。然而，他现在却坐在这里，身家百万，被视为世界上最优秀的扑克玩家之一。有一位玩家在吸毒成瘾的母亲又一次被捕之后，跟着祖父母生活。还有一位玩家来自白俄罗斯的一个小村庄，从十三四岁就开始糊弄当地的庄家，最后走出了那个小村庄。很多人都没读完高中，更别提大学了。然而，他们都坐在这里，和那些从传统意义上讲更高贵的玩家一样。常春藤联盟的毕业生、商业大亨和那些起步时只有5美元资本（这5美元几乎是他们全部的身家了）的年轻人同坐在一张牌桌前。

人人都可以来，没有人会因为你的学校不好或没有应有的学位或人脉而把你拒之门外。如果能支付得起买入，你就可以玩，就这么简单。没有面试流程，也没有人事部经理判定你是否冒犯了他们。你不会因为社交能力不强或有令人讨厌的习惯而受到惩罚。这里也没有对身高或肌肉力量的要求，不像其他运动那样。即便看不见、听不见或有其他身体缺陷，你也可以玩，事实上，很多玩家最初都是因为躺在病床上无法参加其他活动才打牌的。我遇到过不止一位玩家毫不夸张地说扑克牌拯救了他们。在这里，没有隐形的规则规定你该说什么、不该说什么，该做什么、不该做什么，该成为什么样的人、不能成为什么样的人。你只需要把扑克打好就行。如果你的牌技足够好、争取到了竞技的权利，那么欢迎。这就是美国梦想要达成的，但实际上这在其他任何职业中都是无法实现的。

当然，这份职业也不是完美的。实际上，在这里，精英领导体制[①]也是不存在的。和其他东西一样，如果你有空学习，就会有帮助。后来我表达自己这种看法时，艾克·哈克斯顿（他有布朗大学的哲学学位，家族里有多位教授）告诉我："我认为年轻的时候有一个不需要全职工作的社会经济地位，不需要从事一项挣钱多的、可以让你食宿无忧的工作是很有帮助的，不论这算不算真正的资本。"在任何事情上，稳定和物质支持都是成功的重要因素。如果没有它们，要想和另一个更幸运的人站在同一条跑道上，你就需要克服更多的困难，跨越更多的障碍。当然，还有其他出生时就获得的优势条件，基因、性别、家境，以及你在成长过程中经历的生活事件所带来的外在优势，起初你有没有机会了解扑克是什么？有没有机会第一次尝试打扑克？你扑克生涯的早期是否走运？几年前，

① 指代的是一个只要有技能，就能获得最大成就的体制。——译者注

一位名叫费多尔·霍尔茨的德国扑克玩家历史性地接连走运，在一系列锦标赛中，获得了非常优秀的赛绩，甚至有人绘制了一幅概率分布表，研究再现这种赛绩的可能性。结果，费多尔的赢率分布在图表的最右端，是一个异常值，尽管从统计学来看是可能再现的，但是实际发生的概率只有不到1%。他是一位非常出色的玩家，运气也很好。我知道，还有一群与费多尔截然不同的玩家，他们的赢率分布在图表的另一端，在初入扑克界时其运气如此之差，以至于他们从未意识到自己有能力继续打扑克。从来没有所谓的精英领导体制，但是，在我看来，扑克界是与精英领导体制最为接近的存在。确实有一些人没有选择进入扑克界。一说到这里，我脑海中就想起女性玩家3%的占比，如果她们选择进入，就有可能证明自身的价值。

我悄悄地坐在埃里克背后的一张椅子上，手里准备好了笔记本和笔。我来这里是为了从出色的扑克玩家那里获得一些绝妙的玩扑克洞见，因此要做好随时记录的准备。毕竟，如果不花费时间和精力去研究、分析世界上最优秀的玩家们的打法，我如何能够达到更高的水准呢?

在一个正在进行的对话中，一位玩家说："你上一次玩E是什么时候?" E是什么? 一个新术语吗?

"哦，自EDC以来就没再玩过了。你今年玩吗?"

我连忙在谷歌上搜寻EDC，原来是电子音乐节（Electric Daisy Carnival），这说明对话中的E实际上不是一个扑克术语。看来，关于豪客赛，我还有很多要学习的。

我试着跟上叫注的速度，在每手牌结束的时候，埃里克会在弃牌之前给我看一眼他的牌，这样我既可以看到他是怎么打的，又不会在他正打的时候泄露什么。他解释道："不能让他们有两副面孔可看。"尽管对家从他的脸上观察不出什么，但是很有可能从经验不足的我脸上看出什么来。他在暗示我的扑克脸会透露出旁人想知道的信息，不过我足够识趣，不会因为这个暗示而感到冒犯。

尽管晚一些才能看到他的底牌，但是我能够欣赏正在演奏的爵士乐，就在那时我突然意识到，在这个组合中，埃里克是贝斯手，是那个将一切融合在一起，通过不易察觉的动作，调整、平衡所有其他乐器的乐手。如果不认真听，你可能都听不到他在其中。不过一个不一般的贝斯手既能成就一个乐队，也能毁掉一个乐队。他不是主唱，不是萨克斯、小号手，也不是凭借响亮的高音占据焦点、向世界宣布其到来的短号手；他不是用气势轩昂的鼓点推动一切向前的鼓手；他就待在不易察觉的地方，在周围的音乐发生变化的时候，进行极其细微的节奏变换。一会儿轻柔静谧些，一会儿气宇轩昂些，一会儿趾高气扬些，一会儿平稳沉静些，我几乎能听到从纸牌之中流淌出来的乐声。

聊天的话头已经转到了每日梦幻体育（Daily Fantasy Sports）上，超级杯比赛即将到来，每个人似乎都对爱国者和猎鹰[①]有很大的兴趣。有人问我的看法，我这才发现别人把我当成了埃里克的女儿雅米，她在玩每日梦幻体育。

在与卡里·卡茨的对阵中，埃里克赢下了巨大的底池。卡里跟我说："他是沉默的杀手，总是悄悄地除掉别人。"

沉默的杀手，听起来是挺适合他的昵称。我听说他的另一个

① 爱国者和猎鹰是两大橄榄球球队。——译者注

昵称是赛博格（Seiborg）[①]。这位机器人一样的生物永远不会被打败，永远不会流血，永远不流露任何情绪。当然，要是让我说的话，他们很快就该叫他蜻蜓了。悄然行动的昆虫总是要好过无情的机器人。

又到了休息的时间。埃里克问："你怎么样？"

我坦白道："有点儿应付不了，同一时间有太多事情发生了。"

我在想，自己的水平怎么可能接近他们呢？我甚至连每一手牌的思维过程都捉摸不透，这感觉就像初中时第一次读米哈伊尔·布尔加科夫的著作那样——当时我发誓绝对不当作家。我也想写写自己短暂的人生经历，但是面对完美的《大师和玛格丽特》（*The Master and Margarita*），我放弃了，我永远不可能写出与之接近的作品，又何必尝试呢？现场旁观豪客赛给我同样的感觉。一开始的时候，我觉得扑克还是可以学会的，因为它有相对简单的规则以及不那么复杂的策略，但豪客赛却是一个完全不同的竞技层面。

埃里克点点头，告诉我说："当坐在牌桌前的时候，你的专注程度真的是能收到回报的。"他鼓励我试着吸收尽可能多的东西。"你要专注，这样一来更有可能注意到下注的规律、别人露出的马脚以及诸如此类的细节。同一时间牌桌上会有很多事情发生。"

我点点头。专注，这是他一直在跟我强调的一点。但是我的注意力有限，而且牌桌上有太多吸引我注意力的地方了。好在，我似乎并不是唯一一个觉得专注很难的人。

他接着说："关于现代扑克，很有趣的一点就是，即使顶级的

① Seiborg，是埃里克的姓 Seidel 与 Cyborg 的复合词。Cyborg 意为电子人，指科幻故事中半人半机器的生物。——编者注

玩家也会坐在那里打电话，错过牌桌上的信息。这真的有些疯狂。”

我笑了，一方面是一想到这些杰出的玩家会错失任何一个信息，就觉得很好笑；另一方面是我突然意识到他的话与我的第一本著作开篇引用的一句话很相似。这句话源自我最爱的诗人 W.H. 奥登：“关注点的选择——选择关注这个、忽视那个——对内在的重要性与行动的选择对外在的重要性相当。两种情形下，个人都要对自己的选择负责并且必须接受选择的后果。”

要专注，否则就得承受失败的后果。

埃里克说：“我想让你仔细观察丘伊，谈到专注，他是最厉害的人之一。”

我之前怎么没有注意到他呢？埃里克跟我提到过很多次，但是并没有告诉过我应该往哪方面看。丘伊的确与众不同，凌乱的头发垂到肩上，大胡子遮住下半边脸和脖子，头上戴着褐红色连帽衫的帽子，看起来像刚从阿巴拉契亚山道徒步回来一样。他的网名是幸运丘伊（Lucky Chewy），简称 Chewy，真名是安德鲁·利希滕伯格，是世界上顶级的扑克玩家之一。

乍一看，他长得有些像 Chewbacca（楚巴卡），我以为“Chewy”取自 Chewbacca，也许这样想的人不止我一个。这个问题有点儿难以启齿，但我还是决定冒险问一问——毕竟，我是个记者，可以打着准确报道的旗号。令我失望的是，这个网名和《星球大战》无关。在职业生涯早期，丘伊总是会在身旁的桌上放一堆耐嚼的能量棒，有些是 Chewy 牌的，有些只是耐嚼而已，他会在比赛过程中吃能量棒。而且只要手里有这些能量棒，他就总能在一场又一场的比赛中坐到决赛桌前，因此就有了 Lucky Chewy 这个网名。

今天，他身边已经没有能量棒了。这是我第一次见他本人，而我最先注意到的不是他的胡子、头发或洗旧了的运动服，而是他坐在牌桌前的姿态。他的姿态堪称完美，两手漫不经心地搭在牌桌上，手指完全静止，既没有洗筹码也没有洗牌。他沉稳且冷静地凝视着，全神贯注于房间里的一切。他是专注的典型代表。两个小时后，我再次看向他，唯一有变化的是他面前那堆筹码，已经变成了原来的 3 倍。

如果我们身在瑜伽疗养所，那丘伊并不突出。事实上，他写了一本只有 55 页的简短的扑克书籍，书名是《扑克瑜伽》（*Yoga of Poker*）。尽管起初我有些困惑，但现在集中注意力观察每位玩家的专注程度时，我才明白埃里克是对的：在职业扑克领域，丘伊是一个罕见的例外。实际上，在我见过的任意一个职业领域，甚至在精英阶层，像他这样的人都很少见。他周围的大多数玩家都在摆弄手机，发各种消息，浏览体育新闻，询问侍者是否能将附近的电视换到不同的频道，只有当自己参与其中的时候，他们才会下赌注，才会关注这手牌。丘伊和埃里克一样，总是在场，总是在观察。他不和任何人说话，手机也不放在眼前，他的眼睛始终密切注视着每一位玩家。在我看来，他一定在查看我还察觉不到的细微的行为模式。我一直在等待他的猛烈进攻，但他只是默默地打牌，看似比其他很多玩家都要被动。他在等待时机。

最后，他打了一手牌。他选择加注，来自德国的一位顶级玩家（我们就叫他爱德华吧）和一位稍年长一些的业余玩家，也是一位总是下高注的商人（我们可以称之为鲍勃）选择跟注。每一次叫注，爱德华都不停地下注，翻牌发出之后，他下注了底池的 2/3；转牌发出之后，他下注了整个底池。而鲍勃则在一直跟注。到最后一张牌，即河牌发出之后，爱德华将所有筹码推到了底池中央，鲍勃跟注。鲍勃命中了最好的牌：同花顺。爱德华和他那手什么都没命中的 A 高牌输了。

是运气不好吗？事实并非如此。丘伊一开始就参与了这一局，但是在鲍勃第一次跟注之后，他选择弃牌。后来我问他当时是怎么想的，他说当晚他观察到了一些关于鲍勃的细节：首先，鲍勃整晚并没有打太多手牌；其次，他在开打的几手牌中，不会简单地选择跟注，有时候他会弃牌，有时候他会加注；最后，当有玩家再加注他的下注时，他会弃牌，有时候也会跟注，并且在跟注的时候，他的那手牌很有可能是当时最好的牌。他的跟注意味着真正的牌力。他会等待主动权落到自己手里。如果他看起来很镇定，丘伊就知道他的牌一定非常好，这就是该弃牌的时候，不论最初的底牌有多好。因此，丘伊不假思索地把牌丢到了弃牌堆。

而爱德华大多数赛局都在看自己的推特推送，因为只关注那些自己参与的牌局，所以丘伊观察到的这些他一点也没留意到，而且他过去和鲍勃交手的次数也不多。因此，在手中牌的牌力逐渐明朗的时候，爱德华坚持了一开始便采取的、基于一个计算精准的算法得出的策略，这个算法会根据他的筹码数和鲍勃的筹码数以及他的牌力和位置，告知他该如何下注。

爱德华研究得很认真，不论从哪个方面来看，都没有人敢说他是一个业余玩家，他也是一个出色的、赢过百万美元的备受尊敬的玩家。但是他的策略在很大程度上是由解算器决定的，这是电脑程序，通过运行成千上万的手牌模拟，告诉你任意一手牌的最优游戏策略（GTO）是什么。在前翻牌圈，发牌之后，他就已经知道在这一手牌中他的加注频率如何，知道如果别人跟注的话他的再加注或跟注频率如何，也知道应该在多久之后弃牌。在翻牌发出之后，他同样已经清楚了可能出现的各种组合。以这一牌局为例，他拿着一张方块 A, 这是一张关键牌，一张阻止对方命中坚果同花的阻断牌。台面上这时有两张方块，他知道没有人能够命中坚果牌，因为那张能够凑成最佳牌型的牌在他手里。这时，如果再来一张方块，他就完全可以表现出已经命中了坚果牌的样子，尽管这时他只有一张方块 A。总之，如果我有一张阻断牌，就可以阻止你凑成某一特定的牌型。

我已经了解到，阻断牌是大受欢迎的牌。很多最成功的诈唬和最有效的弃牌都得靠它。如果你拿着阻断牌，能阻断对手们的价值牌，那就尽情诈唬吧。同时，你得“解阻”（unblock）对手的诈唬，也就是说，手里不能有能与他们可能持有的牌相互作用的牌。虽然复杂了起来，但是大意就是：我拿着这张牌，意味着这张牌不可能在你手里；如果这张牌是张价值牌，那么我就有了一条非常重要的、可以决定我打法的信息。

不过关于阻断牌，还有一点是需要了解的：阻断一个有价值的牌型并不意味着对家拿着的不是一手好牌。的确，如果你拿着一张 A，对家组成对 A 的概率就小一些，但是他仍有拿到对 A 的可能。解算器以及高度依靠算法和数学的策略有时候只会给你一种虚假的确定性。因为算法是这么显示的，所以我更自信（的确是该如此），但是考虑到还有额外的数据，这种自信也许过了头，所以在做决定的时候我可能会因为一种略不合时宜的安全感而接收不到新的数据。比如说，我可能会忽视玩家在牌桌上的行为，我会想：他不可能在这时跟注我。

虽然额外的信息应当让你更有信心，但是这种信心远不等同于确信。信息和信心之间的关系是非常不对称的。为了演示这种不对称的效应，研究者要求一群医生基于患者的病例给出专业的诊断，并且要求他们言明对自己的诊断结果有多确定，然后再给他们更多的信息，并再一次询问他们的诊断结果和确定程度。最后，研究者判定：诊断的准确性并不会因此提升，但是对诊断的确定程度却会增加。因为有更多可以获取的信息，所以你自以为知道的很多，进而导致了信息和信心的不对称，以及过度自信，而过度自信是很危险的。

在这个案例中，爱德华确实阻断了坚果同花顺，这是事实，但是同花顺的可能性还是存在的，而且这个可能性在河牌圈变成了现实。然而，到那个时候，爱德华已经太过投入于自己的游戏策略，因此未能及时调整。已经有很多玩家因为不专注而出局。在接下来的休息时间里，我们讨论爱德华和鲍勃的牌局时，埃里克说："他想什么呢？要是鲍勃手里的牌力弱，他绝对不会那么打牌，如果留意了他发出的信号，就知道他的牌至少是同花。"而且这样想的不止埃里克一人。一直在听我们谈话的艾克听到爱德华在离开时怒吼了一声，他似笑非笑地插了一嘴说："扑克有一个好处，就是有足够多的运气成分，所以输了的时候可以不用承认是自己犯了错。"专注是过度自信的一支强大抑制剂，它能让你不断地再评估自己的信息和游戏策略，以免太过执着于某种做法。如果你输了的话，它会让你承认这是自己的失误，不是爆冷门。

专注与爆冷门之间的关系更深。你对一件事越是关注，投入的精力越多，就越能够在爆冷门还没有发生的时候将自己的技能优势最大化，这样一来依赖牌运的次数就会减少。在出现爆冷门之前，就弃牌，然后把爆冷门的概率像垃圾一样丢在邻座玩家的身上。你不可能完全避开爆冷门，但是我认为，专注是能够将消极波动出现的窗口最小化的最佳途径之一。在一个干扰始终存在、联系永不止息的时代，我们可能会变得太过忙乱，以至于忽略了那些能够在踏上爆冷门的道路之前提醒我们掉头的信号。

关于运气，路易斯·巴斯德说过的那句“机遇偏爱那些有准备的头脑”是被引用得最多的名言之一。不过人们经常忘记了，这句话的完整表述与引言十分不同，它是这样的：“在观察之际，机遇只偏爱那些有准备的头脑。”我们往往会注意后半句，即“有准备的头脑”，以为好好努力，做好准备，就能在机遇出现的时候注意到它。但是前半句同样也很重要，如果你不好好观察，不在一开始就仔细观察，那么再多的准备也是不够的。离开了观察，准备多半是无用的。

赫特福德大学的心理学家理查德·怀斯曼曾经做过一个研究，他邀请那些自认为幸运或不幸的人浏览一份报纸，并数一数上面的图片数。自认为不幸的人花了两分钟左右，而自以为幸运的人只花了几秒钟。任务是一样的，但是自认为幸运的人更有可能看到其他人注意不到的东西：报纸的第二页上赫然写着“不要数了，这份报纸共有 43 幅图片”。如果没有观察力，有无准备影响不大。

你之所以感到幸运，不是因为有更多的好事情发生，而是因为好事情发生的时候你注意到了。“虽然我们无法刻意制造这种捉摸不定的机遇，但却可以保持警觉，做好准备，在机会出现的时候认出它并从中得益。”威廉·贝弗里奇在《科学研究的艺术》（*The Art of Scientific Investigation*）一书中如是写道。他还说要想成功，“我们就得训练自己的观察能力，培养那种时常注意意料之外的事情的态度，并养成检查机遇所提供的每一条线索的习惯”。我们无法控制波动，无法控制要发生的事情，但是可以支配自己的注意力并选择利用它的方式。

爱德华是一个有准备的人，这一点是确定无疑的，但是他的观察力不行，没能妥善地支配自己的注意力，因此再多的知识和技能也是无益，最后在比赛中被淘汰。埃里克最终拿到了第四名的成绩，艾克拿到了第五名的成绩。丘伊在快要拿到赛事奖金的时候出局了。我印象中，他拿了第二名，但是记忆未必总与事实相符，因为他强大的在场感令人印象深刻，所以我以为他最终站在了领奖台上。当然，比赛的走势并不一定会是这样的，在一场比赛中，任何人都可能经历糟糕的波动。你可以是赛场上最专注、在场感最强的玩家，可以做出最好的决定，但依旧有可能出局。不过，这个走势确实巩固了我当日所学的内容。

不执着的玩家才会赢

我始终记得那个场景，丘伊坐在那里一动不动，周围有闪着光的手机，有哗啦啦的筹码声，有游走在牌桌之间的鸡尾酒侍者接连不断的叫卖声："酒水，饮料！"我问他能不能见一面，聊一聊打扑克的方法，希望能在他的濡染下学会那泰然自若的神态。他答应了，不久之后，我就坐在了一家星巴克咖啡店里，尽最大可能地理解那种气场的本质。那种专注程度是有意识的决定，还是得益于个人性格？是与生俱来的，还是后天学习的？是慢慢培养的，还是很容易就能习得的？

丘伊看似能够集中无限的注意力，但这并非易事，听他说起的时候我并没有感到惊讶。他在训练之初只是做瑜伽，但他说，这是不够的。他还练习了中国功夫和太极。"瑜伽，特别是串联体式中的那种流畅是与功夫不同的，它与太极气功的十八式更接近，不知道你是否了解。”我完全不知道太极气功是什么。不过，他说能够做到如此专注，还得益于军队的纪律性，而这似乎是意料之中的一个答案。

他解释道：“其实很简单。太极意味着能量的运动，而气功意味着能量的脉动。太极气功大多都是站立体式，只是动作会有变化。它的理念是，让你的身体自由地流动，上一个动作的终点就是下一个动作的起点，这样一来它就成了一套没有终点的、可以维持人体机能的连贯动作。”

每一个动作都起于前一个动作，没有预先确定的计划，只有一种持续做出瞬时反应的方式。当然，这种方式需要集中注意力。像爱德华那样的人会按计划行事，而像丘伊那样的人则会顺势而为。

丘伊把扑克游戏看作一种流动。他说：“扑克牌以及扑克赛事的展开方式都是流动的。从宏观意义上，我把它当作类似太极的存在，它的一切都与能量运动有关。以同样简单的拳击为例，如果我一直出拳，锋芒毕露，那么就会出局，肯定会有人打败我。你得有策略地行动，该猛击的时候猛击，该阻挡的时候阻挡，该移动的时候移动。”而要做到这点，仅关注自己的能量是不够的，你需要留意整张牌桌的能量，这种能量是在不同玩家之间流动的。“扑克桌上发生的一切都是某种能量的流动，那些能够施加适当压力、能够接受适当失败的玩家才会赢。如果你能找到其中的平衡，那就太好了，因为这种平衡会带来成功。”丘伊如是说道。

诚然，这种理念是站得住脚的，但是如何在实践中达成呢？事实证明，丘伊输牌时的心态也是极其佛系的。他和丹·哈林顿一样，坚定地认为输牌是非常重要的，它能让你学会如何赢牌。不过二人对待损失的态度却有很大的差别。丹把损失当作一种自学打牌策略并分析牌局、查缺补漏的方式；而丘伊则从一种更大的视角来看，他在输牌的时候会把损失看作一幅更大图景的一部分。他说："也许在生活这幅巨大图景之中有我们当下无法看到的东西，这手牌之所以不该赢，是因为我们还得经历一连串其他的事儿才能成功。"心流的概念[①]也是如此。同理，事件会一个接一个地发生，像一波又一波涟漪一样，而这种涟漪的纹路是你无法预知的。

从哲学上讲，这是一种非常强大的看待生活的方式。丘伊说："扑克和生活是一个样，只不过前者的因果是即时的。"不过，它其实暗示了一定程度的不执着，单从经济层面讲，在一份以最大化预期价值为核心的职业当中，这种不执着似乎有些不合适。不过不管从哪个层面来讲，丘伊所说的都是肺腑之言，而且他把这种理念践行到了极致。一方面，他卖掉了自己的房子，过着一种极简主义的生活。他告诉我："你可以把我所有的东西放进一辆常规的小轿车里，而且车上还能有足够容纳几位乘客的空间。"另一方面，据说他在主赛事中，拿出了自己 100% 的叫注做交换。也就是说，他交换出了如此多的叫注，一旦赢牌，奖金都归别人，自己则会一无所有。结果，他排名第 499 位，赢得了 22 648 美金，但是这些都没有进入他的口袋。

---

① 心流（flow），是一种心理状态。心理学家米哈里·契克森米哈（Mihaly Csikszentmihalyi）把心流状态描述为一种完全投入和集中于正在进行的活动和所在情境之中的状态。在这种全身投入的状态下，人会忽略周围的一切事物，每个行动、动作、思想都不可避免地跟随着上一个。心流状态意味着注意力的集中，事实上，人们已经发现专注、冥想、瑜伽、太极拳等都会增强一个人达到心流状态的能力。此外，这些活动都能训练和改善人们的注意力。——译者注

我是去年听到的这个传闻，在与他核实的时候，他哈哈大笑。“也许我不会再那么做了。那是一个有趣的经历，我很开心自己那么做了，不过有点儿傻，因为——我也说不大清楚，对我而言，拥抱富裕的心态是一种精神生活方式。在主赛事中把一切都交换出去不算是拥抱富裕，对朋友而言是，但对我自己而言则不是。不过，确实是一个挺有趣的经历。”用“有趣”来形容为了学习不执着而放弃拿到百万美元可能性的行为也是耐人寻味的。

最终，他只是感激能够有机会以自己热爱的职业为生。在生活宏大的计划之中，并没有负面情绪存在的余地。他说：“有些人就是过于沉浸在自己的难过和不幸之中，以至于忘记了身在比赛之中就是一件值得感恩的事情，然后他们就输掉了剩余的筹码。”这是一种不好的心态，它不仅会让你产生糟糕的感觉，也会影响你的决定。“每个人都有很大的机会在自己所做的事情上获得成功和兴旺发达，每个人都有某种独特的天赋。在我看来，我们给自己造成的最大的困难往往就是容不下于自身有利的事物。”

在分别之前，他告诉我，我找了个得力的导师。他说，埃里克显然已经达到了心流状态。尽管从正式意义上讲，他没有冥想，但是在他专注的时候，在他的专注与牌桌上的玩家发生协同作用的时候，他大多是陷入沉思的。丘伊做了一个比喻，让埃里克的昵称列表上又多了一笔。“我认为埃里克就像一座山。你懂我的意思吗？他非常自信、坚定。而我可能更像一个黑曜石之刃，这把刀刃有点疯狂，会出错，但是如果击中了目标，又会非常有效，”他停顿了一下，“我觉得我应该说，他更像一座火山，因为火山会爆发，而山并不会。”火山的比喻听起来确实是恰当的。一个像蜻蜓、像恐龙、又像火山的人物，显然埃里克身上集中了这些喻体的特征。

自从和丘伊喝了那杯咖啡之后，我俩失联了一阵子。2017—2018 年的大部分时间里，他并没有出现在扑克巡回赛上。他经历了一些不好的运势，又有些疲倦，个人生活也发生了一些变化，因而需要暂时离开。大约两年后，我又一次遇见他，当时是在世界扑克系列赛的夏季赛事上，来自世界各地的新老扑克玩家相聚在里约大酒店，我差一点没认出他来。他的胡子已经剃掉了，头发剪得整整齐齐，褪了色的褐红色连帽衫也换成了干净的灰色 T 恤。那会儿正值赛事休息时间，他给了我一个大大的拥抱，我们简短地聊了一下，因为我们得尽快回到牌桌上。他还在坚持做瑜伽、练习武术，最近在世界扑克巡回赛百乐宫站的主赛事中获得第三名的赛绩，赢了近 100 万美元，这是他再次进入扑克界后取得的一个喜人的成绩。他之前觉得有必要将扑克界的竞争暂时放到一边，为的是能在做好充分准备之后复出。他笑着说："上次你看到我的时候，我的头发要比现在长一些。"

不过那已经是两年前了。今晚，他的头发依旧很长，牌局的波动依旧于他有利，能量的流动也恰如其分。在这条作势要将我卷到水底的汹涌水流中，丘伊像一座静谧的小岛，端坐在那里。对我而言，扑克这个领域有太多看似完全陌生的东西，但是他的话却是我能够理解的。离开豪客赛的时候，我头脑里充斥着之前从未听闻的术语：弃牌赢率、阻断牌、弃牌率、有上限的范围。休息时间，詹森·古在我的笔记本上整齐地写下了有上限的范围（CAPPED RANGE）几个字，并且还写道：它指的是因为一手牌的打法而得出对手的牌力有上限的结论。比如，如果一个玩家手里拿着一对 A 且愿意在前翻牌圈再次加注，那么他的牌力上限就是中等套牌 AQ3。我有些不知所措，感觉自己永远都无法理解这些术语，于是就这样告诉了埃里克。

他跟我说："到最后你会弄明白的。不要太过担心。"

我点点头。

他问我："你明天有什么计划？看更多比赛吗？"

"嗯，对。哦，还有，我终于要和菲尔·加尔方德见面了。"

"哎呀，那很好啊。我非常开心你能促成这次会面，菲尔是最好的玩家之一，他对这些夸张的术语很熟悉，而且比我更懂数学，他会帮你弄明白的。"

我再次点点头。我当然希望如此。

第八章

一个讲故事的行当

在月光下对我撒谎吧，编个精彩的故事。

——F. 斯科特·菲茨杰拉德

《近海海盗》(*The Offshore Pirate*)

既要做侦探，又要做讲故事的人

我对菲尔·加尔方德唯一的了解是，他曾经在东村买了上下两套公寓，类似阁楼，上下打通并安装了滑梯。滑梯是不锈钢的，呈弯曲状，定制设计、精致巧妙，滑下的速度略快，舒适度不高。后来从楼下到楼上的时候，菲尔逐渐习惯了选择更传统的楼梯。他离开纽约来拉斯维加斯的时候，把滑梯留下了，最终以 15 000 美元的价格售出。

我以为会见到一个神气活现的哥们儿，也许有一处或多处文身，衣着打扮时髦靓丽。我已经做好了会面可能会延长的心理准备，也许会延长到在我这个早睡早起的鸟儿看来已经有些晚的深夜，也做好了喝一些非常酷、非常前卫的、自己从未听闻的酒品的准备。不过埃里克对我说，菲尔是最好的玩家之一，可能也是世界上最好的扑克老师，并告诉我要竭尽全力向他学习。我已经在拉斯维加斯待了好几个星期了，但是除了金额不断减少的银行账户和几次差一点就赢的经历外，我没有什么可以示人的成绩。“差一点提现”（almost cashed）并没有听起来那么好。现在的我特别希望见到任何一个有可能助我提升的人。我知道自己不能吞下一颗魔力药丸或找句咒语来取代训练和学习，但还是乐观地相信也许菲尔会提供一些难以言喻的东西，朝着正确的方向用力地推我一把。我走出酒店房间，一边努力穿过迷宫一样的赌场去找他，一边想：至少，我能够从他那里学到一些滑滑梯的技巧，下次去水上乐园的时候可以用。

然而，和我打招呼的却是迄今为止我见过的最友善、最温文尔雅的人之一。我没有看到文身，只看到整洁的胡须、灰色的 T 恤、牛仔裤和大大的微笑——他看着像是那种在科技创业公司（而非曼哈顿夜店）工作的人。我想跟他说：好在你看着不像那种想要定制滑梯的人。

菲尔给了我一个大大的拥抱。“很高兴见到你，我听说你很不错。”他的声音听起来像那种放松身心的自然纪录片中预先录制好的画外音。我松了一口气。

晚餐过程中，我了解到菲尔不仅是世界上最好的玩家之一，还是埃里克让我报名的那家训练中心的所有者，训练中心的名字是 Run It Once（RIO），他正在扩大 RIO 的规模，其中之一是建立自己的扑克网站，还有其他一些“秘密计划”，这是我们今天约在一个较为偏僻的餐厅的原因（“我想避开阿瑞亚的扑克玩家！”他早前给我发了这样一条信息）。他即将启程去马耳他几个月，处理生意上的事，因此他的几个合作伙伴也会和我们一起用晚餐，不过，他很愿意在晚餐的间歇时间帮助我。这时间利用得多好啊！

我有些难以启齿，不过他提出要帮助我的时候似乎十分真诚。看来，他和埃里克有很多相似的地方。他们都真的热爱扑克游戏，并且会为任何一个能够发展扑克游戏的机会而感到兴奋。菲尔跟我说："扑克是一个非常好的游戏，想到你未来会为之振奋我就很激动。"这种无私的热情与我之前的观点截然相反，我之前以为扑克是一个自私的游戏，不过后来慢慢意识到，这种热情并没有旁人以为的那么罕见。

后来，当我告诉埃里克菲尔本人与想象中不同因而令我感到震惊的时候，他放声大笑。他跟我说："鲁阿和我过去一直反对女儿们和扑克玩家约会，但是后来决定如果真到了那个地步，我们愿意为菲尔破例。"实际上，菲尔娶了法拉·加尔方德，一位成了职业扑克玩家的女演员，那天晚上晚些时候我也见到了她。

我对菲尔的了解很少，只知道他有一个超棒的公寓滑梯。他告诉我，那是全纽约市第一个住宅滑梯。他对我的了解则更加详细一些。他读了我的一些作品，知道我研究过心理学。他从头到尾完全消化了现场扑克赛，并且找到了一种像是专为我的大脑而设定的、使我能够理解得最充分的方式来讲述。

他说："你首先需要了解的一点，也是最重要的一点就是，扑克重在讲故事。"它是一个讲求叙事的智力游戏，你的任务就是将碎片拼凑起来。

"我知道你已经有了一个好的起点，而且埃里克也是一个非常好的老师。"这时他提前透露了一个我后来花了四五个月才领悟的道理："不过我希望你不要因为时间压力而选择较为容易的学习方式。这是一个迷人的游戏，我认为你有欣赏它的能力，但是你不能走捷径。"

我跟他说，我不是那种走捷径的人。他表示理解，不过他提醒我，一个提前设计好的时间规划可能会让学习过程变得不那么理想。主赛事离现在只有 4 个月了，尽管我已经赢了一小场在线比赛，能接触到优秀的扑克玩家，而且按照他的说法，如果我在这四个月当中废寝忘食地打扑克，那么就有机会在即将到来的6月赢得奖金，但是他希望我的野心能更大一些。

菲尔告诉我，学习扑克的方式有很多种，其中一种是靠死记硬背和记忆力。他说："这种方法很好，如果你能准确地记忆并且恰当地加以应用，就没有太大的失败风险。"你可以研究技术性的比赛，看看锦标赛后期阶段的全押/弃牌表（也就是埃里克之前让我下载的应用软件SnapShove），牢牢记住比赛早期的率先加注范围（opening ranges）以"避开麻烦"，然后制定一个妥善的打牌策略。他说："这就是成为一名熟手最快的方式。"

我点点头表示认同。他说得对，我们都知道在大多数情况下遵循一个具体的章程可以说是避开失败的最好方式。核对清单、分解到每一步的模块：这些能够让你在最短的时间内达到最大的熟练度。前提是，一切都要按照计划顺利展开，或者按照预期的方式失败。对需要大量即时输出的活动而言，死记硬背是非常好的学习方式，但是涉及偏离学习计划的情况，或面对需要做出反应的未知事件时，这种方式就不行了。你能很快地达到熟练程度，却无法精通。比如，你会发现在学校时为了应付考试而死记硬背的知识，几个月后就会忘得一干二净；再如，在进入下一阶段的学习时，你会发现自己不知道如何应用明明记得十分清楚的知识点。你或许知道某个概念，却没有足够的能力自己思考并做决定。

了解再加注的运作方式或阻断牌的具体细节是好的，但是到最后，这些只是我能记忆的东西。我可以制定一个章程，在面对某些牌的时候，按照某些方式，针对某些行为做出反应，并且打得也不会差，不过这相当于是在死记硬背理论和概念，而不是在培养批判性思维的能力，但只有批判性思维的能力能让你自主地推演、应用这些理论概念，即便你不知道它们的名字。

要想获得短期的盈利能力，基于死记硬背的方式是关键；而要想实现长期的成长，我得重新找回内在的夏洛克·福尔摩斯。

他告诉我："在扑克游戏当中，你既要做一名侦探，又要做个讲故事的人。你必须要明白对手的行动表达了什么意思，有时候更重要的是，你要明白没有表达出来的意思是什么。"我在想，他说这些话到底是什么意思呢？难道这与《银色马》（*Silver Blaze*）中狗没有汪汪大叫的情节类似？难道传达关键性证据的正是缺失的那条信息吗？在那个故事当中，狗没有汪汪大叫，说明闯入者是狗熟悉的人，因为要是陌生人的话，狗应该会发出声音的。心理学中有缺失疏忽（omission neglect）的现象，指的是我们往往会关注狗叫声，却不关注狗叫声缺失的时刻：我们会忽略缺失的信息。

菲尔想说的重点并不完全是这些，他关注的反而是整体的叙事结构。"你必须得在他所讲述的故事中找到漏洞，并且由此推断出他试图隐藏的信息。"

不过你还得意识到其他对手同样也在寻找你的漏洞。你能想到的别人的漏洞也有可能出现在自己的行动中，这一点我们常常会忽略，无论是在牌桌上还是在其他地方。

"与此同时，你也得编造自己的故事，竭尽所能地让故事合乎逻辑。"换句话说，在做出任何举动之前，你得先想一想该如何让那个举动融入故事的情节发展。如果无法融入，那它可能就无法达到预期的效果。你得对自己的故事有足够的认识，确保它连贯、统一、合乎逻辑。他告诉我："当对手们以为他们所讲述的故事合情合理的时候，我的优势是最大的，我知道他们有漏洞。我比对手们更清楚他们会如何打某些牌。”

作为一个作家，你必须始终清楚自己所刻画的角色的动机是什么，要知道他们为什么会做出那样的举动。如果你没有想清楚动机，那角色的行为就会有漏洞，他们会突然做出不合情理的举动，他们的故事也会突然变得没有说服力。扑克游戏的道理与之相同。在扑克游戏中，你得找到叙事的动机并确保叙事的连贯性。这个人有什么样的故事？基于你了解到的信息，他的行为合乎逻辑吗？如果我不想只做一个熟手，那么辨识动机就是关键。不断地问“为什么”：为什么他会做出这样的举动？为什么我要做出这样的举动？找到了动机，就找到了赢牌的要诀。

“这是我给你的挑战。”菲尔说。不论做任何事情，不管它们看起来多么不起眼，你都要问“为什么”，准确地说，是要问“我为什么这么做”。并且，在没有问“为什么”之前，不要评判其他人的行为。他说：“对手的每一个行为背后都有原因，无论这种行为是有意识的还是下意识的。”他常常听到那些刚刚起步的玩家讨论，有时候连扑克老手也会讨论，和拙劣的玩家玩牌是多么艰难。他们想说的是要读懂这些玩家简直不可能，因为“他们的手牌可能是任意一种组合”。菲尔认为并不是这样，他告诉我：“即便是拙劣的玩家，他做出任何举动也都是有原因的，你的任务就是弄明白这些。摊牌之后，你要试着回顾对手的决定并想明白他们做出那些举动的原因可能是什么。”不要评判他们，不要痛斥他们，脑海里也不要想他们的举动多么不明智，无论他们是下注下得不对，还是跟注和加注有些疯狂，都不要去评判，只需要试着想明白这背后的原因即可。

这是一条非常有用的建议。我们有多少次会因为某些人做了自己不会做的决定而生气，甚至大发雷霆，冲他们大声嚷嚷，喊他们笨蛋呢？要是我们能问一问自己他们为什么这么做，而不是评判、推测并做出反应，那能省下多少时间和情感精力啊！要是我们能停下来，同样问问自己的行为和动机，那又能省下多少钱啊！

不要忘记问“为什么”，我拿笔记下并默默地重复了一遍。我都不想回忆自己有多少次做事情的时候是理所当然地去做的。理论上，我知道自己应该想清楚做任何一个选择的原因，但是有很多次我只是简单地做了，着急着行动，却没有停下来反思。

我看了看自己的笔记。菲尔给了我一个全面的思想重构，我似乎都清楚地记在了笔记本上。我不是一个军队指挥官，也不是一个爵士乐手，而是一个侦探，一个讲故事的人。我还是从前那个身份，只不过身份的重要性更加凸显了。

在互道晚安的时候，菲尔又给了我一个建议，要我去牌桌上将这些付诸实践。我能观察这么多不同的人、向他们学习、寻求他们的意见是好事，但是凡事得有个度。他告诉我：“过多地学习却不实践会让人难以完全领会所学的知识。”它会让我满脑子都是数据和实例，但在运用的时候却一塌糊涂。

啊，又是那个描述—经历鸿沟（description-experience gap）。菲尔可能不知道这个术语，但却理解这个概念，这就是他一直试图告诉我的关于扑克术语的概念。即便没有研究过描述—经历鸿沟，你也能认识到，要想真的擅长一件事，就需要与描述相平衡的经历，否则就只剩下知识错觉——没有事实基础的知识，就成了那种不切实际的哲学家，以为自己读了一篇相关的文章，突然就变成了专家。大卫·邓宁是密歇根大学的心理学家，最出名的是和克鲁格共同提出了邓宁 - 克鲁格效应——你的能力越差，就越意识不到自己能力差。大卫发现，人们很快就能从慎重的初学者，即能够充分意识到自我局限的人，变成“无意识的无能者”，即那些已经无法意识到自己有多么无知，反而认为自己无所不能的人。

第一次赢得比赛

接下来一周，我每天都在打牌、认真记笔记、与埃里克讨论，都在投入时间。我是一名侦探，一个讲故事的人，一个探险家，不是一个即将被鲨鱼吞掉的迷失小鱼。我一遍又一遍地重复这句话，希望最后能够牢牢记住。

周四早晨，我醒得很早，要去参加上午 10 点在好莱坞星球赌场举行的一场比赛。10 点开赛令我感到很惊讶，真正的扑克玩家哪里会起这么早，不过参赛的玩家确实起得都蛮早的，也许他们和我一样，并不是货真价实的扑克玩家。我穿过拉斯维加斯大道的步行街，就是那条连着城市中心和奇迹哩购物中心的步行街，很快就在两层楼的沃尔格林里迷了路，我还以为那是去赌场的入口，好在最后终于到了好莱坞星球。扑克室位于赌场的中央，周围有各种各样的活动场地。我走到登记台，拿着玩家卡，我毕竟也是个老手了，知道流程——登记参与日赛。

今天参赛的人不少。过去几周我已经了解到，像这样的晨间赛事有时只有一到两桌玩家，而这场比赛已经有三桌了。我做好了准备。

这是一场涡轮赛，每隔 20 分钟，盲注就会增加。这样的赛制适合进攻和快速决断。如果干坐着，时间长了，你就会发现自己已经没什么筹码了，因此必须得快速行动，但是行动得过快，又会被淘汰。我已经慢慢适应了日赛的快节奏，而且也在尽最大能力在限制时间内完成学习任务，感觉今天我的学习终于有了成效。我集中注意力，关注玩家，在盲注增加的时候尽量稳住不慌。每次发牌的时候，我都会想象在行动之前跟自己解释行动原因的场景。已经开始有玩家出局了，而我还在局内。

只剩下一桌玩家了，我低头看看自己的对 Q，这手牌不错。我加注了，有一位玩家跟注，另一位玩家决定全押。过去的我可能已经弃牌了，琢磨着有一位玩家的牌可能比我好，不想冒险输掉整个比赛。但是今天的我知道跟注了。这一周我一直都在被诈唬，看着其他玩家表现出本不应该有的自信。但表现得自信和真正的强大并不是一回事。

在我之后叫注的玩家选择弃牌，然后我们摊牌了。对家的牌是 A 和 K，这个情形和我的预期差不多，我的预期中还有一种情形是他有一手比我小的对子牌。当然，他有命中 A 或 K 的可能。当然，我也没有那么兴奋，因为我宁愿他的牌是 AQ 或 AJ，这样他赢我的概率就会更小。不过至少现在，我略微领先了一些。这一牌局是一场经典对决，相当于是在投掷硬币：是对子能挺到底呢，还是 AK 牌能命中并赢牌呢？这一次，波动是于我有利的，我挺到底了，筹码翻了一番还多。突然之间，我成了牌桌上的筹码领先者。

最后还剩 5 位玩家，我仿佛看到除我之外的 4 位玩家露出了某种表情。当然，他们都是男人。“所以你想聊聊瓜分底池的事儿吗？”右边的玩家问我。瓜分底池指的是比赛当中剩余的玩家们一致同意瓜分底池奖金，不再玩下去了。有时候是按照筹码来瓜分底池，玩家按照各自筹码所占的比例瓜分底池奖金；有时候是按照独立筹码模型（Independent Chip Model，ICM）来进行，按照这种方式，每个筹码并不是等额的：你的奖金还要考虑现有的奖金结构（分配给每个位置的底池奖金比例）以及在现有位置上赢牌的可能性。不论按照哪种方式，都是分钱然后就此结束比赛。

作为筹码领先者，我是那个要被说服的对象。我看了看其他玩家，我的筹码比位居第二位的多一倍多。我摇了摇头："不，谢谢，我想接着打。"

接着另一位玩家也出局了。"来吧，我们分底池奖金吧。"我旁边的一位玩家说。

"对啊，我们来分底池奖金吧。"我旁边的另一位玩家说。

"瓜分底池对你来说是最有利的，"仅剩的第三位玩家说，"你现在处于优势地位，会分得更多的奖金。不过，你知道的，一旦输牌，输掉这些筹码的速度不亚于赢得它们的速度，不信等着瞧。"

这句激将的话过了头，成功地刺激到了我，我感到非常生气，气得都不相信自己能够清晰明了地予以口头回应，于是便坚定地摇了摇头。我当时还不知道"失重"（tilt）[①] 这个词，但是它概括了那句带有傲慢意味的话对我的影响，它让我在决策过程中掺入了情感。即便你不熟悉这个术语，也能感受到那种感觉。

在研究生院进行论文答辩的时候，你可以选择私下进行，这样参与答辩的只有学术委员会的成员；也可以选择公开进行，这样任何想参与的人都可以来旁听，至少在哥伦比亚大学是这样的。到我论文答辩的时候，我决定选择公开答辩。当时我很紧张，一是要面对世界上最优秀的几位心理学家；二是必须得确保房间里的每个人

① 在扑克牌中，Tilt 指的是一种因为情绪影响而打得没那么好的状态。——译者注

都听得懂自己的辩词，包括那些对我的话题一无所知的人。其中有一个部分令我尤为烦恼，那就是我得表达出“聪明人经常会表现出一种过度自信”的意思，但不知道该如何解释，才能不让在座的任何一个人感觉有个人针对性。我已经确定了具体的阐释方法，但是在答辩之前，我并不确定自己是否有勇气用这种方法阐释清楚。

那是因为这种阐释中有一部分把别人叫作“大摇大摆的家伙”。迈克尔·刘易斯在其《说谎者的扑克牌》（*Liar's Poker*）中描述了原来的所罗门兄弟公司交易大厅的场景，我借用了他的刻画。他在书中把那些赚钱赚得最多的、享有特定特权的交易员称为“大摇大摆的家伙”，而刘易斯本人的梦想是有一天能成为一个“大摇大摆的家伙”。他的这种刻画深入我心，我决定在描述那些头脑极为聪明但却无法适应现实，无论是在个人策略还是在个人表现以及胆量上都保持着不合情理的自负的人时，就用“大摇大摆的家伙”这个词。我确实也是这么做的，伟大的沃尔特·米舍尔及其他人哈哈大笑，我松了一大口气。毕竟，这个词完美地刻画了那种不合时宜的、执拗的攻击型人物的形象。有些人从来不考虑概率在其周遭世事发展过程中超乎寻常的影响，在这些人身上，我们能一遍又一遍地看到这种形象的影子。

这就是第一次坐上决赛桌时，我所想的内容。不过就是一群“大摇大摆的家伙”，不是吗？热情过度洋溢的他们经常会得到金钱、支持、奉承以及大多数人的信任，因此已经习惯了用趾高气扬的架势把别人推到一边去，习惯了互相打掩护，一致同意瓜分底池，好让自己拿走超出应得份额的钱，以为我会被他们的自信吓倒，并且想：“是，你们说得对，一旦输牌，我输掉这些筹码的速度不亚于赢得它们的速度。”当然，一部分的我明白他们有可能是对的，但另一部分的我也想“大摇大摆”一把。

接着剩下3位玩家，其他2位念叨着：瓜分底池吧？瓜分底池吧？我的回答是：不！然后剩下了2位玩家，再然后只剩下了1位玩家，真是奇迹中的奇迹。我第一次在现场扑克比赛中获胜，赢得了约900美元，感到欣喜若狂。

我问那个正在计算我奖金的人：“Hendon Mob会记录这场比赛结果吗？”Hendon Mob是一个记录所有扑克玩家赛事奖金的网站，一想到自己会出现在Hendon Mob的官网上，我就很兴奋。在我看来，这是一种荣誉的象征，代表着我实实在在地取得了进步。

他有些同情地看着我，说：“抱歉，我们不会向Hendon Mob汇报日赛的结果。”

听到这个消息我一时间有些失望，不过900多美元奖金在手的感觉以及第一次获胜的认知足够让我忘记这点轻视了。到现在为止，我的这趟旅程中终于迎来了一场胜利。我有资本了！我成了一名真正的玩家！不知怎么的，这比在线上扑克中获胜更为激动人心。

我沐浴在日光之下，发了两条短信，给埃里克和我老公。短信的内容是一模一样的：“我第一次打赢了比赛！！！”

不过我又给埃里克发了一条短信，问他：“这下我能在阿瑞亚打牌了吗？”

“这是你应得的。”

那天晚上，我终于坐到了阿瑞亚里面，不是围观，而是坐在牌桌前。我非常兴奋，这是我应得的，连埃里克都这么说了。不过从连续输牌变为连续赢牌的奇迹并没有出现，我很快就出局了。但是，第二天我接着打，最后终于赢得了第一笔能上Hendon Mob的赛事奖金。我是第二名，这次的奖金远远超过 900 美元。名下又增加了 2 215 美元的我激动不已。

令我激动的不仅仅是奖金，当然拿到奖金的感觉很棒。累积超过 3 000 美元的扑克奖金是真正的初始资本，对要参与世界扑克系列赛的我而言是非常重要的。现在我可以计划去巡回赛中规模较大的赛站看一看了，好为夏天的主赛事铺路。以前，这些比赛是超出我的收入范围的，现在我可以考虑一下了。埃里克告诉我："对你来说，参加几场买入更高的比赛，感受一下，是有好处的。"直接从 50 美元甚至 150 美元买入的比赛过渡到 1 万美元买入的比赛是不理智的，这中间有很多级别，每一级都有属于该级的玩家，每一级都有不同的挑战。就连我都不会天真地以为自己现在参加的赛事级别等同于买入更高的比赛的级别。买入更高，对技能的要求更高，复杂程度更高，挑战也会升级。在拉斯维加斯的日赛中所获得的小胜并不足以确保我能在其他赛事中获胜，其奖金也不足以为任何赌注更高的赛事提供持续的支持。不过这些小胜是一个起点，对我要达成的目标而言，它们足够令人满意了。这时的我意识到自己应该感激埃里克，是他要求我开始的时候只能参加买入低于 100 美元的比赛。我断断续续地在拉斯维加斯待了近两个月，达到现在这个程度也就花了这些时间。这期间，我参加了很多 50 美元的比赛，不久后损失就远远超过了 50 美元，一场一场地打却没有任何赛绩，这令人气馁，我逐渐失去了动力，感觉一切都是在瞎忙活，感觉不管怎么做都不会有所提升。

所以这次获胜，这次能上 Hendon Mob 的赛绩，重要的不仅是奖金，还有信心的重塑。在付出了那么多的时间和精力之后，我终于看到了一些回报，这才是我需要的鼓励。如果没有任何回报，我可能已经放弃了，我可能会摇摇头，认定这一尝试已然失败并不再理会。其实，现在我依旧不知道是否有能力在更高级别的赛事上竞技，但是至少我开始有信心了，相信自己，相信自己的学习能力，相信自己不会在这个完全陌生的世界被吓倒。要是花点时间想一想，两个月其实也没那么长。从第一次坐到赛桌前到第一次赢得比赛，我只用了两个月，虽然是个不大的比赛，但是赢了就是赢了。

也许训练终于奏效了，也许是埃里克的指导、丹的基础策略、大量豪客的技术洞见、丘伊冥想的智慧、菲尔讲故事的原则最终融为了一体。在好莱坞星球和阿瑞亚速战速决的对决赛桌上，我感觉真是这样。当然，也有可能，我只是走运了。目前下论断为时尚早，不过我突然间恢复了一探究竟的渴望。

离开拉斯维加斯之前，我和埃里克坐下来，对接下来的几个月做了规划。4 月，也就是一个半月之后，欧洲扑克巡回赛的年度赛事将会在蒙特卡洛举行。"去参赛倒不是一个糟糕的主意。"埃里克说。在面对任何一个具体的行动方案时，他往往不会直接给予认可，而是给出这种回答，这是他所能给出的最接近于认可的答案。他不想让别人以为自己在说教。"倒不是一个糟糕的主意""也许是有道理的"：我已经懂得了在笔记本上记下这些话时，要在后面加上多个感叹号，它们指代的是"就这样做"。埃里克从来不想显得咄咄逼人，不想让人以为他在逼我采取这种或那种行动方案。毕竟，扑克游戏当中是没什么确定性可言的。不过当他用"也许有用"来回应一个想法的时候，那往往意味着这种想法绝对是你应当付诸实践的。他从来不会给我指示，但是如果我听得足够仔细，就能听到他在与我分享哪些方式能帮助我进一步提升自己。他说："巡回赛通常会有很多规模较小的边赛事，你可以参加，那里的玩家也更厉害。在参加世界扑克系列赛之前，这会是很好的训练，刚好时机也到了。”他认为我已经取得了很大的进步，其根据不仅仅是我所赢得的奖金，还有我描述各手牌的方式。我没有再遗漏重要的信息，也自然而然地注意到了之前完全被我忽视的一些方面。筹码量（stack size）？拿下了！主动往底池投注（VPIP，一开始我以为 VPIP 和 VIPs 是有关系的，其实不然，它指的是一位玩家在前翻牌圈愿意主动往底池中投注的百分比值，是衡量某位玩家进攻性的一个大致标准）？也不在话下！偏离通常尺度的下注？也记住了！原来，我一直都在学习新东西，只是在没有任何赛绩加以证实的时候是感觉不到的。

蒙特卡洛站的赛事将会是一场重要的考验。尽管它不久之后就要开始了，但是如果远离赛桌的话，一个半月的时间还是有些久，他提醒道。因此我们选出了这期间可以去的一些较小规模的赛站。埃里克选定了在离纽约不远的福克斯伍兹赌场和新开放的马里兰 Live！赌场举行的几场比赛，他觉得这些比赛应该就可以了（事实证明，我虽然在一场比赛中赢了，但又在另一场比赛中输掉了——不过，抛开赛绩不谈，我至少能每隔几周参加一次比赛，练练手，然后再回顾一下每一手牌，看看自己打得对不对），中间还会穿插一些线上扑克和 Run It Once 的策略训练。我们每周都会碰面，看看我的表现如何，看看一切是否进展顺利，即思考方式是否正确，是否做出了对的决定，每手牌打得好不好，而不是看我有没有赢牌。4 月，我就要飞到大洋彼岸去打一场重大的分站赛。如果顺利的话，就可以继续向前了。从欧洲巡回赛结束算起，世界扑克系列赛的第一场赛事只有一月之遥，而主赛事也只有两个月了。如果我能成功地清除每个障碍的话——虽然现在谈这些为时尚早，但无论如何，我都会地继续往前走。

从拉斯维加斯回来的时候，我似乎已经发生了变化。几周后，和演讲机构通完电话，我发现丈夫正在默默地观察我。我刚刚推掉了一个预约——在整个演讲生涯中，我还是第一次这么做，并且告诉他们，我值得更好的待遇。

我问他："有事儿吗？"

他脸上露出欣赏的表情，若有所思地说："你知道吗，你现在不像以前那样忍气吞声了，这真的很棒。"

我笑了笑。早晚有一天，我也要成为一个"大摇大摆的家伙"。

第九章

规则与概率的对抗

我必须得向那位强大但变化无常的机遇女士致敬，因她选择对我的个人生活施以仁慈，尽管在数学生涯中我大部分时间都在尝试证明她并不存在。

——马克·卡克

《机遇之谜》（*Enigmas of Chance*）

蒙特卡洛站赛事

我乘着直升机从尼斯飞往蒙特卡洛的时候在想：我就是詹姆斯·邦德！虽然飞的路线不完全相同，但是也没关系。不过，詹姆斯·邦德不会战战兢兢；而我，则在默默设计自己的讣告。毕竟，直升机坠毁率惊人：平均飞行 10 万个小时，就会发生 3.19 次坠机事件。这是我在联邦航空局的网站上看到的消息。出发前，我用谷歌搜索了很多人出发前都会检索的文字："直升机的坠毁率"。至于这个概率是大还是小，我并不知道，不过我也没那么想知道。反正对我而言，3.19 这个概率已经够大了。起初是什么样的施虐狂发明的直升机啊？那锋利的桨叶飞速地旋转着，毫秒之内就能砍去一个人的头颅。

我是乘夜班飞机从纽约飞来的，航行最后一个小时一直都在尝试进入一种相宜的禅境之中。毕竟，这将是我华丽登场的时刻，可以说，也是我闯入真正的扑克赛场的时刻。至少我是这么告诉自己的。蒙特卡洛是大人物云集的地方，在这之前我参加的都只是练习赛而已。拉斯维加斯的日赛，福克斯伍兹和马里兰 Live! 的分站赛集中的是三流的地方玩家，而蒙特卡洛集中的则是全球的玩家，因此牌桌上那个看上去惊慌失措的人一定不能是我。唉，自从飞机降落后，我就被困在了尼斯机场，花一个小时培养的内在平静已经被看似无穷无尽的等待打破了。当我找到直升机接线台的时候，对方告诉我由尼斯飞往其他地方的飞行条件过于恶劣，所有摩纳哥航空的飞机都暂时停飞。我提议说要不我干脆租个车走吧，但是他们坚持说，不，不，直升机是值得等待的。

好消息来了！一位乘务人员快速朝我这边跑来，告诉我"云层暂时散去了"，要我跟她走，"请你快一点，快一点"，赶紧登机，以免错过。这里她说的是错过云层散去的时候。我跟着她跑，拖着行李，手心紧张得出汗。如果我不够快，我们真的错过了呢？我还没有做好准备像詹姆斯·邦德那样帅气，特别是在手眼协调性远没有他那么强的情况下。

随着云层散去，紧张很快变成了惊叹，我看到了绝美的蓝色地中海，看到了地中海周围群山的炫目色彩，一片一片的，有赭色，有亮黄色，有墨绿色；看到了海浪之中凹凸不平的石壁。这无与伦比的美让我暂时忘却了随时有可能到来的死亡。在我的想象中，自己看起来一定很像詹姆斯·邦德，秀发被风完美地吹拂着，双眸冷静地凝视着，摆着极好的姿态，满足地微笑着（后来我看了一张照片，现实中正在倒时差的我则更像奥斯汀·鲍尔斯[①]）。我们落地了，我活着走下了直升机，蒙特卡洛即将成为我的囊中之物。

当天晚上，我上山奔着那家有名的赌场去了。我当晚没有赛

① 电影《王牌大贱谍》（*Austin Powers: International Man of Mystery*）中的主角。——译者注

局，这次来要参加的欧洲扑克巡回赛是在另外一个临水的场地举行的。再者，埃里克也告诫过我，不要刚下飞机就打牌，时差和清晰的思维并不是亲密的伙伴。不过我想看看一切发生的地点，从某种意义上说，我想看看我的故事开始的地方。在爬了几层台阶，转了几个弯之后，我便站在了华丽的灯光下，周围随处可见珠宝首饰、晚礼服、白色燕尾服、晒成褐色的肌肤、金钱。我吸了一口气，这是唾手可得的财富的味道。在这个国家的中心坐落着一家银行，开户时最低需要 100 万欧元的结存。在其他地方，如果赢了一场豪客赛，你就是当地的英雄人物。但在这里，当地人只会用一种近似同情的觉得好笑的眼光看待你。哦，手里才一两百万欧元你就这么兴奋啊。好奇怪！身处蒙特卡洛大赌场的我漫步走过金色地毯的时候，几乎可以想象那幅场景，仿佛它真的发生过一样。1936 年，就在那里，就在地毯左侧的轮盘赌桌那里。

冯·诺依曼的洞见产生之地

那个古怪的人就坐在轮盘赌桌前。他的头发乌黑发亮，鬓角的发际线已然开始后移，他的神情集中专注，浓密的眉毛紧皱着，与周围那些怀揣希望的赌徒并无两样，然而引人注目的并不是他的外貌，而是他面前放着的那一叠纸，纸上是一行行整齐的难以辨认的图形和数字，在无序的赌博活动中，这份概览看似是有序的。对克拉拉（Klara）而言，它有着某种不可否认的吸引力，她始终对数学很感兴趣，于是决定走近看一看。因此，在她的丈夫弗朗西斯走向牌桌时，她则走近了面前有一小堆筹码和令人印象深刻的一叠纸的那位男士。

约翰似乎对这个干扰十分欢喜，他很喜欢观众，喜欢对话，尤其喜欢女性的关注，更何况克拉拉年轻漂亮，她有一头浓密的金色卷发，身材娇小，笑容灿烂得让她整个人看起来容光焕发，而且她还对他的理论感兴趣。他自称约翰（后来她叫他约翰尼），并且解释说自己发明了一种统计学的方法，一种精细的概率计算方式，能够让他在看似靠运气的轮盘赌桌上获胜。这种方法当中甚至还有一个参数，用以评估庄家出老千的可能性以及游戏被难以察觉地操纵的可能性。约翰解释道，它还有一些不足，并不是"万无一失的"，不过当天晚上，他"决意对这个算式做一个彻底的检验"。他有很高的期待。克拉拉先是微微一笑，接着大笑起来，然后毫无目的地在赌场里兜圈子，最后在吧台前坐下来，点了一杯鸡尾酒。她很爱数学，但赌博非她所好，就算是一种系统化的赌博她也是没什么兴趣的。

几杯鸡尾酒下肚，她看到约翰走了过来。她后来写道："我永远不会忘记他悄然走到我的桌边，问我是否可以坐下来时温顺的、略带歉意的姿态。"她点点头表示可以。"拉把椅子过来吧，我不想一个人孤独地喝酒。"

"喝一杯，多妙的主意啊，我愿意跟你喝一杯，不过你确定付得起账单吗？"约翰回答说。他解释说，"你瞧，我的系统并没有带来预期的结果。"这时的他身无分文。

这可是在蒙特卡洛，虽然约翰·冯·诺依曼的方法确实有些不足，但是它最终催生了当时最有影响力的应用数学理论。至于克拉拉，她后来和那位明显更为保守的丈夫离了婚，成了约翰的妻子。再后来，她还成为世界上最优秀的、最早的一批女性电脑程序员之一。

运气真是个有趣的东西。一个男人上一秒刚刚破产，下一秒就遇到了自己的妻子。他试图逆向影响概率，虽然意识到暂时无法实现，但却发现了赌博的秘诀就是大多数概率分布的秘诀，这个秘诀就是 20 世纪最复杂难解又最为重要的微积分学。或许他这时还无法解开谜题，不过有一天，他的发明，那被称为计算机的、超乎所有计算器之上的计算器，或许可以解开。现代性的核心产物并不是在实验室而是在赌场中构思而成的。

而我现在，坐在冯·诺依曼洞见产生之地，这个男人的著作激发了我对扑克游戏的兴趣，而他就是在这里打了几手牌并提出了他的主要理论。因此我的第一场真正的考验在这里进行是顺理成章的。这是我告别地方性的日赛，第一次进入全球性的专业扑克赛场，参与一场重大的、参赛选手来自世界各地的国际性赛事。也许我不能把扑克赛和古巴导弹危机相提并论，但对我而言，此刻它是一件严肃的事情。也许在这里，在冯·诺依曼找到秘诀的中心地带，我离最终解锁扑克的奥秘又更近了一步。

场外打赌与猜心游戏

因此我带着美好的愿望走向星光厅，即举行欧洲扑克巡回赛的地方。它被认为是世界上最漂亮的扑克厅之一，我现在终于明白为什么了。我可以肯定，无论是在见到它之前还是在见到它之后，自己从未见过可与它相媲美的赛场。主要赛区是一个环形，穹顶亦是可伸缩的环形，露出了天空，让玩家短暂地以为自己离周遭的世界远了一些。星光厅四周的墙壁是玻璃的，不管你从哪个角度往外望，都能看到开阔的海景。要是每场扑克赛都能在星空之下进行那该多好啊，那才相得益彰，机遇、命运和来自上天的力量相互交织。

我参与的第一场赛事是 1 100 欧元买入的全国冠军赛。我到得有点早，想看看埃里克怎么样了，他来参加豪客赛，几天前就到了，顺便熟悉一下环境。我最讨厌的就是匆匆忙忙的感觉，不管做什么，它都会让我失去状态，开局不利。在要参加的赛事的买入金额比之前任何一场赛事都贵至少 5 倍的时候，在参赛选手的水准远高于之前所遇到的所有玩家的时候，就更要注意了。从某种意义上讲，这个赛场都是与众不同的，要是晚了哪怕一秒就真的糟糕了。因此我才会早点到场，花点时间，感受一下这个场地，适应适应环境，集中注意力等待着重要时刻的到来。

但是在留意到房间左边的角落里有些骚动的时候，我有点慌乱了。那是埃里克比赛的场地，专为 10 万美元买入的比赛预留的（可简写为：100K 赛。在扑克界，一般用买入金额而非赛事名称来指代买入在 1 000 美元及以上的比赛）。这是哪怕再过 100 万年，我都无法进入的赛区。我之前从未在现场见过超级豪客赛，不过在我的想象中，它应该比 1 000 美元的比赛严肃 100 倍，毕竟这里参赛的都是真正的玩家。

我去找埃里克的时候，抬头看到的反而是一个有些怪异的场面。两张牌桌中间俯卧着一个身穿浴袍的人，而在他旁边手里拿着计时器站着的正是喜剧演员凯文·哈特，我经常能在布鲁克林地铁站里看到他的海报。他吆喝着：“快没时间啦，这局你肯定赢不了了。”俯卧的那个人动了动，开始抬起身子平撑着，这时我才认出来，他就是丹·科尔曼（职业生涯所得赛金：2 800 万美元，其中有 1 500 万美元是在大型一滴水豪客赛中赢得的）。

“1，2……”场面越发明朗起来，原来凯文·哈特在数俯卧撑的数。周围聚集了一小群人在加油喝彩，有些玩家则站在座位上往这里看。丹做完了另一个俯卧撑之后跑回牌桌看自己的牌——看来他同时也在玩牌。他弃了这手牌，又趴回到地板上。

我看到的正是场外打赌（prop bet）。场外打赌赌的是一个具体的提议——比如，赌你能在 100K 赛期间，在 22 分钟内完成 105 个俯卧撑。我读到过场外打赌，但从未亲眼见过。

“加油啊，小子，10，11，你快完成啦！”凯文·哈特大喊，“再做两个，坚持，坚持，加油！ 12，13……哦，你要垮了！这回你会输得很惨的！”

丹没有垮掉，那样赌约就无效了，而是站起来花了宝贵的几秒钟休息。

“放松，放松！”伊戈尔·库尔干诺夫哄他说。伊戈尔也是一位职业玩家，看来他赌的是丹赢。“开始吧！”

丹再次趴回到地板上。

“这回要赢了！”哈特大叫。

“1，2，3……”他们在报下一组俯卧撑的数。

“对，对，就这样，浑小子！”凯文·哈特很喜欢这个场面，尽管眼看着他可能就要输了。“7，8。就这样！你快成功了。9，10。你这小子也太强了吧。快垮啊，垮啊，现在就垮掉啊！”不过，这次丹还是没有垮，他完成了 105 个，计时器的时间是 21′52″，这场比赛他赢了。

“干得好！”伊戈尔大喊一声。

“浑小子。”凯文·哈特和他握了握手。

啊，原来这就是超级豪客赛的礼节啊。

虽然这是我见过的第一场场外打赌，但是在扑克界这种打赌是普遍存在的，而且它比德州扑克本身的历史还要悠久。通常赌的是比丹·科尔曼和凯文·哈特的对决更有把握的事情。在电影《红男绿女》（*Guys and Dolls*）中，赌徒斯凯·马斯特森的父亲曾经给了他一条建议，正如那条建议所说的："在旅程当中，总有一天会有一个人给你一副全新的、尚未拆封的牌。然后这个人会提议跟你打个赌，赌他能让黑桃J从这副牌中跳出来，如果你输了，他就往你的耳朵里喷苹果汁。不过，儿子，千万不要接受这个赌约，因为尽管你站在那里十分笃定，但最后仍会落个满耳朵都是苹果汁的下场。"

泰坦尼克·汤普森，真名阿尔文·克拉伦斯·托马斯，有可能是马斯特森的人物原型，之所以会有泰坦尼克这个外号，是因为他逐一击沉了挡在前面的所有障碍。他被认为是最早一批热衷于打赌的玩家，这批玩家对打赌的兴趣与对扑克牌的兴趣相当，有时甚至大过对扑克的兴趣。泰坦尼克赌赢的高尔夫球不止一场，最有名的是他赢了与阿尔·卡彭的赌约，当时他打赌说自己能将一个柠檬扔到街对面的建筑上（他提前往柠檬里注了铅）。据说，让他赢得泰坦尼克这个外号的赌约赌的是跳过一张54英寸[①]宽的台球桌。当时，台球室的老板拿出200美元的赌金，说谁能跳过他新买的台球桌，谁就能拿到这200美元。他以为没有人能够做出职业运动员级别的跳跃动作，而且即便谁做出了这个动作，也会严重受伤。泰坦尼克跟他打了这个赌，拖过来一张床垫放在桌边，接着翻过台球桌，落在了床垫上。

---

① 1英寸≈0.025米。

现代的场外打赌往往是与之不同的。从某种意义上讲，以前擅长打赌的人都是骗子。当然，他们并不是直截了当地行骗，而是会提前布局，等着苦主落入局中，这并不完全是一个公平的赌约。因为双方掌握的信息是不对等的，他们知道你不知道的事情，所以不会赌输。现代的场外打赌者更感兴趣的是不确定性，他们喜欢测试控制的极限。俯卧撑、48 小时内从洛杉矶骑行到拉斯维加斯、在没有手机或音乐的漆黑的洗手间里待一个月、从加勒比海的一座岛屿游到另一座岛屿：现代的场外打赌者寻找的是一种能将他逼到极限的一个提议。

在某种意义上，场外打赌是与冯·诺依曼的方式对立的，后者适用于书呆子，前者适用于赌徒。数学家想控制概率，而玩家知道自己实际上是无法在扑克牌桌上控制概率的，因此他创造了一种新的游戏，在这个游戏中他能按照自己设定的规则去挑战极限。这是算术与人之间的对抗，这种对抗是始终存在的，最终的赢家尚未可知。

在看出了我的困惑之后，埃里克哈哈大笑说："我不想看到你参与这种 Degen（豪赌）。" Degen 指代的是堕落的人，不但能作为名词，也可以作为动词。Degen（豪赌）的意思就是赌得过大、超出了自己的能力极限。比如，你在参加完锦标赛之后又坐在了双骰子赌桌前；或者参加了一场超出自己偿付能力的涡轮锦标赛（在涡轮锦标赛当中，因为比赛进行的速度很快，所以技能的价值会被削弱）；或者将自己的赢利全部赌在了体育博彩上。他说："我知道在蒙特卡洛豪赌的诱惑力很大，但是你要保持头脑清醒，好好打牌。"

我点点头，保持头脑清醒是最容易的。对我来说，豪赌的诱惑力一点儿也不大，场外打赌、老虎机、体育博彩很恐怖，对它们，我是一点儿兴趣也没有。埃里克说:“中途休息的时候我会过来看看你,记得把有趣的牌局都记下来。”说完之后,他就让我去参加有生以来第一场 1K 欧元赛了。

到凌晨 2 点的时候,我激动地发现自己不仅坚持到了第二天,而且还正式赢钱了!赛制是这样的,最后场上剩下 20% 的玩家时,第一天的比赛结束,剩余每个玩家都能获得保有奖金(a min cash),这笔钱是这场比赛的最低派彩(minimum payout)。在这场比赛中,保有奖金有 1 540 欧元,减去 1 100 欧元的买入,我还赚了 440 欧元。总共有 1 152 位玩家参与了锦标赛(参赛总人数更多,因为锦标赛允许重复参赛,所以有些玩家会重复买入参赛;我不是这样的玩家,因为经济能力不允许)。共有 293 位玩家坚持到了第二天,我就是其中一位。我发短信告知了埃里克这个好消息,然后便在黑夜之中跌跌撞撞地前行,去找位于道路尽头的酒店。通常,我一个人走废弃小路会有点害怕,但是早前,埃里克曾给我讲了一个故事,讲他是怎样在半夜带着上千万美元从蒙特卡洛赌场去另外一个赌场的。他说当时他要求安保人员随同,却引来了哄堂大笑。原来,在蒙特卡洛这片巴掌大的地方,你就是把一堆筹码放到任何一个地方,都没有人敢动。那种体验一定很好吧,我一边想着一边钻进了被窝。

接下来的一天我很快就出局了,准确来说,我排在第 193 位,同样能拿到一笔保有奖金。要是能再坚持一会儿,再有两个玩家淘汰,我就能赶上奖金突增(pay jump),即派彩增加,这样又能额外拿到 320 欧元,这笔钱我肯定用得上。不过我对锦标赛的策略掌握得还不够多,不知道提前关注这个。我已经输了一手还不错的牌,发现自己只剩下两个大盲注的筹码量,于是在打接下来这一手牌的时候，便迅速将所有筹码推到了牌桌中央。要是我选择弃牌，在一旁坐等几手牌打完，就能拿到那笔额外的奖金了。

那天晚上我们去吃饭庆祝第一笔“大额”奖金的时候，埃里克告诉我：“你以后就知道了。这次表现得不错，应该为自己感到骄傲。”

在蒙特卡洛有一大堆价位高得出奇却索然无味的食物，比如，26 欧元的比萨口味还不及布鲁克林街角小店的八分之一，30 欧元的汉堡难吃得让我无比怀念 Shake Shack，而 18 欧元的冷春卷只是听起来很开胃。我们从蒙特卡洛海湾大饭店沿着一条从悬崖边凿出来的蜿蜒小路一路走到埃里克几年前发现的一家意大利餐厅。他告诉我，这家餐厅的食物在这里是能够脱颖而出的，因为即便在纽约他家的口味也是值得期待的。我们左边传来海浪的声音，我得想象海浪的样子，因为这里有一块巨大的、画有海浪的广告牌挡住了大海。摩纳哥人无法从小小的宝匣里找到更多的空间，只能在离海岸不远的地中海中建一座小岛。广告牌是用来遮挡那些并不美观的起重机和施工工地的，但它的存在却让人觉得更加悲凉。我们拐过弯到地势更高的地方时，看到了大海，看到了海湾，还有之前留意到的那两艘抽象表现主义风格的游艇。我查了一下，发现它们是菲利普·斯塔克设计的，所有者是一位俄罗斯的亿万富翁。我们还看到了俱乐部 Jimmy*z，扑克之星正在那里举行玩家派对，招牌中的 * 和 z 是 1970 年俱乐部开业时就有的。

埃里克说：“我第一次来这里的时候，就已经有 Jimmy*z 了。我之前跟你说过吗？”

我摇摇头。“你第一次来这里是为了打扑克吗？”

“不是，当初来参加西洋双陆棋的冠军赛时我还是个年轻人，没什么钱，参加冠军赛对我来说是一件挺大的事儿。”他回忆道，“当时场面挺大的，我不得不租一件燕尾服来参赛”。

我都没见过埃里克穿西服，简直无法想象他居然会穿燕尾服。我打趣地扬了扬眉毛。

“真的，那个时候燕尾服很时髦的，没燕尾服你都不能参赛。总之，刚到这里没几天的时候，我们一群人一天晚上去了Jimmy*z。我没怎么喝酒，也没钱点什么贵的东西，所以只是坐在那里，点了一杯橙汁。”我想象着年轻的埃里克坐在一群来俱乐部玩乐的人中间喝着橙汁的样子，没觉得有违和感。

“他们拿来了账单，我不记得具体金额是多少了，大概25欧元。我当时不敢相信，因为对我来说那是一大笔钱。”他摇了摇头回忆道，“好消息是，我觉得那里价格并没有涨很多，果汁应该也是同样的味道”。

我决定还是不参加玩家派对了。

往右又拐了一个弯，经过加油站和因坐落在角落里而看不大清楚的亚洲餐厅，左手边就是La Piazza了。写有La Piazza字样的粉红色霓虹灯悬挂在一顶白色遮阳棚上面，遮阳棚下有几张户外餐桌。外面的用餐区围着透明的帘子——毕竟4月的天还是有点儿凉的。我看到了简简单单的餐桌，杏粉色的桌布，配套的餐椅，格子花纹的地板。埃里克说：“你会爱上它的，这是我最喜欢的餐厅之一。”

侍者把我们引到了室内的一张餐桌上，餐厅已然满座。我的左边是一扇窗户，右边是一对母女，看样子她们刚刚逛完街，买了Vogue最新款的衣装回来。她俩都是一头金色的直发，都化着红色的唇妆（我知道这个色号的口红有个特别的名字，但是这既不在我的个人兴趣范围内也超出了记者的专业领域，所以就没再纠结），都穿着粉色的细高跟鞋，皮肤都有着同样的光泽。果不其然，她们说的是俄语。我刚来这里 48 个小时就已经注意到这里说俄语的人似乎比说法语的人还多。在意识到她们聊天的话题之后，我尽力忘记自己也会说俄语。她们似乎在聊女孩的父亲参与到了一些不那么合法的生意之中。我竭力摆出一张扑克脸，试图把注意力集中到菜谱上。

“埃里克！”耳边传来了低沉洪亮的叫声。我一抬头便看见一个身材魁梧、面露微笑的人正朝这边走来。

“看到你回来，我太开心了。”他给了埃里克一个拥抱。“抱歉，我们正要出去呢，不然就请你俩和我们一起吃了。”

我看到另外一位身材高大、面露微笑的人站在他背后。

“嘿，法拉费！”这时埃里克也站了起来。“我不知道你也来了。”

三个人简短地寒暄了一番，然后那两位长得像泽罗·莫斯苔的人离开了。“晚餐记我账上！一定要点龙虾意面，这儿最好吃的就是龙虾意面。”另一位不叫法拉费的人说道。

埃里克告诉我：“他是斯洛博，给我介绍这家餐厅的就是他，感觉他应该每晚都来这里吃饭。你可能听说过法拉费，他是我玩西洋双陆棋的时候认识的。”

噢，原来是他就是法拉费啊。听到这个名字的时候，我感觉是有印象的，埃里克说到西洋双陆棋时，我才想起来。几年前的一期《纽约客》介绍过他，他是一个无家可归的西洋双陆棋奇才，在华盛顿广场获得了全世界的关注。这里的每个人似乎都有个昵称。

“对，就是那位。他是个很不错的人，你和他应该会聊得来。我之前并不知道他来蒙特卡洛了。”

我们的食物上桌了，一份精致的龙虾牛油果沙拉和斯洛博要我们一定得点的龙虾意面。然后埃里克给我介绍了一下他从前玩西洋双陆棋时认识的朋友。原来，他们真的做了很多豪赌，我了解到了他们过去的很多场外打赌活动，包括减重、增重以及这中间的各种细节。这些增重、减重的场外打赌对中间细节都是有规定的，包括吃什么，怎么吃，什么时候吃，其他人什么时候吃，什么时候去洗手间，怎么去洗手间，有的场外打赌规定去洗手间的路上每一步都得猛冲，如果玩家选择尿在瓶子里，而不是猛冲到洗手间，那他就失去了参赛的资格。

“说起场外打赌，我想请教你点儿事儿。”昨天我在中途休息期间去看埃里克进展如何，路过豪客赛牌桌的时候听到一个奇怪的游戏，至少我认为它是一个游戏，就一直想问问他。当时，一堆人在报数，似乎是在猜地球和木星之间的距离。我竭尽所能地解释，好在埃里克几乎立刻就明白了我在说什么。

他告诉我：“那是猜心游戏（Lodden Thinks）！一个很棒的游戏。非常好玩，非常有助于思考。我觉得你会爱上这个游戏的。”

猜心游戏是 2005 年左右的一天由两个坐在扑克牌桌前的玩家发明出来的。当时他们正在看电视直播，两位玩家感觉有些无聊，于是很快就想出了一种打发时间的方式。这两个人就是魔术师安东尼奥·埃斯凡迪亚里和隐形炸弹手菲尔·拉克，前者绰号“魔术师”是因为这是他从前的职业，后者绰号“隐形炸弹手”是因为他喜爱穿帽衫，并且爱把帽子拉低遮住脸，还爱用太阳镜遮住眼睛。坐在牌桌前的还有强尼·罗登，一位挪威职业玩家，同时也是他们二人共同的朋友。他们会轮番问罗登一个问题，然后打赌罗登会给出什么样的答案。接着罗登会给出自己的答案，所猜答案与罗登给出的答案最接近的就赢了这盘。这个游戏一炮走红，很快世界各地的玩家都在打赌，每个问题的赌注从一两美元到成千上万美元不等。

猜心游戏的美妙之处就在于，问题的实际答案并不重要，重要的是罗登给出的答案是什么。这个游戏考察的就是洞察力和心理学：罗登（或新一轮游戏的目标对象）认为答案是什么，与对手相比，你看世界的视角能与罗登的更接近吗？从某种意义上来说，这不仅是扑克游戏的关键，也是很多社会情境的关键。在看透他人看待世界的方式并且有针对性地调整自身行为上，你有多擅长？记住：客观真实并不重要。主观感知，以及使行动与感知精准协调的能力才是获胜的关键。

在受大众欢迎的高额现金扑克电视节目《深夜扑克》（*Poker After Dark*）的最新一集中，两位有名的玩家菲尔·艾维和道尔·布朗森玩了一局猜心游戏，赌注是 1 万美元。

“我想就克林特·伊斯特伍德的年龄打赌。”道尔这么一说，这场赌局就开始了。丹尼尔·内格里诺主动提出要做“罗登”，一旦他“锁定了答案”，也就是说，他已经想好并锁定了自己要给出的答案，打赌的双方就可以猜了。

菲尔·艾维的声音传来，他转过去同道尔说：“我要赌这一局，你愿意和我打 1 万美元的赌吗？”

道尔点点头：“好啊。”

“好的。”

“那开始吧。”

道尔先猜，他说克林特·伊斯特伍德只有 21 岁。艾维可以表示认同，接受克林特的年龄不到 21 岁并就此作罢，也可以选一个大于 21 的数字。艾维选择继续猜，给出的数字是 40。这时道尔可以表示认同，接受克林特的年龄不到 40 岁并就此作罢，或者猜一个高于 40 的数字。道尔立即选择继续猜，给出的数字是 60，然后局面变得更加紧张起来。艾维在继续猜之前盯着道尔，盯得他有点不敢和自己对视，然后他猜克林特有 62 岁，道尔得意地笑着，猜他有 64 岁。艾维猜 66 岁，道尔猜 68 岁。

艾维一边沉思一边说道："让我们看看……丹尼尔能沉默到什么程度。"他知道自己并不需要知道克林特的真实年龄，因为只要读懂了"罗登"，就能掌握优势。

"你不是在给他发暗号吧？"道尔问。

"从某种程度上讲，我们确实在发暗号。"艾维回答他说。因为，游戏的一部分内容就是观察"罗登"的反应，看看能从他的反应中获取什么信息。这个游戏同生活中的很多事情一样，是围绕人的反应而非事实真相展开的。

艾维暂停了一下，他手里拿着对 7，将所有筹码推到牌桌中央，毕竟一场高赌注的牌局仍在进行之中，底池金额已经超过了 8 000 美元，然后他猜克林特 69 岁，道尔接着猜克林特 72 岁。这时，艾维看到牌桌上对手拿着一对 8，比他的牌大。艾维回过头来回之以 73，道尔则猜了一个更大的数，74。艾维表示认同，接受克林特的年龄不到 74 岁并就此作罢，然后两人转向"罗登"——丹尼尔。在等待答案揭晓的时候，道尔自信地和艾维说："你输了。"

丹尼尔大笑："我锁定的答案是 73。"

在玩猜心游戏的过程中，艾维输掉了与之同时进行的牌局，不过赢得了 1 万美元的游戏赌金。

"其实克林特 77 岁了。"道尔难以置信地摇了摇头，难以相信有人会不知道这一点。

艾维离开的时候，在那手牌中，他输掉了 2 万美元的买入，菲尔·海尔姆斯插了句嘴，提醒他别忘了因为之前的猜心游戏而欠自己的 10 美分，这里的“10 美分”没什么特别含义，就是指真正的 10 美分。

艾维从口袋里摸出了 10 美分硬币，扔到了桌对面。这一局的猜心游戏就这样结束了，虽然道尔知道克林特的真实年龄，但艾维了解丹尼尔。

不过有时候，只了解目标对象不仔细观察互动细节是不够的——实际上，太多的个人了解反而会影响你最终获胜。埃里克回忆了自己最痛苦的一个猜心游戏时刻：他对战猜心游戏大师安东尼奥·埃斯凡迪亚里。那是 2014 年，埃里克去南非参加 100K 赛。他并不是特别想打那一场，但是丹·哈林顿一直想完成去 50 个国家旅行探险的目标，而且他们在这之前已经去了澳大利亚参加了澳洲百万赛（Aussie Millions），所以时机刚刚好。就这样，他们去了约翰内斯堡。这场比赛本身不怎么样，只有 9 位玩家，都是职业的，但是结果证明这场旅行是多姿多彩的。他们计划去观赏野生动物，在开普敦待两天，去当地几个旅游景点转转，抛开赛事好好玩一玩。当天早上，埃里克、丹、丛林野人（职业玩家丹·凯茨的昵称，他刚好在几天前拿下了 100K 赛的冠军）和安东尼奥坐在前往野生狮子园的巴士上，意料之中的是他们很快便玩起了猜心游戏，那个时候，安东尼奥似乎愿意抓住任何一个玩猜心游戏的机会，毕竟这是他参与发明的游戏。

这一轮猜心游戏的“罗登”是丹·哈林顿，对赌的人是埃里克和安东尼奥。游戏的问题是：多少钱能让丹再也不穿袜子？不一会儿，猜想数字迅速增大，埃里克的答案很快就到了 50 万美元。埃里克是自信的，毕竟他和丹是老朋友了，所以很了解这个男人。二人对赌的赌注很高。

埃里克告诉我："我相当确定这个问题的赌注已经超过了 5 000 美元，有可能是 11 000 或 12 000 美元。"

安东尼奥很快就表示认同，接受哈林顿给出的答案数字低于埃里克的猜想数字，然后他们期待地看着目标对象。最后的赢家是安东尼奥·埃斯凡迪亚里，丹给出的答案是 16 万美元。

埃里克记得自己跟他说："你疯了吧！ 16 万美元就能让你再也不穿袜子吗？"

即便现在回想起来，埃里克也会摇头："简直疯了，他经常去体育馆健身，要他再也不穿袜子，真的可能吗？"

埃里克做了理所当然的事情：他根据自己对丹的了解，基于多年的交情，判断这样令人不适的一件事标价肯定很高，更何况丹又不缺这个钱，没必要标低价。

理论上了解你的目标对象是不够的。埃里克回忆道："我没有仔细看他，没看到他的反应，但是安东尼奥看到了。"

不论你的描绘如何完美，纯理论的描绘都不重要，重要的是当下，是他当时的状态，当下的心境。

事实证明，埃里克对丹的了解比他对自己的了解更深，略加思索之后，丹承认自己的标价有可能太低了，但是埃里克已经输了。"我必须得承认，当时我特别想给他 16 万美元，让他承受再也不能穿袜子的痛苦。"他如是说道。

埃里克大笑，接着说："安东尼奥靠猜心游戏可能已经赢了数百万美元。"

扑克与人生：数学、运算与策略

在这趟旅程剩余的时间里，我一直在思考猜心游戏的不同层次。猜心游戏是一种简洁的提炼，集中了我想阐释清楚的扑克游戏的复杂性，以及与之类似的人生抉择的复杂性。它是一个恒定的循环，其中有数学，有运算，有策略。是的，这种策略源自在蒙特卡洛进行的成千上万次对游戏理论方案的推演。不过，这个循环里还有更多内容。正如冯·诺依曼认识到的那样，人为因素总是会给数学模型带来障碍，这也是他无法创建完美模型的原因：他需要人性，但人性总会带来意想不到的东西。你得了解基本策略，得知道根据具体的个体进行适当调整，然后再根据那些具体个体在具体时刻和具体场景的心境进一步调整自己的策略。要是这些具体个体像丹那样无法对一切进行充分的分析，只是自信地就自我选择给出了错误的猜想，一时间忘记了这个猜想到底意味着什么，那该如何呢？你也得考虑到这个因素，否则就会在一回合的猜心游戏或一手牌中输掉，也可能在一轮战术性谈判中失利。总会有人自信地犯错，甚至会自信地弄错自己的想法。

我接着参加比赛。后来在吃着花30欧元买来的比萨时，我和晚餐同伴一起被赶出了餐厅，因为摩纳哥的王子决定当晚在那里用餐。作为补偿，我们的晚餐免费，以后王子哪天来赶我出去我都愿意。在靠近海滨的一个豪华餐厅里，我不小心把一些酱油洒到了唯一的毛衣上，却被告知接下来三天都洗不了，因为有工人罢工。后来我才知道，在摩纳哥活下去的秘诀就是离开摩纳哥。只需要走10分钟，你就能到法国。在那里，只需要15欧元就能享用晚餐，橙汁的价格也在预期之内。我结交了一些玩家，他们告诉我当地有一个爱彼迎民宿，离这里不到 1 英里，费用还不到我入住酒店房费的一半。他们说明年要给我预留一个房间。再多待几天，我差不多就算是当地人了。我一直在学习如何在巡回赛中存活下来。

10 天时间里，我一共参与了 6 场比赛，其中 3 场有提现。在拿到第一场 1K 欧元赛的保有奖金之后，我又有两笔保有奖金进账。在 440 欧元买入的比赛中，共有 624 位选手，我排名第 93 位，进账 730 欧元，盈利 290 欧元；在 1 100 欧元买入的 6Max 赛中，共有 138 位选手参赛，我排名第 18 位。所谓的 6Max 赛，指的是任意一张牌桌前最多只能坐 6 位玩家，不同于 9 人桌或 10 人桌。这场比赛进账 1 840 欧元，盈利 740 欧元！原谅我这里用了感叹号，因为我实在太激动了，不敢相信自己居然真的在扑克锦标赛中赢钱了。短短一周多的时间，我已经赚了 1 470 欧元。我想，如果我能保持这个提现率，那就发了，离赢得主赛事也就不远了。

但是蒙特卡洛还有更多教训等着我呢。飞回纽约的前一天，在和埃里克共进早餐时，我兴奋地告诉他我的提现率，本以为他会站起来鼓掌或者至少无声地表达同样的喜悦，想着：看看我把她教得多好？但得到的回应却是“这个……”。我已经熟悉了这个话头，通常在从一手完全被我搞砸了的牌中提取某种积极的经验教训，但未能成功的时候他就会用这个话头。他的表情就像一位父亲咬了一口第一次尝试烘焙的 6 岁孩子骄傲地递过来的饼干，却发现孩子错把盐当成了糖。我不得不承认自己很困惑，他不喜欢什么呢？

“总的来说，”埃里克开口说道，“你的比赛提现率应该在 20%~25%，而不是 50%。”什么？我提现的太多了？这怎么能是件坏事呢？

他说："牌桌上的数学理论是，越到最后，集中的钱越多。在这一行业，真正赚钱的是那些能够挺进决赛桌的人。"

说得有道理，但我还是不明白自己究竟错在哪里。"你参赛的目标应该是赢得比赛，而不是赚那笔保有奖金。如果你能提现这么多钱，但总是在提现之后很快出局，那你的打法就出了问题。你进入了泡沫矮堆（bubble short-stacked）[①] 的状态。"我回忆了一下自己的比赛，意识到他是对的。每一次我都只是尽力挺到能赢得保有奖金的时候。在打了几个小时、快到可以分得保有奖金的时候，我就会小心谨慎，会弃牌，向压力低头。我不想成为那个泡沫选手，不想在快分到钱的时候被淘汰。我想要那笔保有奖金，但想要那笔钱不等于想赢。"一般来说，提现最多的人实际上都是输牌的玩家。你无法通过提现小笔保有奖金的方式成为一个赢牌的玩家，这种可能性是不存在的。"

他劝我算一下，买飞机票花了多少，住酒店花了多少，吃饭花了多少，那些我没能提现奖金的比赛买入有多少，而我又赚了多少。

我沮丧地发现自己非但没能赚 1 470 欧元，反而损失了不少。对比在拉斯维加斯的比赛，虽然那里确实是个小池塘，但我在那里用 65 美元的买入赚了 900 多美元，赚的钱是投入的 14 倍多。而在阿瑞亚取得第二名的那次呢？我收到了近 18 倍的回报。那些场合太小了，要想提现，就得挺到决赛桌。那里和这里一样，钱都集中在最后，但在那里我挺到了最后。在这里，不仅玩家更厉害，池子也更大；在这里，不是只打败 30 位或 100 位玩家就可以的，你

① "矮堆"指玩家筹码少；"泡沫矮堆"指的是玩家筹码少，有可能拿到保有奖金，也有可能变成泡沫玩家，拿不到保有奖金。——译者注

得打败几百位，有时甚至是几千位玩家。计算对象不一样，考量也不一样。的确，也许我已经掌握了基础技巧，不会在比赛早期阶段被淘汰出局，知道要慢慢地累积筹码，知道要在扑克游戏中稳扎稳打，但我还没有真正学会多日赛事的动态变化，还不了解泡沫，还不知道需要展现怎样的进攻性，因为如果想要在赛末的时候拿到一个真正不错的赛绩，就不能完全不展现进攻性。在这个比赛级别上，扑克变成了一个与从前不一样的游戏。我一时间手足无措，感觉所有一切突然变得更加遥不可及了。

埃里克说："别误解我的意思，你能在这些赛事中提现，说明表现真的不错，就在4个月前，你还从未参加过一场现场扑克赛。你应该为自己感到骄傲。"如果不能坦诚以待，不让我知道自己做错了什么，他就算不上一个好导师了。"现在你知道自己能打这个级别的比赛，并且提现了，我们就可以着手确定一下在拿到保有奖金的过程中有哪些地方做错了。我宁愿你提现的次数少一些，也希望你能在比赛中走得更远。"要做好被更多地淘汰出局的准备，要采取波动更大的、可能意味着我会输掉所有筹码的策略，不过如果赢了，这种策略将会驱使我进入一个更加有利的状态，可以走得更远，坚持得更久，更接近决赛桌。要做好更加强势的准备，即便这意味着输得更多。在扑克界有这样一种说法，如果你的诈唬从未被识破过，那说明诈唬的次数还不够多。我试着回想上周自己骄傲地摊开诈唬牌的时刻，回想明知道自己没什么好牌且在最后一轮被他人跟注时自信地摊牌的时刻，但却想不起有这样的时刻。

埃里克说："优秀的玩家会意识到保有奖金对你的重要性，然后利用这一点来欺压你。"

在扑克当中，我正在亲身经历自己常常在实验室里模拟的那种学习路径。学得越多越难，变得越优秀就越感觉糟糕，因为现在的你能看见之前留意不到的不足。如果你想成长，想进步，就得更加深入地挖掘。你可以为某些里程碑式的事件，比如在一场国际赛事中提现感到骄傲，但是着眼于更大的图景，始终记得自己还有多少目标尚未达成也很重要。不要被一场小胜诱惑而误以为自己做得特别好，实际上现在所做的虽然比以前好，但却不足以算作成功。我们有太多次满足于象征着自我成就的小小标志，比如满足于参与奖而非冠军奖、亚军奖、季军奖，并且任由它们告诉自己“差不多”就可以了。有时候，“差不多”确实是可以的，但是现在，对于身处此地的我而言，“差不多”是不行的。

埃里克不是在打击我的积极性，而是在抬高我的目标，是在我意识到之前就阻止我沾沾自喜。拿到保有奖金是挺好的，在之前这是个不错的目标，能让我看到自己是可以在这个领域竞赛的。但是现在我已经看到了这一点，所以得把目标抬得更高一些，把靶子挪得更远一些，变得更有野心一点。去他的参与奖，我要拿季军奖、亚军奖、冠军奖。

现在我意识到了，尽管蒙特卡洛之旅是对我的一个认可，确认我有能力参加更大规模的赛事，但在某些层面上，它延续了我从秋季开始在新泽西打线上扑克以来一直就有的一些模式。我仍在畏首畏尾地打牌，虽然弃牌的频率没以前高了，但我还是会弃牌，不愿意赌一把；我还是试图默不作声地挺到可以拿保有奖金的时候，不愿意强势地累积筹码，竭力争取拿到真正的大奖。而那些优秀的玩家呢？他们会利用我的这种心态，通过诈唬让我弃牌，把我从底池中挤出去，逼我在不该弃牌的时候弃牌。这种情况发生的次数可能比我意识到的还要多，原因是我一直执着于证明自己能够坚持，能够提现，能够在 Hendon Mob 个人页面上自己名字的下方加一面摩纳哥的旗帜。

我问自己：我经常那么做吗？在做人生决定的时候，我会奔着保有奖金去吗？我会为更安全的、更有把握的事情坚持却不会为把握不大但终极奖励吸引人的选项冒更大的风险吗？在生活当中，我是否缺乏冒险精神呢？是否会允许那些看清我眼底恐惧的人利用自己呢？我不确定自己是否做好了揭晓答案的准备。

“你觉得我能在两个月之内做好参加主赛事的准备吗？”我小声问道。

“我们边走边看吧，”埃里克说，“看一看初级阶段的赛事日程，再看一看你的表现如何。”他建议我先参加一些较小的赛事，也许可以打一两场卫星赛，看看效果怎么样。的确，我在短时间内取得了很大的进步，但在他最初收我为徒的时候，我们讨论的是一年的准备期。在他看来，一年的准备期指的是实践一年，而不是 4 个月。对任何人而言，4 个月的准备期都太短了。

我点点头。我会竭尽全力的。

“世事难料，”他说，“我知道主赛事对你要写的书很重要，但是也得慎重对待，1 万美元不是个小数目。如果只是为了参与而参与，好把它写在书里，那就是另外一回事了；如果你真的想要取得不错的赛绩，就得评估自己现在的水平以及是否有真正的技能优势。不要局限于一个绝对的期限，主赛事明年还会有的。”

哦，可是我这辈子从来不曾超过截止期，这次也不想。我想这样告诉他。

第十章

虚张声势：如何发现和掩藏马脚

在换牌扑克（Draw poker）中……诈唬扮演着非常重要的角色——试图用纯粹的胆量和自信打败对手。诈唬的心理作用是很大的，它能让诈唬的人打得更好，让对家打得更糟。需要提及的是诈唬者的心理在日常生活中的影响。

——克莱门斯·弗朗斯

《赌博的冲动》（*The Gambling Impulse*）

是发现了马脚还是基于偏见

你会数牌吗？从尼斯出发的飞机上，知道我要去蒙特卡洛参加扑克锦标赛后，邻座的男人这样问我。我向他解释说他说的是 21 点纸牌游戏，（他不是第一个也不会是最后一个把 21 点纸牌游戏和德州扑克混为一谈的人），他随即提了另一个问题：你能看出马脚吗？

当人们诈唬的时候，仅凭观察，我能看出来他们是在诈唬吗？作为一个心理学家，而且是一位研究过骗术的心理学家，我肯定有一种能凝视到对方灵魂深处的方法，也许我能教他一两招，好让他下次去赌场的时候使用。

在蒙特卡洛的这段时间，我对自己有了更多了解。其中最重要的一点就是，我似乎是蛮擅长观察别人的。我在自己的第一场大型赛事中正式挺进奖励圈的时刻是很难忘的。第二天坐在牌桌前的时候，我忘记了场外打赌这回事，这是一场多日赛，而我则是第一次在多日锦标赛中挺进了第二天的赛事！我无法忘记这一点，感觉自己正处在某种大的突破之中。这场锦标赛有 1 000 多人参赛，但现在已经变成了几百人，而我则是其中之一。我跃跃欲试，精神集中，感受着比赛的快乐。

一位新的选手来到我所在的牌桌前。他穿着白色的螺纹背心，剃着光头，有文身的二头肌像两座小山一样凸起。我暗自想，啊，我了解这类人。在我的脑海中，自己已经在加注他，向他展示谁才是老大了。我绝对不会任由这个强势的“疯子”摆布，这是吃了不少苦头才学到的教训，必须得让这些人看看我的厉害，这才是我坐在这儿的原因，不是吗？

前两手牌他加注的时候，我还没有能力回击，但是打第三手牌的时候，他的打法正中我的下怀。这位“疯子”加注，除我之外的其他玩家弃牌，我低头看看自己那手还算可以的 AQ 牌。因为花色不同，所以这并不是一手非常出色的牌，但是它有非常好的阻断价值（菲尔·加尔方德是对的，打得多了，使用起这些术语来就更加自然了）。我手里拿着一张 A 说明他拿 A 的可能性就小一些，拿着 Q 说明他凑成对 Q 或强大的 Q 组合牌的可能性同样小了一些。这种牌型最适合诈唬加注了，所以我再次加注。轮到这位“疯子”叫注了，他再次加注了我的叫注。他居然敢加注！我知道他在施加压力，他怎么得到那一大堆筹码的？不就是通过强势嘛，所以才要在这一局和他对战到底。我把剩余的所有筹码推到牌桌中央，他立即跟注，这个快速跟注（snap call）的动作通常意味着我的牌要完了。的确，他翻开牌[①]，正是据我分析已经被悄然“阻断”的对 Q。换句话说，我目前的处境非常糟糕。如果我输了，70% 的情况下我会

① 有时，在无限额德州扑克中，当一位玩家跟注了全押的对手之后，确信能够赢牌的他会快速地翻一下底牌，让所有人看看这手牌力可能最强的牌。——译者注

输，就会彻底出局。

公共牌已经发完，我命中了一张奇迹牌——A，这是台面上唯一一张能让我赢的牌。那个“疯子”摇摇头把所有的筹码拿给我，在赢了两手牌之后他还是出局了。我把侥幸赢得的筹码码在一起，祝贺自己这局打得不错，很快就把像这样反败为胜（suck-out）的经历抛诸脑后。现在，我只是庆幸自己最终能转败为赢。

坐在我左边的那位爱尔兰男士吃惊地望着我：“你那会儿在想什么呢？那可是巡回赛上最厉害的选手之一。他再次加注你的叫注时，你就是拿了对 J，也得弃牌啊！”

是啊，我到底在想什么呢。事实上，我非常清楚自己在想什么。我是基于成见和不完全的信息而行动的，自认为很了解某位玩家，但其实自己一开始就没有这种了解的能力。我不是在观察他的马脚，而是在利用内在的偏见。的确，有些偏见是源自经验的，这几个月打扑克的过程中，我和很多肌肉发达、有文身、试图将我挤出底池的男人打过交道。在大西洋城赌场，牌桌上到处都是这种类型的人，但是针对这个玩家的偏见不是源于经验，而且这种偏见太过宽泛（片面）了，没什么价值。

这一次我或许走了好运，但它也是一个警告：对一些自以为知晓的事情，我太过自信。是的，在拉斯维加斯参加 40 美元买入赛的时候，我或许对一般玩家的倾向有了一些了解，但是这与拉斯维加斯的比赛不同，这里的赛事规模更大，玩家更厉害，而且玩家来自世界各地。要想成功拿下比赛，就得在自以为擅长的读人识人——方面更进一步。在掌握了数学技巧之后，我发现它其实是相对简单的那部分，更难的是调整自己以适应对手。我庆幸从来没有人挑战我，让我参加猜心游戏，不然我会输得很惨。

在第一眼看到他人的时候，我们就形成了一些印象。正如 20 世纪一位伟大的心理学家所罗门・阿希曾经写道的："我们看到一个人，心里就会立即生成对他性格特征的某种印象。看一眼、听几句话就足以让我们对一个高度复杂的事件有所了解。我们知道这种印象的形成速度极快且轻而易举。后续的观察或许能够丰富或者颠覆我们的见解，但是这种印象的快速生成是无法阻止的，正如我们无法不看一个既有的视觉对象或不听一段正在播放的旋律。"事实上，我们现在甚至都不需要真正地看一眼或听几句话，在不到 34 毫秒的时间里，我们就已经对其可信任度和攻击性等形成了判断。观察一个人的时间越长，就越相信自己的判断，但是我们通常不会改变最初的判断，亚历山大・托多罗夫在《别相信他的脸》一书中如是说道，他就是那个将我们的感性认识浓缩到极短时段里的人。这种认识过程发生在感性层面而非理性层面，它是潜意识的，由视觉系统处理，而不是由人脑中负责逻辑评估的部分处理，并且它的影响非常大。

看到光头和文身，我立即联想到进攻性，联想到疯狂，联想到恃强凌弱。看到一位 70 多岁、亲切地朝我微笑并且在发现我会说俄语的时候请我帮他翻译的老人[①]，我会欣然答应帮忙。在面对一个巨大的底池而这位老人又加注了我的时候，我会想，好吧，只能弃掉对 2 了，他的牌肯定是大过我的。结果，他得意扬扬地翻开诈唬牌，我不仅输掉了很多筹码而且感到很难过，因为不敢相信自己帮助过的亲切老人居然会那样骗我。常言道，扑克牌桌上没有朋友，

① 此处的"老人"指的是作者在蒙特卡洛的赌场上遇到的那位来自西伯利亚的老人，他假装自己不懂英语，骗作者为他翻译，最后赢了牌局。——译者注

但是不知怎的我依旧会感情用事。为什么他翻开诈唬牌的时候那样得意扬扬啊？难道他就不能礼貌地假装一下自己有一手好牌吗？

事实上，我们的大脑就是名副其实的预测机器，不断地感知周遭的环境，预测即将发生的事情。这叫作预测处理（predictive processing）：主动地先想一步并对环境进行相应观察。我们的大脑是积极主动而非消极被动的，当然，预测准确与否取决于输入的信息和预测过程，预测的准确性能否随着时间的推移而提升则取决于我们学习的能力和意愿。

一位玩家在牌桌前坐下来的那一刻，我就已经预测到了他会怎么打，就已经相应地调整了自己的行动，也已然简单地基于个人印象而改变了策略，这种改变甚至发生在最深层的潜意识层面。我不是有意如此，也不是主动这样的，但它就是发生了，而我的任务就是注意到它的发生，并且在有误的情况下加以调整。否则，它就会在我还没有完全意识到时主导我的行动。

薄片撷取[①]（thin-slice judgment）这个术语最初是由心理学家纳利尼·阿姆巴迪创造的，描述的是我们大脑中形成的瞬时认知，我们的信息往往是有误的。我们受到诸如面部结构、面部表情以及过往经验的影响，而通常情况下，这种经验更像是附带的外围噪声，与当下的形势没有关系。我们判定一个人强势，因为有文身、肱二头肌发达的他外表看着像过去欺压过自己的人，但是实际上我们并不了解那个人。事实证明，在这个事例中，即便没有这种被欺压的经历，其他人最初的判断也有可能和我的一样：象征男子气概的标

① 薄片撷取是心理学的一个术语，指的是基于极少的信息迅速做出判断。——译者注

志，比如凸起的肱二头肌，总是会被判定为具有支配性和进攻性，这很有可能因为它们会让人联想到更高的雄性激素。但实际上，我们的判断并不是基于客观事实而是基于一些潜意识的、相当片面的处理过程，这种发生在头脑中的处理过程无法阻止我们利用这些即时的印象来做一些决定，而这些决定原本是需要经过深层的、系统的思考的。

薄片撷取是凭直觉获得的，是基于大样本的。与所有统计学的概念一样，一旦涉及个人层面，它的准确性就会被破坏。一般来说，人的眉毛略微扬起是值得信赖的标志，但并不意味着这个人就是可信的。事实上，曾经有一个研究是以扑克游戏中那些显得可信的面部表情为研究对象的。该研究发现，当对手的面部表情符合其对可信的面部特征的直觉感知时，玩家会过度思考自己的决定，下注过程中也会犯更多的错误。这个“马脚”不仅不可信，还会导致玩家打得更差。

我遇见过很多看似可信的玩家类型，并非只有那位在蒙特卡洛认识的亦友亦敌的俄罗斯选手。还有一次对我的伤害更大，那次是在拉斯维加斯，当时我真的以为自己交了个朋友，那也是我第一次和另一位女性玩家同桌。比赛过了几个小时之后，她轻轻地走了过来，一边坐下一边对所有人说：“赌注大了才称得上是真正的比赛！”接着温柔地朝我笑了笑说：“我觉得咱们能成为朋友，让这帮男人长长见识。”我回以微笑。她给我看了一张她孩子的照片，跟我说她是几年前才搬到拉斯维加斯来的，说要告诉我外人都不知道的当地景点，还说正是因为有了这些地方，生活在这里才值得。她看着我越来越少的筹码同情地点点头，劝我说：“你可以再次买入，迅速积累筹码。”我向她坦言其实自己没有再次买入的钱，这是唯一的机会。她十分理解地叹了口气，接着我就被她唬得赌上了大多数筹码，手里只剩下 8 个大盲注的筹码量。我的底牌是对 Q，我选择加注，她选择跟注；翻牌是 J 高牌，我选择下注，她再次跟注；转牌是我根本不想看到的一张牌——A，我选择让牌，她则下了相当大的注额，我再三思量后选择跟注；河牌是一张 10，我选择让牌，她接下来的动作让我做出了比赛生涯中难以释怀的一个决定。她手里肯定有一张 A，或者一个顺子，我沮丧地想着然后选择了弃牌。她摊开两张花色不同的 K 和 10，命中了小小的对 10——不过那张 K 有很大的阻断价值。"大家都喜欢拿 A 诈唬，不是吗？你们男人啊，总是以为女人手里有张 A。"她对全桌的人说。当然，我并不在她所谓的男人之列。我只是不幸地打错了牌，但是很受伤，选择弃牌的一部分原因是没想到她会那样诈唬我。她明明知道我不会再买入了，说好的女人应该团结一致呢！唉，我就是太轻信他人了。难道我研究行骗高手研究得还不够久吗？怎么就不长记性呢？不，不，看似可信和真正可信是完全不同的两码事。

还有，人人都认同表面的特征能够说明某些性格特点，但这种认同并没有确凿的证据。拿能力来说吧。比如，从客观评定结果来看，教师评估和学生的实际学习情况不是密切相关的，有时候最受欢迎的老师并非最优秀的老师，而那些评估结果较差的老师实际上能力更高，教给学生的知识也更多。如果认同等同于准确性，那就没有欺诈性的财务管理了，因为我们只会把钱交给那些可信的、有能力的人；我们也不会遇到精神变态的人，因为能在老远的地方就看清一个精神变态的真面目并且会躲开他；我们的友谊或感情也不会偏离预期。

显然，事实并非如此。而且在客观上，我们绝对是知道这样的事实的，但是依旧会固执地否认自己的决定是基于轻率的判断。要是你和我说，我现在的打法是基于对一张面孔的瞬时印象，我会告诉你我才不会这么做呢；要是你和我说，我选择投资顾问是基于一次融洽的碰面，我会告诉你不是，我会说自己其实是在查看了各种客观数据之后才做的决定；要是你和我说，我选择这个约会对象是因为看中了他下颌的轮廓，我会当面笑话你。

但是我们的否认掩饰了一个事实，那就是我们往往并不知道自己为什么做出这样的决定，并且会用听起来很客观的原因来证明决定的合理性，即便有时候，我们行动的依据实际上是错误的直觉感知。如果能听进去批评的意见倒也还好，但是我们往往会与真相争辩。如果有人将真实的思维过程展示出来，我们会不予理会，反而认同自我创建的那个思维版本。在一系列的研究中，心理学家理查德·尼斯贝特和蒂莫西·威尔逊发现人们会系统地否认自己做出决定的原因，即便在看到证据以后也是如此。首先，他们给学生看了一个教授用欧洲口音讲授心理学教育课程的视频片段。在一些片段中，他温柔、亲切地回答问题；而在另一些片段中，他则专横、多疑。其次，他们让学生评估对他的喜爱度，评估他的外貌、特殊习惯和口音。那些看到温柔的视频片段的学生不仅喜欢他（一个合理的反应），而且认为他的外貌、特殊习惯和口音很迷人；而那些看到专横的视频片段的学生不仅不喜欢他，而且认为他的那三方面令人恼火，尽管教授是同一个人，讲授的也是同样的内容。此外，在学生的脑海里，他们做出选择的因果关系是颠倒的。他们确信自己之所以会发觉这位教授招人喜欢或令人讨厌是因为其他三方面的因素，而事实正好与之相反。

老实告诉你，我很快就彻底改变了对蒙特卡洛牌桌上那位笨拙得有些可爱的俄罗斯人的看法。他真的是个迷糊得有些可爱的人吗？才不是呢。我猜那个老家伙肯定精通英语，只不过是想让我站在他那边罢了。行骗高手熟练使用的、屡试不爽的本杰明·富兰克林式的第一招是：先让他人帮自己一个小忙（在本杰明的事例中，这个小忙是借一本书；在我的事例中，这个小忙是做英俄翻译），然后他们就会用积极的眼光看待对方。感觉我从金砖赌场的那位“狐狸”先生身上什么也没学到，这个俄罗斯老家伙确实没有在钓鱼，但是我却很像几个月前自己都看不上的那位乐于助人的邻座，于是比从前都老练的我再一次被骗。年长的男人打得更保守吗？笑话！这次经历教会了我绝不要轻视他们的加注。下一次，我就清楚地知道是怎么回事了，并且下一次我一定会跟注的。不知道我有没有提过，他请我帮他拍一张照片给他的孙子，而且还特意告诉我，他是从很远的西伯利亚来的，这才有机会在这里参赛，这场赛事对他而言非常重要。这些话让我以为他不可能会冒这么大的风险诈唬，万一我选择跟注的话，他就得回西伯利亚了！下一次，我要亲自送他回冰冻的大草原。我再也不会犯同样的错误了。

然而，我们常常没有动力去修正自己的错误判断，我们的动机反而是一种膨胀了的对自我读人识人能力的认知。毕竟，我们都是社会性动物，已经在这个世界上有了各种经历，而且总能把判断错误的原因归到其他方面。比如，我们会说：平时我是很擅长的，但是这一次判断失误的起因是这样的。我们极其擅长的就是为自己找借口，为了说明自己依然像想象当中那么优秀而找理由。事实证明，后来我修正过了头，对另外一位 70 来岁的笨拙的俄罗斯人非常冷淡，甚至假装自己不懂俄语。因为自己的下注被人误解，他懊恼得差一点儿在牌桌上哭出来，直到招来了一位会说俄语的工作人员才好一些。那天余下的时间里我感到内疚——还得装作没看见那几位说俄语的熟人，省得被人发现我是个冷酷无情的骗子。其中一位熟人穿过人群朝牌桌走来时，快被发现的我不得不把手机丢到地上，然后爬到椅子下面去捡，直到他困惑地离开我才直起身。我不建议任何人在赌场地板上爬行，这个建议仅供大家日后参考。

如果你的目标是准确地预测，那这个目标足以让你绝望。回到飞机上那位邻座的问题：我能读懂一个人的内心吗？不管我当时的想法是什么，真正的答案是一个大大的“不”。有些人似乎认为因为一个人学过心理学、研究过骗子的心理，所以当别人说谎的时候他就有能力识破。对这些人，我要说一句，抱歉要让你们失望了。反过来说，如果我从对行骗高手的研究中学到了什么的话，那就是：骗子越高明，我们识破骗局的能力就越差。那么我们识破骗局的能力究竟如何呢？在这方面，保罗·艾克曼是研究最多的心理学家。他发现，在判断对方是在说谎还是在讲真话的时候，大多数人成功的概率和抛硬币差不多，即便经过了大量的训练，常人往往也无法识破老练的骗子。归根结底，面部表情并不是一个特别好的判断标准，眼睛自然也不是能看透心灵的窗户。如果你想通过凝视对方，来判断他们是否是来真的，那你要失望了。所以我是不是应该认输，放弃识破马脚呢？

事实证明，这个问题的答案也是一个大大的“不”。无论是基于某种外观（比如，我认为那位强势的“疯子”是个笨蛋）的印象，还是基于某些行为（他每一手牌都会加注我）的印象，实际上都是有价值的。我看过了足够多的猜心游戏，知道有些人真的可以捕捉看似隐藏的信息。也许到不了识破骗局的地步，但还是能观察到一些东西的。只是需要达到一条非常具体的标准：作为结果的判断得是基于大量数据的。在扑克界，所谓的数据就是数以百计的牌局和成千上万次的行为观察。无数个小时，重复的互动。如果有些东西与你的既有认知吻合，那很容易就能读懂，但是任何信息的准确性都是高度存疑的，除非能将它与专业技能糅合。单独存在的认知捷径是会有问题的，但当有了在赛桌上收集的那种数据和观察所得的证据时，它们就会变得很有效。不过赛桌上的我们是没有闲暇收集这些信息的，除非已经多次与同样的对手对阵，或者已经通过电视播送研究了他们在不同比赛中的表现。

幸运的是，有一些研究者研究了数百个小时的视频，为了看看是否有什么可以收集的信息，他们的发现远比我们自认为能从一个新来的对手身上得到的瞬时观察要有价值得多。在经历了蒙特卡洛的惨败之后，我现在意识到自己的其他观察也出现了严重偏差，在没有任何过往经验的情况下，我想找到一位专家，看看是否能学到一种更加科学的评估对手的方式。在主赛事前的两个月里，我能掌握足够多切实可用的观察数据，以弥补在技术技巧上的一些不足吗？我无法在数学上打败那些已经长有皱纹的职业玩家，但却一直把大多时间花在研究与扑克游戏相关的一些外在技术元素上，从来没有用过解算程序的我甚至花钱买了 PioSolver[①]，以至于忽略了自己最大的天然优势。与从前相比，我今后能更有效地利用自己的心理学背景吗？相比之前更有效并不难，因为到目前为止每当我相信自己的“观察”时都会以失败告终。不过，我还是想成为那种能真正看透别人想法的玩家。如果真的有这种技术，那我就要找到它。

① 一款能迅速提供游戏策略的解算器程序。——译者注

忽略自己喜欢留意的线索，观察他人的身体信号

迈克尔·斯莱皮恩研究的是秘密，特别是那些我们试图保守的秘密。秘密会影响我们的行为举止吗？2013年，还在塔夫茨大学研究生院读心理学的斯莱皮恩（他现在是哥伦比亚大学的一位教授）师从阿姆巴迪，研究的是心理学中的薄片撷取。他和另外一位研究员向同学们展示了几个简短的人物视频片段（时长几秒钟），看看他们是否能够猜到某些人物行为背后的动机。比如，为什么那个人的一只胳膊动了动？他捡东西这个动作背后的意图是什么？斯莱皮恩告诉我："我们试图提炼出读人识人过程中最基本的具体要素。"他们得到了些许积极结果并决定更进一步：向学生们展示现实世界中人们通过简单的上肢动作捡起、放下物品的视频。在意识到存在一批现成的、可收集的、旨在保守秘密的动作数据时，他们努力地想该如何沿着这些方向录制视频，最终他们选取了职业扑克玩家下注的视频，一个新的研究方向就此诞生。他说："扑克研究非常令人兴奋，到最后我们便只专注于这一个方面。"事实上，起初正是这些研究让我注意到了斯莱皮恩。对于竭尽全力想在有限时间内提升个人能力的我而言，这种神奇的研究或许能赋予我一些额外的活力。

在同一系列的三个研究中，斯莱皮恩和其他研究员请本科学生观看2009年世界扑克系列赛的视频片段。其中一些片段是未被剪辑过的，学生们可以看到玩家在下注时的面部表情和上半身的肢体动作；有一些片段是剪辑过的，能看到玩家的胸部和头部，但看不到胸部以下的部位；还有一些片段剪辑得只剩下胳膊，完全看不到

玩家是什么样子的，只能看到他在摆弄筹码时胳膊和手的动作。在前两个研究中，研究员要求学生们明确地判断玩家底牌的牌力，从非常弱到非常强。

在这两个研究过程中，发生了一件不同寻常的事情。当学生们看未被剪辑过的片段时（通常我们看到的世界也是这样的），他们对玩家底牌牌力的猜测与碰运气无异；当观察玩家的面部表情时，其判断的准确率更低，也就是说，从准确率上看，他们对玩家底牌牌力的判断还不如对抛硬币抛出正面的概率的预测。这说明，实际上，面部表情透露的虚假信息多过有价值的信息（考虑到目前为止我一直都在依赖面部表情，我认为这种结论是成立的）。不过，当他们只观察手部动作的时候，其判断的准确率猛然提高，甚至连那些先前对扑克一无所知的人突然之间似乎都能就一位玩家底牌牌力的强弱给出个差不多的判断。

究竟是什么样的手部动作给观察者发送了这种信号呢？在最后一个研究中，研究员没有让学生判断牌力，而是让他们思考玩家的自信程度或动作的流畅程度。斯莱皮恩发现在思考自信度或动作流畅度的时候，他们更有可能找出牌力较强的玩家。他们挑出的那些更自信或动作更流畅的玩家也是那些持有可获胜的牌面的玩家。不过，斯莱皮恩很快指出，“流畅度”的评定是存疑的，因为我们无法得知学生们是如何理解“流畅度”的。比如，也许他们观察的是动作的速度而非整体的流畅度。

在那之后的几年时间里，斯莱皮恩对手部动作做了更多的研究，不过研究结果都没有发表。但是，其中一些还是有建设性的。比如，如果对扑克游戏有一些基本的了解，那你对玩家牌力的猜测会更准确，不过有无打牌的经历似乎影响不大。对扑克游戏有所了解是好的，但是这种基于手部动作的牌力感知似乎发生在一个更加基础的、本能的层面。如果你在非语言的感知层面有更大的优势，那是有益的。也就是说，一个更有可能把专注当作一种习惯的玩家——不仅能听从埃里克·赛德尔的建议，把手机放到一边，而且要习惯于关注人们自然而然发出的身体信号——捕捉到这些信号的可能性更大。

其实斯莱皮恩让我对马脚的影响力有了更大的信心。的确，我们的直觉判断常常是基于错误的信息并且是有很大缺陷的，但是如果有人替我们做完了苦工，并且告诉我们该观察哪些方面——大多数人是不会主动往这些方面看的——那我们的洞察力可能会更强，甚至会出人意料。我指的不仅仅是在扑克领域。事实证明，我们能对各种各样的行为做出准确的预判。注意，我说的不是对人的评判，而是对他们会做出怎样的动作进行预判，这和我们对他们的感觉无关。前提是我们得忽略自己喜欢留意的线索（比如面部表情），转而观察其身体信号。人们可以凭借他人拿一块乐高积木的动作预判他们是要和自己合作还是要与自己竞争。当一位橄榄球运动员要改变方向、打算欺骗对手的时候，站在外围的观察者可以更准确地判断出他的意图。我们总是在做预判，所以为什么不抛开自负，抛开自以为重要的东西，让他人，让那些比我们更加认真地筛查了真实数据的人，来引导我们观察呢？

我发誓，在接下来的两个月里，我要更多地关注玩家手上的动作，更少地琢磨他们内心的想法。我会观察他们洗牌、下注、让牌、跟注、加注时的动作，看看自己会在哪里被成功骗到。我读人识人的能力会提高吗？说不准，但总不会变得更差吧。不过，我真正希望实现的是在现场扑克赛中获得突破。我的优势能增加个百分之几——在付出了惨痛的代价后我才意识到对结果而言百分之几的概率有多么重要——就已经很不错了。如果你有时间和精力，或者任何其他优势，哪怕是一个小小的优势，都是值得追求的。等着瞧，我准备什么都不做了，就要成为当地的读牌专家。

斯莱皮恩的研究没有改变我的目标，它不仅让我明白了自己的直觉是多么的有限（尽管我对自己的判断有足够的信心），而且让我意识到自己有多少次并没有有意识地关注自身的行为。我知道自己应该摆出一副扑克脸，他人也会在各种各样的场合中一直告诉你要摆出扑克脸。但是在做一些自认为较为基本的、机械的动作时，我的警惕性可能就会放低。我担心自己会脸红，因为一旦脸红就会泄露信息。我不担心自己的手会做出别人都能看出来的、同样会泄露信息的动作。要是别人诈唬我不是因为他们是进攻型的笨蛋，而是因为从我的肢体语言中读出了一些连我都没意识到的信号呢？要是我碰到的那个俄罗斯老头只是看到了我在犹豫呢？要是我碰到的那位女对手从我的姿态中、从我让牌的动作中、从我最终在 A 出现之后把所有跟注的筹码放入底池的举止中看到了我对 A 的恐惧呢？回想起来，我发觉这些似乎都是基础知识，但是我太过于专注学习如何打好牌而没有意识到，到目前为止，我可能就是一个全身上下都是马脚的人。我如何能够控制自己根本没有意识到该控制的事情呢？这也是需要学习的，而且迫在眉睫。世界扑克系列赛到处都是职业玩家，如果我露出了马脚，他们肯定会发现的。

第十一章

读懂我自己

关于天气，水手中间有一种说法。他们说，天气就是用来吓唬人的。我想人类社会也是如此，局面看起来很暗淡，但接着云层就会露出缝隙，然后所有一切发生变化，这种变化有时候还相当突然。

——E. B. 怀特

《给纳多先生的信》（*Letter to Mr. Nadeau*）

牌桌上的思维、手势与掩饰

我发现自己置身于布鲁克林的一家咖啡店，远离蒙特卡洛令人眼花缭乱的纸牌、下注、骗局，坐在布莱克·伊士曼的对面。斯莱皮恩是研究秘密的心理学家，对扑克的兴趣是一时的，而布莱克·伊士曼曾经是一位心理学家，后来转行做了职业扑克玩家，又转行做了行为分析师。现在还没到夏季，世界扑克系列赛还没完全开始。我没有太多时间，但是希望仅有的那点空闲是足够的。毕竟，在那天到来之前，我其实不必做最后的决定，确定何时参加哪场比赛。我没必要过早地许诺，也没必要过早地经历失败。布莱克风度翩翩、温和友好，金色的平头短发，蓝色的眼睛，再加上灿烂的微笑，完全是一副美国人的长相。根据托多罗夫的社交促进因素[①]理论，他方正的下巴、椭圆的脸型以及双眼之间的距离可能会让他被归到“可信”的那一类。他说话的时候身体会往前倾，简要

① 心理学家亚历山大·托多罗夫认为，有 6 种面相是最有效的社交促进因素，这些面相传达了社会属性（比如性别、年龄、种族）、精神状态（比如困惑）、情感状态（比如生气）、吸引力以及身份等信息。——译者注

说明要点的时候会做手势，他的眼神交流无可挑剔，通常这些都会让他显得专业、自信，对于在过去10年间执掌着一个名为非语言群体（Nonverbal Group）的组织的人而言，这并不稀奇。在那个组织中，他对不同应用场景中的非语言交流开展了研究。多年以来，他主要关注的是约会行为。在初次约会时，我们的肢体语言如何表达我们是谁，我们想要什么，我们是什么样的人？他的研究中与我最为相关的是一个名为“不只是马脚”（Beyond Tells）的项目，这是迄今为止最大的、针对身在扑克牌桌的扑克玩家们的研究项目。他观摩了成千上万手牌，看了1 500个小时的扑克赛，观察了一场又一场现金游戏。在无线射频识别（RFID）器——一项可以从纸牌的芯片中读取信号的技术——接收每位玩家的底牌信息时，一组配有软件的研究者会对玩家围绕这些牌做出的行为进行编码。然后，他们将这些数据集中到一起，并使之相互关联，进而得到玩家行为举止及牌力之间存在的各种潜在关系模式。

不过，在我们讨论扑克之前，布莱克想先说清楚一件事。“我不喜欢用‘马脚’这个词。”他说。不仅因为人们会对马脚有一种误解，认为找到一个马脚就能知道这个人在想什么了，就像他们认为看到匹诺曹的鼻子变长，就知道这个人说谎了；还因为这个词会让人过分简单地看待与马脚（尽管他对这个词持保守态度，但我还是决定继续使用）相关的研究的本质。能够传达信息的不是一个手势、一次抽搐、一个动作，而是被视为一个整体的、反复出现的模式和行为举止。各个马脚之间并非总是完美地相互关联的，尽管你观察到了与某个具体结果相对应的表现，但并不意味着这个表现始终会对应那个结果，也不意味着当这个表现缺失的时候，那个结果也不会出现。布莱克说：“大多数时候，我们只是在看行为举止如何协助传递整个语境正在表达的故事。”它只是一大块拼图中的一片。

此外，还要忽略面部表情。他说，“扑克脸”是一个荒唐的术语，因为即使是处于基础水平的玩家也知道自己应该隐藏信息。如果把时间都花在用眼神打败对手上，那你能达到的最大的效果就是让周围的人感觉不舒服。

布莱克告诉我：“扑克牌桌上的大多数活动完全是噪声，当然，它们会让思维过程更复杂，不过，在牌桌上你需要兼顾的东西如此之多，而这些噪声的干扰性往往又比其他东西都大，所以应予以忽略。”

那么我们应该看什么呢？看手势吗？我很好奇他对斯莱皮恩的研究有什么看法。斯莱皮恩的研究是站得住脚的，他点头说道。他的团队也从手势中发现了大量的信息，其中也包括斯莱皮恩注意到的流畅度。布莱克说：“自信的人从 A 点移动到 B 点的速度很快，不会有太多的迟疑。在扑克中，当你的牌力达到范围的峰值时”——在既定形势下，在各种可能命中的牌型中，你命中了牌力最强的牌型——“你的动作往往也会很迅速。”

不过，布莱克研究团队的发现不仅仅包括下注动作的坚定程度。事实证明，如果在足够长的时间内观摩了足够多的牌局，那你就会开始形成一种模式意识，而这种模式意识可能会带来有价值的信息。模式往往有两种，第一种与思维过程有关，也就是玩家在这个游戏中的思考和应对模式。“人们较不确定的时候摆弄筹码的方式以及在牌力达到范围的峰值时下注的方式，这些是我们关注的东西。”布莱克说。他举了一个例子，对 A 对阵 7 和 9。底牌如果是对 A，我会非常清楚地知道自己想加注。我的思维过程是清晰、流畅且简明的，我的手势可能也是如此。不过 7 和 9 更大程度上是一手边缘牌，可能往任意一个方向发展，如果在我之前的玩家加注，那我可以弃牌，可以跟注，也可以再加注。我会认真地考虑这三种策略，我的手势也会与之对应。我可能会迟疑，因为底牌不是绝对的强牌；也可能会在行动上花更多时间。无论做什么，我都会在不经意间透过行动传递出自己的思维过程。布莱克说："不论什么时候，你都能从玩家的手部动作中看到这种信息。我在世界上赌注最高的比赛中就看到过。有时候，玩家打扑克的时间太久了，以至于形成了自己并未意识到的细微的手势变化。"

透露信息最多的时刻是一手牌刚刚开始的时候，即玩家第一次察看底牌的时候。他察看的方式以及察看之后的即时动作，往往是他在整个牌局中最诚实的反应。因为牌局刚刚开始，赌注还很低，底池中的金额也不多，所以他的警惕性不高。每个人都知道要在做大的诈唬动作时做好掩饰，但是在这个阶段，还没有什么大的诈唬动作，所以也想不起来掩饰。我不禁回想起过去的片段，其中有在牌桌上的片段还有远离牌桌的片段，想起那些自己可能被诈唬了但却没能留意到苗头的时刻，这要么是因为我没留意，要么是因为我不知道留意什么或者该如何留意。这种回忆令人不适，我不是很想沉浸其中，因为我不想把自己看作容易上当受骗的傻瓜。

"不只是马脚"的项目团队发现的第二种模式其实是掩饰，即一个玩家如何主动选择隐藏他认为会露出马脚的行为。布莱克说，"这种模式更难处理、更难理解。它不是要你处理真实的情感"，即找出人人都认得出的扑克脸背后的真实情感，"而是要你理解玩家的隐藏能力以及隐藏方式"。比如，有些玩家的冷静程度会有变化，也许他诈唬的时候会非常冷静，但手里拿着坚果牌时只是一般地冷静。“同样的策略（保持冷静）[1]，不同的（冷静）程度。”布莱克说。也许他们的底牌摆放会出现差别，也许他们的呼吸会有变化，总之找出隐藏的方式，你就可以开始反向思考，找出他们到底在隐藏什么。

布莱克不愿意给出更多的细节，我也不怪他。关于马脚，一旦言明，往往就再也看不到它们了。动作越是具体，玩家留意到之后，这个动作所传递的信息就越有可能减少。不过我确实想详细地了解一位玩家：我自己。布莱克会同意分解我的非语言线索吗，就像他在研究中所做的那样？我是不是比自以为的还要透明一些——如果是的话，他能给我指点一二，让我变得更加高深莫测吗？在坐下来与夏季的鲨鱼们对阵之前，他能确保我是一个封闭的，而不是到处都是漏洞的盒子吗？

他说：“我很爱研究这个，咱们行动吧。”

因此，接下来的两个月，布莱克继续过去六年他一直在做的工作：观看我长达数小时的现场比赛，结合我的底牌，再把这些与他已经看过的其他玩家的成千上万手牌和赛事相关联，然后给我一个报告。

重新审视自己的可疑动作

就像布莱克不愿意将他的研究发现全盘告知一样，我也不十分愿意对自身行为中的每一个突出的细节进行详细的分析。但是为了更好的结果，我得略微抛开自尊心了。

① 本句括号内为译者注。

可疑动作一：重看底牌频率过高。正如预料的那样，翻牌前，我第一次察看底牌的时候，行为中可分析的地方是最多的。其中有一个动作是布莱克十分不想看到的，那就是我会多次重看自己的牌。他告诫我说："你重看自己底牌的时候，就有陷入某种模式的风险。"一些玩家只在拿到边缘牌的时候会重看——如果底牌是对K，那很容易记，只有拿到同色的5和6或者6和7的时候你才需要重看。有些玩家重看的时间点不一样，有的会每隔几分钟重看一下，有的会在过一阵之后重看。而这也是和牌力强弱对应的。

布莱克说："我真的希望你打破这种模式，我对你的了解越少越好，你的动作越少，我掌握的信息也就越少。"他说，如果，当时我累了，精神有些不济了，我真的需要再看一次的话就应该在翻牌前再看一次。这样，我至少能确保每次都在同一时间重看，它就变成了常规的一部分，而不是一种潜在的偏离常规的动作。

可疑动作二：把手放在牌上。布莱克告诫我说："不要把手放在牌上，永远不要碰牌。"在牌力强弱不同时，人们往往会以不同的姿势把手放在底牌上，牌力强时是一种姿势，拿到边缘牌时是另一种姿势。他说，你干脆不要在底牌上放任何东西。布莱克说："几乎每一次玩家在底牌上放一个筹码时，都会露出一个马脚。"这个马脚不是指放筹码的动作，而是指这个动作发出的方式。他说："有一种直接放的方式，也有一种先耸耸肩（表示'为什么不呢？'）然后再放的方式，每种方式都有不同的意味。"

可疑动作三：前后动作不一致。除了再次察看底牌之外，我的动作实际上可能有点过于始终如一了，尤其是在赛局初期。当夜色逐渐变深，我感到疲倦的时候，就会开始偏离这种一致性。因为我在早期是如此一丝不苟，所以这种偏离尤为明显，并且会泄露一些原本不会泄露的信息。我开始动得更多，手势也更加多变，结果泄露的信息也更多。布莱克解释说："很多人认为在牌桌上表现得像个机器人是最好的隐藏马脚的方法，实际上这是最糟糕的方式。你隐藏马脚的动作越是认知过程的结果，最终就越有可能变成一个破绽，让他人看到更多的东西。"

他建议我保持一种更深层次的执行一致性，而不是动作的一致性，它将帮助我对抗疲劳，并继续玩得更好更久，因为它触及了思维过程的核心，而不是强迫我多关注一件事（留意自己下注的方式是否完全相同，手有没有放在同一个地方等）。

布莱克建议说："在每做一个动作前，先停下来，想一想自己想做什么，然后去执行。"只要我一直这样做，就能确保自己在每手牌中都考虑到了牌力范围内的每一个牌型，上到对 A、同花连牌，下到牌力极弱的牌。因为我在行动之前就已经想好了，所以每次行动时都会带着自信，而且每次行动都会略有延迟，这样就不再出现'简单决定立即行动''复杂决定延迟之后再行动'的问题了，整个过程自然变得更加精简、流畅。当然，尽管这样，我的具体手势也并不总是一模一样的，但它不太可能透露出任何有意义的信息。

这是一个有价值的建议，适用范围远远超出扑克牌桌。精简决定，不要立即行动或做出反应，要有一个标准化的过程。这些方法都可以帮助我们冷静下来，不在当下采取行动，保持理性，关注更长远的时间范围。精简思维过程会让别人更难读懂我，也会让我更容易了解自己的思维过程。

我制订了一个计划来实践这个标准化的过程。5 月，艾瑞克和我会圈出一些规模较小的比赛。6 月，我会去拉斯维加斯参加世界扑克系列赛的初始赛，更多地练习一下。我想，到7月1日，自己就能完全掌握这个过程了。到时候，我会变得无懈可击，无论是从冰冻的大草原来的混蛋，还是从沙漠来的女人都无法读懂我。现在的我激情满满、蓄势待发。

布莱克告诉我，最后还有一点需要我注意，那就是我说话、大笑、微笑的次数有点儿太多了。哎哟，我心里咯噔一下。布莱克说："这对你来说似乎很自然，但要是我的话我会注意的。你是个非常有活力的选手，如果和你一起打牌，我肯定会想跟你聊天，看看能不能捕捉到什么信息。"他说的有一点道理，不，不只是有一点。无论是那个俄罗斯的老家伙还是那个女对手，在做大动作之前，都和我有过深入的交谈，而且显然他们从我身上读到的信息要多过我从他们身上读到的。我是真心在交谈，也许他们也是，但他们同时也在琢磨我。在对话的两个人当中，我是天真的那一个。我叹了一口气，现在我能完全明白这可能是自己策略中的一大漏洞。但即便如此，我还是犹豫不决，我认为自己做不到或者不愿意完全改变那一部分的行为。对于我来说，它也是扑克的一部分，是使游戏变得有趣且充满活力的一部分。在一个牌局中，试图通过聊天诱骗对手透露更多的信息，聊天策略被大大高估了。通常情况下，你泄露的信息会比你套出的要多。但是在两个牌局中间的休息时间交谈，对周围的人表现出真正的兴趣，则是与聊天策略完全不同的。我常常会花时间和牌桌上的玩家们聊天，让他们讲讲自己的故事，讲讲他们为什么来这里，有什么样的想法，讲讲他们在不打牌的时候是什么样的人。这种交谈不仅改变了牌桌上的动态，让原本你死我活的气氛变得更加愉快，重要的是，它也能让你了解他们是谁，他们的动力是什么，了解其行动背后的原因。我后来意识到，这往往是所能捕捉到的最真实的信息，只是我得小心他人把这种策略用在我身上。

解读他人与审视自己同样重要

在我还是心理学研究生的时候，师从沃尔特·米舍尔，当时我对 CAPS（认知情感人格系统）这种行为分析的特殊模型非常熟悉。十余年来，沃尔特都在论证大五类人格理论，这一理论可以根据五个主要特征来对每一个人进行评级，这五个特征包括开放性、责任心、外倾性、神经质性和宜人性。这从根本上讲是有缺陷的，它没有考虑人性的细微差别，而是把性格特征从环境中剥离出来，基于一些毫无意义的因素给人们进行总体的评分。沃尔特认为，也许一个人在工作上尽职尽责，但在家里却是个懒汉；也许一个人面对权威时很友好，但在校园里却突然会变成恶霸。个性与环境有关，是动态的，除非你愿意进行严格的分析，否则就无法揭开谜底。沃尔特和祐一庄田于 1995 年将认知情感人格系统的理论规范化，他们写道：

> 在这一理论中，不同个体在如何选择性地关注情境的不同特征上，在如何从认知和情感方面对情境进行分类和编码上，在如何让这些编码激活人格系统中的其他认知和情感并与之相互作用上，都是有所区别的。这一理论认为，人不会被动地对情境做出反应，也不会产生不受情境细微特征影响的行为，人是主动的，目标导向的，会创建计划并自我生成变化，并在一定程度上创造了情境本身。

人不是性格特征的组合，而是对各种情境做出反应并与之相互作用的不同要素的组合体。如果你能拿到一个人的行为资料，一份体现“如果—那么”关系的反应目录，比如，“‘如果’我感觉到了威胁，‘那么’我就会发火”——那么与一组性格特征评分数据相比，这份资料能让你更好地了解他们是谁，或者他们在特定环境中会如何表现。

发现马脚是最难掌握的扑克技巧，因为没有累积经验的捷径，为了准确地获得与玩家倾向有关的信息，往往需要长达数小时的分析。每一次换牌桌，每一次换对手，每一次在不同情境下面对同一个对手，你的演算必然得发生变化。但 CAPS 是另一种强大的工具，它不依赖身体模式，而是与心理学和情绪动力学有关。我的最终目标是预测特定情境下的个体行为，这不正是认知情感人格系统要达到的目的吗？扑克是认知情感人格系统理论家梦寐以求的研究对象，因为它完全是围绕动力学进行的。在牌桌上，你会看到一系列在现实世界中需要花几个月的时间才能经历的情境。它是一部生动的戏剧，集中了无数情境的精髓，它能迫使你随着时间的推移一一经历这些情境。你一会儿精神高涨，一会儿情绪低迷；一会儿精力充沛，一会儿筋疲力尽；一会儿处于优势地位，一会儿又处于被动地位。整部戏剧一遍又一遍地上演，每一场游戏、每一场比赛经历都像一个人生故事的缩影，像一场以快进方式呈现的戏剧，序幕、发展、高潮、尾声一应俱全。

在赢下一个巨大的底池时，一个人会有什么反应？在输掉一个巨大的底池时呢？在被别人诈唬之后呢？在自己成功诈唬之后呢？他会如何处理接连出现的差牌？又会如何应对一连串的好结果？如果一个玩家命中了翻牌，他会有什么样的感觉？如果他未命中翻牌，又会有什么感觉？他是否是那种在乎他人看法的玩家？他害怕看起来“软弱”吗？还是更害怕诈唬或者更害怕被诈唬呢？他害怕加注吗？又或者他害怕他人加注自己的下注吗？

这些马脚都是被动的反应，而非主动的行为，只有后者才是动态的。一次，埃里克在给我上课的时候解释道：“你面对的每个玩家都会经历不同的阶段。很多时候，你会发现，在输掉了一手牌之后，他们突然间会更有可能尝试扳回一局，他们的判断力也会变得没那么好，这是很常见的事情。”或者还会出现另一种情况：他们变得忧虑不安，想要保住现有的筹码，不敢做出大的诈唬动作或者玩赌注很高的牌。这就是一个“如果—那么”的判断模式，它不是基于突如其来的斜视或抽鼻子动作。要发现这种模式，你没必要花几千个小时进行观察，只需要几个沃尔特所谓的诊断情境。

你在扑克牌桌上表现出来的样子，你的包袱，你的经历，你的自信，你的成见，最终都会因为某一互动而在无意中流露出来。

场景：我们刚刚搬进一栋保障性住宅区内，六岁的我坐在住宅楼后面的游乐场。这个游乐场并没有什么特别的，只有一个秋千，一个滑梯，还有一组金属栏杆，你可以攀爬，可以吊在上面，还可以在上面玩耍。那些栏杆是我的宿敌，我特别想倒挂在那根细细的栏杆上，无忧无虑地晃来晃去，双手在半空中挥舞，倒着看看这个世界。姐姐们毫不费力地就做到了。哦，上帝，我多么想加入她们啊（不过我从来没有大声地说出来）。我感觉自己像个笨拙的、愚蠢的骗子，其中一个姐姐还嘲笑我。我试了得有一百次，第一百次的时候，我坐在栏杆上，慢慢地滑下去，好让腿弯勾住栏杆，就像她们那样。我开始往后仰，但却放不开手。我尴尬地弓着身子，不得不再一次认输，身子用力往上，直到完全坐在栏杆上。我控制不住自己，太害怕自己的腿会不给力，太害怕头朝下摔到人行道上。我当时能想到的只有我那折断了的脖子，以及这样的死法是多么没有意义。

“胆小鬼”，一个孩子喊道。

我知道我是胆小鬼，但就是无法放手。直到今天，我都没有倒挂在单杠上过。我做过头倒立、手倒立，跳过水，玩过平衡木，但却仍然没能征服游乐场。我是一个胆小鬼。如果要给一个冒险精神评分，最低 0 分（从不敢冒险），最高 10 分（总是在冒险），那我应该是 –2 分左右。

然而，上大学的时候，为了完成毕业论文，我决定去格鲁吉亚，而且要在它还处于内战状态时去。其实，我想要观察现实中的决策心理学，去观察真实的人和真实的领导者在面对真正的危机（而不是大学实验室中人为制造的危机）时是如何反应的。因此，我拿着笔记本，雇了保镖，飞越大半个地球，步入了真正的火线之中。那么这次，我的冒险精神可以评几分呢？

把作为《纽约客》特约记者的职业生涯搁置一边去打扑克的我冒险精神评分如何？因为太过害怕而从未骑过摩托车或乘过直升机的我冒险评分又如何呢（迫不得已的情况除外）？在认识不到两个月就搬去和现在的丈夫同居的我冒险评分如何？因为担心会对自己的神经细胞造成永久性的伤害而从未吃过一片娱乐性药丸、甚至是大麻的我冒险评分又如何？归根结底，我是一个寻求风险的人还是一个规避风险的人？

沃尔特会告诉你，这个答案完全取决于具体情境，抽象地讲是很难讲清楚的。但是事实证明，在牌桌上，我的“资料”，或者用沃尔特的话来说，我的“行为特征”，全部浮现了出来。布莱克会抓住一些细小的、可能会透露信息的身体习惯。我当然会尽一切努力彻底戒掉这种习惯，但是影响更大的马脚可能是心理上的。我会规避一些小的风险，在一个边缘的位置，一个进攻性更强的玩家可能会跟注或加注，而我则会选择弃牌。但在适当的情境之中，我也会为了自己的比赛生涯做出疯狂的诈唬动作。如果在牌桌前观察我一天，你就会比那些认识我多年的人更了解我的冒险倾向。牌桌上展现的是一部完整的人生戏剧，多年的情境和语境都在这一天浓缩在这一张比赛桌上。

不过，这种互动的有趣之处还在于它是动态的：牌桌上的情境可能会因为参赛的其他玩家而发生变化。在赛桌上，人的心理情境是不稳定的，因为它既牵涉到牌面和叫注，也牵涉到情感体验和参赛的玩家，而且它还是反复的，如果我认为他人会针对我的行为做出不同的反应，那么我的行为也会有所变化，反之亦然。在一个看似相同的情景之中，我当下对风险的评估可能会与从前有所不同。这是一个不断调整的过程。

弗兰克·兰茨开发了一个他称之为“驴空间”（Donkey space）[①]的扑克概念，这个概念描述的是两个职业玩家之间的互动，这两个玩家对游戏有很高的领悟，并且正在进行一场对抗赛，也就是一对一的比赛。牌桌上存在一种理论上的完美打法，即一种不会让任何一个对手赚便宜的打法；然后还存在另外一种打法，就是根据对手的策略在这种完美打法的基础上进行调整。唯一不需要调整的情形就是每个人的打法完全符合你的预期，这种情形在混乱的现实牌桌

---

① Donkey space 是一个术语，它描述的是这样一个情形：一位玩家在揣摩对手是哪种类型并想设法打败他，而对手也在揣摩这位玩家的性格特征，所以两个人在抽象的空间中相互较量，试图限制对方的活动空间，并从中得利。——译者注

中是不会发生的。兰茨说："不论是在扑克游戏中，还是在象棋游戏中，了解什么样的打法是完美打法是一件非常难的事情，但在这个级别的扑克赛中，这并不是难点，难点在于如何基于对手的行动识别他们在策略空间中的位置。"你要观察他们在多个情境之中的行动和反应，并试图根据他们的行为进行调整，以便在与这个人对阵的时候能够最大限度地获利。

不过，如果你的对手足够优秀，他们会意识到你在做什么，并且反过来进行自我调整。兰茨指出，他们甚至可能故意移动到策略空间的某个位置，这样就可以更好地占你的便宜。他们先是舍弃了一点赢率，等你行动之后再踢你出局。兰茨解释道："我称这是'驴空间'，因为这里的驴指代的是扑克中的鱼，即打得不太完美的玩家。不过，这两个玩家像战斗机飞行员一样，两个人盘旋在对方周围，因为在近距离空战中，最有利的位置是对方的尾翼，在这个位置你可以朝对方射击。"他接着说，"你要做滚筒动作，要连续翻转三次，要不断地尝试胜过另一个人。"

从某种意义上说，这等于把约翰·博伊德的 OODA[①] 循环应用在牌桌上。博伊德是一名空军战斗机飞行员，他发明了 OODA 循环，用来描述他在多年的空战中学到的一个动态互动方式：为了成功，你需要不断地观察、调整、决策，然后行动。胜过对手的方法是进入他们的 OODA 循环，弄清楚他们在观察什么，他们是如何调整和决策以及最终是如何行动的，这样你就能预测他们的行为。因为归根结底决定战斗胜负的就是信息，牌桌上也是如此。兰茨

---

① OODA 对应的单词分别是 Observe、Orient、Decide、Act（观察、调整、决策、行动）。——译者注

说："你在打牌的时候，会得到信号，也会发出信号。在这一手牌中，你的行动既是能带来特定结果的行为，也是供对手解读的、能够诠释你的游戏策略的信号。有些人能留意到这些信号，并且从中了解到你的策略，进而反过来针对你正在使用的策略采取行动。这是信息处理中一个深奥的、多层次的问题。"

任何人从我身上解读到的第一层信息都很简单：女性。如果这个解读能够改变他们的认知情感人格系统，那会带来怎样的改变呢？我发现有些男人想要保持绅士风度，他们耻于拿走我的筹码，经常会在我弃牌之后给我看他们的底牌，让我知道自己的选择是对的。一旦发觉了这一点，我就能够加以利用，在原本会跟注的时候更多地选择弃牌。还有一些男人认为我不应该坐在牌桌前，他们认为我应该去洗碗或者换尿布，想让我离开这里，所以会吓唬我，会诈唬，还会逼迫我。一旦明白了这一点，我就可以打得更被动，让他们主动把筹码输给我。有些男人认为女人是不可能做出大的诈唬动作的，如果我加注，表现出赢牌的迹象，他们就会弃牌，于是在这种情况下我就会更多地选择诈唬。有些人宁愿死也不愿被一个女人诈唬，所以即便他们拿的是没什么价值的底牌也会选择跟注我，只是为了看我被打败。对于这一类人，我可以更多地下薄价值注，但要避免弃牌。不过，这只是第一部分。

接下来是认知情感人格系统的互动部分，也就是"驴空间"。他们知道我在调整吗？他们是不是故意这么做，好让我做出某种反应？

我坐在蒙特卡洛的六人赛桌前，这是这趟旅行的最后一场赛事了。这手牌我玩得很大，现在我必须做出一个有可能会失去大多数筹码的决定。我一整天都在和一位俄罗斯的老男人比赛（不，不是之前那位，这位是稍晚一些碰到的，不过我对之前那位来自西伯利亚的狼依然记忆犹新）。这位老男人就是那一类认为我应该待在厨房而不是赌场的人。他和那个曾经骗过我的西伯利亚人一样，总是得意扬扬地向我展示过去那几次利用诈唬把我置于糟糕境地的情形，我也曾听到他在休息时向一个朋友吹嘘自己“打败了那个女孩”（这个时候，他很高兴，以为我不懂俄语）。我也见过他咒骂另一个对手，因为对方的对 A 大过了他的 AK，他无法坦然接受失败。眼下我们到了河牌圈，他已经全押。如果我选择跟注但选择失误的话，就会失去超过 2/3 的筹码。我手上的牌是所谓的抓诈牌（bluff catcher）：一手只有在对方确实是在诈唬时才能赢的牌。当然，这是一个顶对（top pair），但是从目前为止的激烈对决来看，如果他全押是为了获得超额盈利（shove for value）[①]，那我会输得很惨。我不知道该怎么办。

就在我思考的时候，他从椅子上站起来，开始跳起了舞。他在怂恿我跟注。“来吧，赶紧跟注吧！”他喊道。然后便要求给我计时，当一个玩家觉得你占用了太多的时间时，他会要求工作人员给你倒计时。从来没有被计时过的我很痛苦。最后，我决定跟注。他摊开底牌，命中了套牌，我交出了自己的筹码。

是他特意设下陷阱，让我走到那一步的吗？我忍不住想他肯定设下了陷阱，而我则犯了一个很严重的错误。我被已然成型的模式遮住了双眼，没看到一个原本更明显的信号：这个男人在唱歌跳舞。他可能真的有一手好牌。甚至连麦克·卡罗都会告诉你这种行为说明他的牌力很强。麦克·卡罗是最早的马脚大师，他写出了扑克界第一本讲马脚的书籍。我之所以用“甚至连”的字眼，是因为

① shove for value 指玩家为了获得比底池金额更大的价值而超额下注。——译者注

麦克的作品出版时，扑克界还没有任何高级的分析技巧，所以书中的有些内容后来未能经受住时间的考验，不过它讲的都是非常基础的知识。在这一手牌中，我就是头驴。

这对我来说意味着什么呢？显然，我的认知情感人格系统比想象中更加动态和复杂。尽管研究这个系统已经很多年了，但我从未更深地挖掘过自己独有的节点和动态。我一直在忙于辨别他人的动机，却忘了将自己考虑在内。

我清楚地知道，如果想从一个基础的、熟练的玩家成长为一个优秀的玩家，那么准确地解读他人是至关重要的。你不会用对付保守型玩家的方式来对付进攻型的玩家；不能像对付你认为软弱和虚张声势的人那样对付强者。我知道准确地读懂他人是一件多么困难的事情。通过仔细观察，你不仅要学会如何区分错误的直觉感知和真正的信息，还要懂得如何利用你所看到的，并且还要学会判断自己是否反过来被他人利用了。

我似乎一时忘记了最后这个部分。我忙着解读他人，却漏掉了停下来审视自己。布莱克只能告诉我我的身体透露出来的信息，但他对我没有足够的了解，无法剖析我的内在心理，无法理解可能在支配着我的行为的内心拉锯战。在每一手牌的分析中，他都会考虑当时我的大脑中发生的、连自己都没有意识到的一切。我已经进行了身体上的剖析，但是心理上的呢？我有没有理解自身行为的动机呢？

在这个阶段的学习中，我把注意力转向了马脚和读人识人，但有可能漏掉了关键的一步：首先从心理上，而不是从身体上剖析自己。要是我早明白了这一点，就不会在看过了绝美的悬崖和星光闪烁的扑克室后不久，因为输掉了 1 万美元而躺在里约大酒店洗手间的地板上了。

第十二章

克服失重：做出可靠决策

赌是一种迷人的巫术……（赌徒）要么因成功而欣喜若狂，要么因不幸而陷入绝望的谷底，总是处在极端状态，总是处在激烈的情感之中；上一分钟，赌徒是如此平静和镇定，旁人会认为没有什么能打动他；下一分钟，他又是如此激愤和暴躁，令自己和他人都陷入危险之中。赢了的时候，他高兴得忘乎所以；同样，输了的时候，他会经历一浪又一浪的高涨情绪，直到其感性和理性消失不见。

——查尔斯·科顿

《彻底的赌徒》（*The Compleat Gamester*）

参加世界扑克系列赛

6月来得比我想象中要快得多，仿佛我昨天才刚从蒙特卡洛回来。我回过头来想了想，认为应该为自己在蒙特卡洛所取得的赛绩感到自豪。目标是会变化的，但是有了一个新的目标，不管它看起来有多么难达成，都不会磨灭你已经达成了前一个目标的事实。另外，我发现保持积极心态的关键是去寻找其他打得比你更糟糕的扑克玩家，和那些连一次保有奖金都没拿到的人聊一聊，你就会觉得自己这趟还算乐观的旅行足够令人满意了。我发誓要尽我所能，不仅要提高自己读人识人的能力，还要限制他人解读我的能力，竭尽全力地为主赛事做准备，尽管它还在远处嘲弄我呢。不过，我现在的水平到底如何呢?

事实证明，5月对我来说算不上一帆风顺。的确，埃里克和我又找了更多地方性的赛事让我试手。但是当回到布鲁克林的时候，我才意识到自己真的不想离开。自1月以来，我几乎一直在不停地旅行：在拉斯维加斯待了两三周，在马里兰待了一周，在康涅狄格州的福克斯伍兹待了一周，在蒙特卡洛待了将近两周。即便回到纽约，我大多数时候也待在新泽西。霍博肯咖啡店变成了我的办公室，扑克变成了我生活的全部，虽然我的现实生活自然而然地退居到第二位，但是这种状态还是有些出人意料。当然，我是幸运的，我有一个完全支持我的丈夫，他一遍又一遍地告诉我，要完全投入这个项目，看看能做到什么程度。但在家待了两天多以后，我意识到自己在路上非常孤独，而且已经忘记了很多自己开始玩扑克的原因。我最初玩扑克是为了了解控制的局限性以及运气的本质，是想让我的生活更丰富、更好。当然，我并没有忘记这些初衷。但是当我马不停蹄地想在极其有限的时段内做好参加世界扑克系列赛夏季主赛事的准备时，我忘记了停下来享受游戏，享受这段旅程，享受那些迅速被我纳入思维的新技能，我忘记了享受这一切。我想留下来和我丈夫待在一起，他现在也正准备着开启新的冒险之旅。我想在纽约观赏早春——这是一年中我最喜欢的时节。我的身体终于恢复了健康，也可以到户外走走了，我想享受这样的机会。我想去看望我的家人，我都有好几个月没见到他们了。换句话说，我想暂停一下。

寻求平衡始终都是一门学问。你将多少时间投入到技能提高中，又把多少时间留给了自己？你真的能做到专注一方面，舍弃另一方面吗？我有一个双重目标：扑克之旅以及由扑克延伸而来的更大的生命之旅。这两个目标是不能分开的。正如我所学到的，如果没有自我认识、自我照顾和自我反省，我肯定无法掌握扑克的技能。如果你的思想和情绪状态不稳定，所有的技术能力都会化为乌有。从蒙特卡洛回来，我明白了一件事：我需要充电。

整个 5 月我都在做这件事。我每天仍然学习扑克，看视频，记笔记，思考策略；练习观察和布莱克讨论过的玩家们的那些细微的信号和手势；看自己的视频，看看有哪些地方是需要注意的。埃里克人在拉斯维加斯，但是我们每周都打几次电话讨论素材——不是我打牌的素材，而是其他人的。我们在 PokerGO 上看比赛直播，讨论 Run It Once 的视频中的策略。我在自己的公寓里练习快速洗筹码（额外收获：筹码没有粘上稀奇古怪的东西，也没有粘在一起）。我给自己打气，6 月会很棒的。6 月会赋予我所需要的动力，会给我带来参加主赛事所需的信心，也会让我知道主赛事的买入会给我带来赢利，不会变成一笔浪费在昂贵冒险活动上的钱。

5 月 30 日，我坐上了飞机。我的计划是花两周时间参加初级阶段的赛事，回纽约两周——我最好的朋友居然把她的婚礼安排在世界扑克系列赛期间了；而且埃里克告诫我，对于处在学习阶段的我而言，在世界扑克系列赛一个半月的赛期里都待在拉斯维加斯不利于心理健康，因为有太多的刺激，却没有足够的时间去反思、吸收、调整；然后在 7 月 4 日之后赶回去参加主赛事。当然，前提是 6 月的前两周进展顺利。

埃里克告诉我："系列赛期间有很多买入较为合理、也有很高价值的赛事。"除了女子锦标赛之外，还有巨像赛（Colossus）、百万富翁赛（Millionaire Maker）、巨人赛（Giant）。我必须承认主办方在所有赛事的命名方面都做得很出色。谁不想参加能让你成为百万富翁或是让你感觉自己像个庞然大物或是巨人的锦标赛呢？许多来参加世界扑克系列赛的人甚至都没参加过主赛事，他们关注的反而是围绕它进行的一系列规模较小的锦标赛。从资本的角度来看，这无疑是一个明智的选择。我首先参加的是巨像赛。它的买入价格为 565 美元，这让它成为世界扑克系列赛冠军手链争夺赛中最实惠的赛事之一。它每年都会提供一笔奖金，能让赢家成为百万富翁或者和百万富翁差不多的人。我很兴奋，也很紧张，一时间各种情绪交织。这是我在世界扑克系列赛中的第一场赛事，是我一直以来努力的目标。

这是我第一次来到里约大酒店，唯一熟悉的是酒店外面悬挂的佩恩与特勒的巨幅照片，它让我回想起第一次拉斯维加斯之旅和那辆令人印象深刻的坦克。我走进去，马上就迷路了，原来我走错入口了。这里有酒店，也有会议中心，世界扑克系列赛每年都会占据会议中心，用来举办所有的赛事。经验丰富的玩家知道直接绕到后面去会议中心的入口处。埃里克忘了提这个细节，也许他提到了，但我因为太过兴奋而忘记了，所以我发现自己被困在一个叫嘉年华世界的地方和另一个叫假面舞会村的地方之间。我注意到右手边有个名叫 KISS（接吻）的商店，我纳闷：真的会有人进去吗？这不是开启世界扑克系列赛应有的心态，我的感受和那天在金砖赌场的感受大致一样。当我瞎转转过一家越南餐馆时，我瞥见右边有一枚淡黄色的世界扑克系列赛的旗帜，终于闻到了那股熟悉的味道。我急忙往那个方向赶，经过一家星巴克，顺着拐角处的红色箭头往前走。

我的左边是一个名叫 Hash House A Go Go 的店铺，右边则是一个墨西哥餐馆，挂着印有盖伊・费里头像的霓虹灯箱。我是在往目的地走吗？头顶上方的箭头让我确信自己是在往那儿走，而且马上就能到世界扑克系列赛的赛场了。在穿过一条长长的走廊时，我看到人越来越多。这条走廊右边是玻璃，左边是几个小商店。走廊的尽头是一个活动圈，人声鼎沸，一片喧嚣。天花板上悬挂着一条巨大的横幅，上面写着：欢迎来到第 48 届世界扑克系列赛。我看到正前方有几扇巨大的双开门，通向一个摆满了扑克牌桌的房间，房间中央似乎是一个开放式的商店，专门出售与世界扑克系列赛有关的商品；右侧是排队登记拿 Caesars Rewards 卡[1]的地方，我需要排队验证自己的账号，这样以后就可以在线注册了。在一系列疯狂的紧张准备中，我提前在网上了解了与之有关的所有内容。

有人给我指了指登记的窗口，在中央区域另一侧走廊的尽头。我向左转，一时间不知道自己看到的是什么。走廊上到处都是卖东西的摊位，而且似乎每个摊位都有至少三个销售人员，他们没有站在商品后面，而是站在走廊中间，拦截任何走过的人，并试图把他们拉进售货区。我期待的是一场扑克锦标赛，而不是一个集市，但是眼前这幅情景真的很像集市。其中一个摊位似乎在兜售大量蛇油；还有一个摊位摆满了冒着五颜六色的气泡的圆柱形容器，看起来像是直接从电影《回到未来》里布朗博士的实验室中拿来的。

“要不要吸点纯氧让大脑清醒一下？”右耳边传来一个爽朗的声音。我转过身来，准备开始跟他讲为什么氧吧是一个彻头彻尾的骗局，吸氧不仅不能让我清醒，反而会让我感觉更糟，但后来一想我还有更重要的事情要做，于是就只是摇了摇头。

“充电器！耳机！充电器！耳机！嘿，亲，需要耳机吗？我家卖的都是最好的。”

我试图从两位似乎非常非常喜爱充电器和耳机的男士中挤过去。要是末日来临，他们肯定会像抓救生筏一样抓住它们。而且，我是真的希望这种充电器能像救生筏一样救他们的命，因为我只瞥了一眼，就看到它的售价是平时见到的 5 倍。真替那些手机在比赛中途

---

① Caesars Rewards 卡是世界扑克系列赛的玩家卡，买入参赛的时候需要使用这张卡。——译者注

因为没电关机的人感到惋惜。（幸运的是，埃里克给我准备了一套赛事装备：水、能量棒和手机充电器。我还给自己加配了一瓶普莱瑞的洗手液。）

这里还有一个卖水晶的摊位，牌子上写着：每一颗水晶都有独特的能量，向毫无准备坐在牌桌前的日子说再见吧！啊，这正是我所需要的。我给埃里克发了条短信，告诉他我已经不再忧虑了，我要去买些水晶石，然后再买一些水晶手链。“好办法！”他回复说。

这里也有一些更正经的摊位。扑克图书出版商 D&B Poker 正在为克里斯·穆尔曼（Chris Moorman）的新书做推广，在讲他是如何成为“有史以来最成功的线上扑克玩家”的。一个巨大的人形牌立在一堆图书旁边，我猜那个人形牌所展现的就是穆尔曼的形象。当时我就在笔记本上记下了他的名字，等回到宾馆之后检索关于他的信息。我还看到一个专门服务扑克玩家的会计师摊位，在这里等着为每一个赢得大笔钱财的人服务，这是一个挺聪明的想法。我不知道这家会计师事务所的业务水平怎么样，但他们肯定是有市场眼光的。最后，我终于看到了登记的队列。我走到队列后面，开始等待参赛。

赛绩总结

我开了 5 枪，这意味着我分别买入了 5 次，连续 5 次支付听起来还算合理的 565 美元的买入价格——至少在满是 1K 赛、3K 赛、5K 赛、10K 赛的赛程中，这个买入价格是可以接受的。我最终注册参加了 5 次巨像赛。我原本只想玩一次，但不知为什么，每次出局后，我都会回到等待登记的队列中，希望再来一次。第二天如此，第三天也是如此。花在买入上的钱从 565 美元上升到 2 825 美元，我刚来这里三天，却已经把两周的预算消耗了一大半。怎么会发生这种事？我怎么了？我是一个理智的、靠谱的人，还有一个明智的导师，他一次又一次地提醒我在做与资本有关的决定时要慎之又慎。

在最后一场巨像赛之后，我恍恍惚惚地走出了里约大酒店，难以置信地想着：我刚才到底做了什么？巨像赛是一个可以多次买入的赛事，三天内有 6 个比赛场次，每个场次最多可以买入两次：这是我以前从未遇到过的。这意味着，如果你被淘汰，而当天的买入期还未截止，你就可以再次买入，或者用扑克术语来说，你可以再“开一枪”。如果这一场的买入期已经截止，但是另外一个场次的比赛刚刚开始呢？简单，你再次“开枪”就可以了。在巨像赛上你最多可以“开 12 枪”。所以，如果你真的想要创下买入纪录，想让自己的筹码量领先，就可能需要花 6 780 美元。至少我还没有到那种程度，不过也已经花得比想象中多多了。

我忍不住一边摇头，一边迈着沉重的步子回到阿瑞亚酒店。我并不像自己认为的那样，做好了参加世界扑克系列赛旋风般的赛事的准备，这是一个简单的事实。我让自己沉浸在扑克厅里的那种兴奋和活力之中，像扑克厅里的所有人一样满心欢喜地期待着几天之后自己能拿到冠军手链。因为碰撞而叮当作响的筹码听起来像是在唱“可能是我！可能是我！可能是我！”纸牌摩擦牌桌毛毡的声音像是在低吟“这是我的机会！这是我的机会！这是我的机会！”然而你走了孬运，牌局并没有按照你的想法来，所以当你手里拿着牌力最高的套牌时，别人却命中了同花，你发现自己踩在终点线上，准备羞愧地走出门外……但是你意识到这还不是终点，你这次只是运气不好而已，应该给自己一个公平的机会，再试一次。你在往门口走的时候，会碰到职业玩家异口同声地说："你会再次开枪吗？"这些职业玩家参加这种赛事已经很多年了，他们的资本要远远超过你的年收入。"这个赛场这么好，你真的应该再开枪。"你说，是啊，为什么不呢，于是你又开了一枪，但你没有充分意识到，这个赛场之所以如此吸引人，是因为有你的存在，至少目前是这样。你才是这个赛场的魅力所在，是那个要被别人赢去所有的人，是那个被别人一遍又一遍地打败，却又不断买入的人，如果你像我这样，就会在买入 5 次之后适可而止。

这就是世界扑克系列赛的可怕之处，与我之前遇到的不一样。可怕的不仅是那种近似于无限次的重复买入——虽然对我来说，这已是闻所未闻的——还有那种氛围、活力以及来自比我强大得多的玩家的压力，对他们来说，在经历孬运之后再次"开枪"是理所当然的事。我以为我准备好了，也许从策略上讲，我离目标并不远，但从心理上、情感上讲呢？我从未意识到这会是我的不足，但很明显，这确实是我的短板。在走出里约大酒店的走廊之后，我脑海中的嘈杂声消失了。我坐在标准的酒店办公桌前，面前放着在泰国餐馆买的外卖和笔记本电脑，电脑页面是记录扑克预算的 Excel 电子表格，这时的我开始产生一种近乎羞愧的感觉。我很懊恼自己轻易地被这一切所席卷，懊恼自己没有足够的力量去认清自己的局限；我很生气自己被一群专业玩家说服，做出了令自己不适的决定；我更生气的是，仅仅因为他们在面对业余玩家时有优势，我就误以为自己也有这样的优势。其实，我就是个蠢笨的业余玩家，不应该自欺欺人地认为自己不是。我关上笔记本电脑，发誓要做得更好。第二天早上，在跟埃里克的例行汇报中，我开启了自我提高的旅程。我跟他汇报了自己在巨像赛中所打的几手牌，为下一轮的学习做准备。他表扬我注意到了很多有趣的地方："这里面有这么多内容！有很多可供我们讨论的。"为了把这几手有趣的牌变成一个可爱的故事，我故意忽略了自己"开枪"的次数。

这两周剩下的时间转眼间就过去了。我参加了一个 6 人桌的比赛，现在我正式爱上了 6 人赛桌，因为在第二次参加这类赛事的时候我就提现了一笔钱，而且这是我获得的第一笔世界扑克系列赛的奖金：参加 6 人桌赛的玩家有近 2 000 人，我排名第 237 位，赢利 2 247 美元，这更加深了我对 6 人赛桌的热爱。当然，这又是一笔保有奖金，因为我在拿到钱之后就出局了。尽管提前和埃里克商量好了，要采取一种更加强势的新策略，但是在比赛后期眼看着快要拿到保有奖金的时候，我又一次发现自己没剩多少筹码了。知道自己应该做什么和真正鼓起勇气去做是有区别的。但是，在我最喜欢的寿司店 Kabuto 吃寿司的时候，埃里克告诉我，这仍然是一个里程碑。"这是你第一次拿到世界扑克系列赛的奖金，真的很棒。重要的是，你现在气势汹汹。"他说我气势汹汹并不是说我像只刚从动物园里逃出来的狮子那样，而是说我有在比赛中走得更远的架势。我离目标越来越近了，似乎只需要再多学几招，再突破几次，差不多就可以赢得高额的比赛奖金了。

我一共参加了两次百万富翁赛。在第二次参加这场 1 500 美元买入的赛事时，我提现了，所以一次小小的重复买入也没有什么大不了的。这个赛事并没有让我成为百万富翁，但我确实赢得了 2 249 美元，位居第 1 063。我知道，这听起来没什么，但参赛的玩家将近 8 000 位呢。在这个赛事中我仍然处于落后状态，但是至少把两次参赛的买入赢回来了。最后一笔提现来自巨人赛，那天晚上，在我的第一场百万富翁赛以出局告终之后，我参加了 356 美元买入的巨人赛，最终在 10 015 个参赛者中以第 595 位的赛绩赢得了 1 252 美元。这比保有奖金要好，有助于缓解参加马拉松赛（Marathon，2 620 美元的买入超过了我的上限，但我认为马拉松赛是应该参与的，因为它的赛制类似主赛事，可以让我体验那种更加缓慢的节奏，更加强烈的情感）以及另一场 1 500 美元买入的冠军手链争夺赛所带来的痛苦，这两场比赛我的收益都是零。两周的最终记录是：11 810 美元买入和 5 748 美元的提现，净损失 6 062 美元。这还不包括酒店、食物、机票和我每天用 Lyft 软件打车往返里约大酒店的费用。

我飞回纽约参加朋友的婚礼时，心情远没有我刚到拉斯维加斯时那么激动。我筋疲力尽，想念我的床，想念我的丈夫，想念家里的饭菜。我的肾上腺素正在消退，但口袋空空的感觉却非常真实。职业打比赛的玩家们是如何做到的呢？

至于我的赛绩：在第一次参加世界扑克系列赛时提现了三次。正如埃里克反复告诉我的那样，这是不容轻视的成绩。从技术角度讲，我正在提高。虽然我可能没有像布莱克那样完全掌握识破马脚的艺术，不过，我确实认为自己在那方面也有进步。至少，我再也没有遇到过看似友善、绝对不可能唬我但却唬了我的邻座。我在言语和手势方面都更谨慎了，而且我认为这的确是有效的。事实上，我是具有一定威胁性的玩家，但是未来我会震慑到他人吗？我现在明白为什么保有奖金的策略是不足取的了，我需要做一个严格的自我评估，看看自己是否有能力走得更远，攻克那个难关，并且让一切都变得物有所值。虽然已经打过了初级阶段的比赛，但是我真的准备好迎接主赛事了吗？如果没有的话，我还要花 1 万美元参与吗？仅仅为了完成一个故事、圆一个梦想？

去年夏天做出这个计划的我，肯定会毫不犹豫地投身其中。这不就是我的目标吗？成为一位闯入未知领域、用文字记录所见所闻的记者，像乔治·普林顿那样，或者更进一步，像科尔森·怀特黑德那样[①]。不过，现在的我，在已经走了这么远之后，感受略有不同。

如果说我的这趟旅程是为了理解运气，为了摸清自我控制能力的上限，为了明白在面对自己能够控制的事情时如何重新夺回主导权并加以充分利用，在面对无能为力的偶然事件时如何将其危害最小化，那么扑克已经助我完成了这些目标，它教会了我辨识风险，教会了我有选择地参赛的必要性（只有参加那些自己能应对的、有统计优势的赛事，才能凭借技能获胜），教会了我如何避免技能失利的情况（在这种情况下，只能依靠波动来开路，否则根本无法达到目标）。对于主赛事，如果只是为了参加而参加，虽然赢的概率没有买彩票中大奖那么低，但肯定也不会太高。给大家一个免费的人生忠告：寻找那些能让你处于优势的情境，避免那些让你处于劣势的情境。这并不意味着永远不去尝试。在扑克游戏中，尝试是一种验证的方式，为了看看自己能否成功，有的玩家会打从未打过的级别更高的锦标赛，会参与一场赌注比以往都高的现金赛。如果不尝试，你永远不知道什么时候能再上一个台阶。在某种程度上，过去两周的比赛对我而言是一次尝试：赌注更高，场面更激烈，玩家人数更多。它们证明了一点：虽然我已经埋下了成功的种

---

① 乔治·普林顿，著名记者，因“参与式新闻”的报道而出名——其中一篇报道是基于他在拉斯维加斯的喜剧表演经历。怀特黑德为了写《高尚的骗局》（*The Noble Hustle*）这本书而参加世界扑克系列赛的主赛事。

子，但还没有准备好攻克主赛事。聪明的做法是撤退，打规模更小的比赛，重整旗鼓，提高自身，然后再试一次，让自己更优秀、更机敏、更精明、更熟练，无论是在扑克策略上，还是在心智精力上。如果我把这趟旅程的终点（参加主赛事）看成重中之重，而不是把它当作为了写书而做的预备，那么结论是显而易见的，即推迟参赛。当然，我会在 7 月再回到世界扑克系列赛的赛场，但不是参加主赛事，而是打规模更小的边赛事。增加自己的资本，磨炼自己的技能，力争在一年内做好参加主赛事的准备，而不是扑进运气的怀抱说："请不要让我失败！"在刚刚被击倒之后，不要再参加超出你的重量级的比赛。这是对比赛的尊重，这里说的不仅仅是扑克比赛。这趟旅程不是单纯为了满足新闻记者的好奇心。就在几个月前，菲尔·加尔方德还提醒我，要找到每一次行动、每一个决定、每一种行为背后的原因。有一件事我是可以确定的：无论做何决定，出发点永远不应该是告诉他人自己做过了某件事时的那份骄傲，至少现在对我来说，只有这份骄傲还是不够的。

事后能够有所领悟，自然是极好的，但事后的偏见也是影响很大的。是的，要是知道会在第二天一开始的时候就出局，我就应该选择把宝贵的现金留给更适合我的赛事。但是，这与事后的偏见无关。事实上，我参赛的时候应该是了然于心的，但我却选择无视这份了然。为什么？

丹尼尔·卡尼曼：非理性的毅力

丹尼尔·卡尼曼喜欢讲述他不幸卷入以色列教育改革项目的故事。他和一群教育专家一起承担了创建一门新课程的任务，其中包括教科书的编写，目的是在学校教授决策。在团队的一次碰头会上，他决定实践一下他们正在研究的一种预测策略：他要求每个人预测完成教科书需要多长时间。在收集大家的预测结果时，他看到预测时间从一年半到两年半不等。然后，他找到当地曾研究过类似项目的课程专家，询问其他类似的项目花了多长时间才最终完成。结果，足足有 40% 的项目根本没有完成，而那些完成了的项目则花了 7~10 年的时间。卡尼曼在《思考，快与慢》（*Thinking，Fast and Slow*）一书中写道："我们那天就应该放弃，没有人愿意在一个失败率为 40% 的项目上再投入 6 年多的时间。"但是他们没有放弃，他称之为非理性的毅力："面对选择，我们放弃理性，而不是放弃进取心。"

由于所谓的计划谬误，在制定时间表、目标、对象和其他范围时，我们往往过于乐观。我们着眼于最好的情况，而不是利用过去的经验来判断什么样的情况才是更现实的。从某种意义上说，在这一点上我说的是没错的：我的这个尝试是没有基准情况的。我没见过试图从零开始学习扑克的人，也没见过从未玩过真正的纸牌游戏，却以世界扑克系列赛为目标的人。然而我错了，在有了这个想法的时候，我的计划是在一年之内达成目标，但是我已经意识到自己一开始的时候过于乐观了。如果从有了这个想法时算起，一年的截止期限会是隆冬时节，离世界扑克系列赛是很远的。如果一年的时间期限一开始就有偏差的话，那不难想象训练本身也是有偏差的，这样一来我如何确定 7 个月的时间是可行的呢？

计划谬误使我将本就已经很短的期限提前了将近半年，让我直面"目标对象"，而我非但没有从最初的计划谬误中吸取教训，反而继续坚持计划，错得更加离谱。我有一个计划，一个明确的目标，即使情况发生了变化，而且变化很大，我也仍然坚持。忽视新的信息，坚持已经做出的决定——这就是现状偏见。埃里克曾告诫过我，作为一名优秀的扑克玩家，最重要的一点就是灵活。愿意承认自己错了，拥抱任何一个决定中固有的不确定性。“少一点确定，多一点质疑”，他的话再直接不过了。打好一手牌的正确方法不止一种，达成一个目标的正确途径也不止一个。为什么不推迟一年呢？为什么不坚持时间期限、改变具体的赛事，将目标改成6个月内能达成的呢？为什么不在做规划的时候进行创造性的思考呢？我过于坚持一切“按计划应该”是什么样子，却没有足够的判断力认识到这样一个事实：自己是基于不完整的信息做出的计划，现在掌握了更多的信息，我应该改变计划。没有人要我放弃打扑克，只是让我重新审视自己的处境。

但不知怎的，我说服了自己，认为突然转向会影响声誉，旁人不会把“突然转向”当作适应能力强、思维灵活的表现，反而会把它看作失败的证明，看作缺乏能力的证明。这是行为中典型的沉没成本谬误：你之所以坚持既有的路线是因为考虑到已经投入了的资源。我已经多次提到这个谬误，只是现在看来，事到临头的时候，我却并没有把它应用到自己身上。在我看来，沉没成本应该是有形的。不知何故，我没有想到它们也可以是无形的。一个准确的自我重新评估会让我看到，自己还远远没有准备好去做已经计划好的事情，坚持既有的路线也许会给我的声誉带来更大的打击，但我还是选择了坚持。

我们很容易在其他人身上发现沉没成本谬误，比如，这个人坚持这项投资坚持得过久，那位CEO并没有根据新的市场环境调整自己的管理策略，那家公司没有意识到它的明星产品已经过时了，但却很难发现自己身上的沉没成本谬误，尤其是在要面对的不是具体行为而是行为缺失的时候。

与自我评估密切相关的扑克策略中最重要的一课是：有时，正是那几手你没有玩的牌会为你赢得声誉。我们记得勇敢的跟注行为，那么勇敢的弃牌行为呢？所谓的伟大并不是说你做了什么，而是你舍弃了什么。放手的艺术才是一种真正伟大的艺术。在落后的时候坦然承认比继续往里砸钱要好。当形势发生变化、需要随之做出改变时也要坦然地承认。

我们的生活当中时常发生这样的情况。我们发现自己身处一个有吸引力的情境之中，于是拼命地抓住它不放，即使客观的局外观察者告诉我们这种吸引力早就消失了，我们也不松手。我们开始从事一份很有前途的工作，却在一次又一次的升职中受阻，然而我们却坚持认为这份工作很好；我们开始了一段充满希望的爱情，却发现两人之间的共同点越来越少，但我们勇往直前，拒绝承认看似如此合适的事情现在其实是错误的。有时候，最困难的事情就是弃牌。很多时候，在一手牌中，在本应抽身离开的时候，我们却坚持了下去。

无论你的起手牌有多好，你都需要读懂信号，及时放手。你不是在真空的环境中玩牌，而是在和对手比赛，你必须要跟着赛势走。我的强牌不能更好了：我有埃里克·赛德尔作为导师，有决策心理学方面的背景作为动力，有各种自己希望得到的建议和资源为我所用。但是，在 6 月初次涉足世界扑克系列赛之后，我在自我评估时意识到，游戏已经变了，它不再是一个简单的、看看自己能走多远的练习。在这段练习之旅中，我已经明白了打好比赛的重要性，这意味着需要选择恰当的赛事。我知道，至少现在知道，是时候弃牌了，而不是双倍下注。我知道这一点，我已经想清楚了，但不知为什么，当下的我却无法用语言来说服自己，于是我选择了加倍下注。

这正是我在研究生院从失败的投资者们身上观察到的那种错误的、固执己见的思维：他们设想一种策略，然后坚持不懈地去执行，即便在环境变得更加糟糕的时候也不会改变，因为他们聪明，因为他们看好自己的能力，因为他们不是半途而废的人。而现在我在做同样的事情。

当然，卡尼曼对此并不感到惊讶。1977 年，他和阿莫斯·特沃斯基给美国国防部高级研究计划局（DARPA）撰写了一份备忘录，在这份关于如何最好地实现特定军事目标的备忘录中，他告诫说，了解一种偏见并不意味着你的行为中不会表现出这种偏见，它看起来仍然是非常有吸引力的："直觉错觉与视觉错觉的相似性体现为：即使在人们完全意识到它们的本质时，这两种错觉仍然具有令人难以抗拒的吸引力。虽然可能意识到自己的想法是荒谬的，但是，如果我仍然喜欢这个计划，就可以欺骗自己，让自己认为这依然是个好主意。的确，可能会存在一些计划谬误、现状谬误以及其他谬误，我都看到了，也已经考虑到了，但我仍然认为自己的计划是一个好主意。当然，我可以轻易地纠正我的错觉，不管它们有多美丽。"卡尼曼接着说道："在可能产生视觉错觉或直觉错觉的情况下，我们必须用批判性的、反思性的对现实的评估来引导自己的信念和行为，而不是用即时的感知，无论这些感知多么令人难以抗拒。"但是，要是这种即时感知非常强烈，以至于我根本不想被纠正呢？

我发现自己是这样想的：我已经证明了自己能做到最好，这难道不是蒙特卡洛给我上的宝贵一课吗（好吧，是其中的一课，但是又有谁在真正地计数呢）？我没有一败涂地，反而提了现。我参加了 6 个赛事，在其中 3 个赛事中赚到了钱。如果这都不算好的赛绩，那什么才算呢？而且在蒙特卡洛之前，我不是还赢过一场锦标赛吗？不是还在另一场锦标赛中挺进了决赛吗？我难道没有在短时间内超出众人的期望吗？我拼命地努力，这是我应得的。我甚至还在世界扑克系列赛中提现了 3 次（损失则被我故意地忽略了）。

我应该知道这暴露出了过分自信，毕竟，这正是我所研究的课题，是我的专业领域。我全身上下充满了非理性的激情，甚至都没有数据的支撑：数据就在那里，清楚明白地列在那张 Excel 表中。我一直都在输钱。但在某种程度上邓宁 - 克鲁格效应就是在这里悄然出现的。是的，就是之前提到过的那个效应：你在某一领域的能力越是不足，就越有可能高估自己的能力。你对一个话题了解得越少，就越会认为自己知道得更多——只要你知道得足够多，开始熟悉了这个话题的相关词汇，就会出现这种效应。我从来没想到这种偏见会出现在自己身上，我可是有心理学博士学位的啊！但是现在，我的确有了这种偏见，看似成功的我刚刚尝到了一点胜利的滋味，就突然觉得自己做好了挑战整个世界的准备。

这就是我现在的想法，我不想被别人说服。2018 年，凯特琳·伍利和简·理森证明，当直觉或内在偏好已经确定的时候，人们往往会积极地避免能够帮助他们做出更明智的决定的信息。例如，他们会不想了解一份诱人的甜点有多少卡路里，也不想知道在一项无聊的任务和一项更令人兴奋的任务中，如果他们选择了前者，自己会得到多少报酬。他们内心的一部分知道这些信息可能意味着他们需要改变自己的决定，所以才会选择忽略它们。

至于是否应该现在参与主赛事，问问埃里克的意见难道不是更明智的选择吗？当然是，就像我应该告诉他自己在巨像赛连开了5枪，而不是只跟他讲有趣的那几手牌。但是我的非理智的那一部分，希望他能够表扬我对牌的选择，表扬我提现和进步，而不想听到他理性地告诉我：只靠保有奖金是不行的，你不应该再次参赛，应当再三思量。所以，我决定直接告知他我要参赛，没有向他咨询，免得他给出我并不想听的明智建议。利用埃里克教给我的方式来做一个客观的分析，比如，分析一下我的资本、赛绩处在什么水平，我的投资回报率是多少，难道不是更明智的吗？但是，我判定这些数字没什么太大的意义，况且我感觉还不错，为什么不趁着这种感觉继续前进呢？

即便到了主赛事的早上，我也有机会取消比赛。埃里克反复强调，永远不要下定决心参赛。“先看看你比赛当天早上的感觉如何。”这句话他说了一遍又一遍，我已经习惯了。他的观点很简单：只有当你表现得最好的时候，你的优势才能真正发挥出来。而要表现得最好，就必须以最好的状态出现，必须精力充沛、敏锐、专注。如果你的状态不佳，一场原本能赢的比赛也会以失败告终，一件非常有把握的事情也可能会变成一场赌博。我原本以为这只是他让我放松的一种方式，免得我面对要参加的大赛感到紧张不安。但事实并不是这样，因为他自己也是这么做的。我曾经见过他放弃一场50万美金买入的锦标赛，这场赛事的冠军头衔含金量很高，但是因为感觉自己不在最佳状态，他还是放弃了。他做了一个自我评估，认为当下自己没有达到理想的状态，于是平静地买了一张去纽约的飞机票，在那里他把原本要用来参赛的一周时间花在了看最新的百老汇演出、欣赏惠特尼博物馆的艺术上。他没有遗憾，只是将他告诉我的道理付诸实践而已。不要为了满足他人对你的期待而觉得自己必须要做某一件事，即便那也是你对自己的期待。要知道什么时候应该撤退，什么时候应该重新评估，什么时候需要重新考虑自己的策略、抛弃之前的计划。每个人都认为他会上场，我和他也是这样认为的，但是他没有上场，而这也没什么大不了的。第二年，他参加了这场赛事，这一次他感觉非常好，并且最后以第四名的成绩赢得了 120 多万美元。

“先看看你比赛当天早上的感觉如何。”这句话在我的脑海中回响，当时我正在做准备，右侧后脑勺上方感到轻微的刺痛，我犯偏头痛往往都是从这个部位开始疼的。相同的部位，同样的刺痛。这么多年来，我已经逐渐熟悉了偏头痛开始时的征兆，唯恐发现自己处于不那么舒适的境地。但是这次我没有在意，我睡好了，锻炼好了，也吃好了，不可能犯偏头痛。当然，更重要的是我不想犯偏头痛，所以认为是不可能犯的。愿望与现实混在了一起，我艰难地前往里约大酒店。

这就是不加修饰的真相，我没有纠正自己的决定，不是因为我不能，而是因为我不想这样做。

主赛事落败

于是我提前参加了主赛事，心中充满了不切实际的厚望。我不是唯一一个怀揣希望的人，周围都是寻求梦想的人，有些人的理由比其他人更充分一些。与我坐在同一牌桌的一个男人穿着一件 T 恤衫，上面有一张照片。他解释说，今年早些时候他的一位朋友死于癌症，这位朋友的梦想就是参加主赛事，当他意识到自己无法参加的时候，就在遗嘱中为家乡扑克赛的每个参与者都留下了用于参加主赛事的钱，好让他们来拉斯维加斯参加比赛，完成他参加主赛事的愿望。这个人知道自己赢的概率不大，但是却有一个充分的参赛理由。

在这个房间里，在这一时刻，梦想是切实存在的。最初的几手牌，我赢了一些小底池，我注意到，自己也是抱有一线希望的。也许，只是也许，我真的有机会赢。一开始我的筹码还在缓慢增加，接着太多疼痛袭来，我将筹码留在牌桌上，任它们自生自灭，自己则躺在洗手间的地板上，所有希望几乎都已破灭。我拿着手机，试图向那位信任我的人隐藏这样一个事实：我的天赋并没有那么高。我给他发信息说："坚持着呢。"他回信祝我好运的时候，我意识到自己离目标越来越远了。

我努力在这一天结束前回到了牌桌上，奇迹般地设法赢回了足够我第二天早上参赛的筹码。我的筹码量已经从一开始的 50 000 变成了 29 500，这一场参赛的玩家中共有 1 643 位挺到了第二天，而我位列第 1 351 名。连我都看得出来这个赛绩并不是很好，但我还没有出局。

"你坚持到了第二天，这真的很棒。"埃里克很兴奋，也很支持我。我也很兴奋，但同时也很内疚。毕竟，我并没有发挥出最好的水平。我没有和他提及偏头痛和躺在洗手间的事儿。

他接着说："很多人都没能挺到第二天。对第一次参加主赛事的你来说，这是很好的消息。"

"话虽如此，但我的筹码量真的很少。"我告诉他。

"你还有 30 多个大盲注的筹码量，已经足够多了，你会表现得很好的。"

因为疼痛、紧张而筋疲力尽的我迷迷糊糊地想着：他说得对，然后渐渐睡去。我的确做到了很多人都没做到的事情。这难道不是某种征兆吗？想象一下，如果开足马力，我会取得怎样的赛绩？我参赛的决定真的有那么糟糕吗？明天又是新的一天，我还有机会出类拔萃。伴着像小羊一样活跃在脑海中的、对成功的美好幻想，我陷入了沉睡。

我真希望可以告诉你们这种幻想变成了现实。唉，第二天我吃了经验不足的亏，变得焦躁起来。尽管埃里克断言 30 个大盲注的筹码量已经足够了，但我还是担心筹码不够，想着要想存活，就得做些什么。我没有专注于自己的表现，反而做了一件他告诉我千万别做的事情——拿自己和别人比较。

在每一场比赛中，都会有一个显示时钟，显示的相关信息包括剩下多少名选手，平均筹码量是多少，即剩下所有玩家拥有的平均筹码数量。这是一个有用的衡量标准，但也会让人分心。

埃里克恳切地劝我："忽略平均筹码量，只关注你有多少大盲注。对你的策略而言，平均筹码量无关紧要。要紧的是你的筹码量有多少。"我们已经讨论过在筹码量很大、中等、很小的时候我该做什么，我只需要知道自己有多少个大盲注的筹码量就可以了，不应该担心其他玩家有多少筹码，至少，不应该担心其他牌桌玩家的筹码量。当然，我应该关注我所在牌桌的筹码量，但比赛的平均筹码量与此无关。埃里克看到了我的一个重要特点，而且这个特点是我自己不大清楚的：一旦我开始拿平均水平和自己比较，就会恐慌起来。他希望我专注于自己能控制的东西，而不是无关紧要的干扰。

但我想知道我应该追求的目标是什么，于是眼睛飘向了时钟。

不好，我的筹码量远低于平均水平，这一点都不好笑，我表现得很糟糕。所以，在第二天第一级[①]的比赛还没进行多久的时候，我就做了一件非常愚蠢的事情。我的底牌是花色不同的KJ（我能听到埃里克的声音："我打KJ牌打得比大多数玩家都少，因为这不是一手好牌。"）在位置靠前的一位玩家下注之后，我押下了一个大盲注的筹码量。翻牌是K高牌，我命中了顶对。通常，当你的筹码量低于30个大盲注的时候，顶对就变成了一手非常强的牌，你可以将所有筹码推到牌桌中央，而且不会犯太大的错，但是主赛事并不是通常情况。

主赛事不同于其他赛事，这主要体现在以下几个方面。首先，它是进展最为缓慢的赛事。在其他锦标赛中，没有一级比赛能持续两个小时的，而主赛事意味着你可以慢慢来，永远都没必要焦躁。这样的赛事更接近于现金比赛。你知道短时间内大盲注不会增加，从现在开始一个小时之内，你的筹码始终都是30个大盲注的量，不会迅速缩水。其次，它是主赛事。对许多人来说，这是他们的机会，是他们一直以来存钱的目的、努力的目标。这意味着普通玩家，请注意，不是经验丰富的职业玩家，而是已经为此计划了一整年的休闲玩家，不太可能会冒着出局的风险做出大动作或者大张旗鼓地诈唬。对于许多人、甚至是那些通常会无所畏惧地积累筹码的人来说，一年当中，只有在这个赛事上，他们会满足于保有奖金。比赛目标变成了在主赛事中提现，这样就能够向他人夸耀。如果不是迫不得已，不要做出会让自己出局的举动。

---

① 在扑克锦标赛中，一个级别（level）的比赛指的是一个时间段的比赛，在这个时间段中，大盲注保持不变。——译者注

我想要说的是，在主赛事中，如果你不太确定自己的处境如何，就要更加谨慎地行事。通俗地讲就是，你不要那么肆意地让自己的锦标赛生涯黯然失色。也就是说，不要肆意地做出会让自己出局的决定。因为，一般而言，人们往往是有意让你做出这个决定的。

接下来回到牌桌上。我命中了顶对，还有一张起脚牌（kicker）J。假如另外一位玩家有同样的对子，那么起脚牌就是决定胜负的牌；起脚牌越大，赢牌的概率也就越大。通常情况下，J 是一张不错的起脚牌。但是当位置靠前的玩家加注的时候，它就变成了一张边缘起脚牌，因为如果他的底牌牌型是 AK 或者 KQ 的话，这位玩家就会加注。如果他手里真的有这样的牌型，那我的处境就糟糕了。我们再看一下剩余的公共牌，一张 10 和一张 9，两张都是黑桃。对我而言，这意味着什么呢？这意味着加注者很可能有两张同色的牌，一张 K，一张 10，这样一来他就命中了两个对子。再说一遍，这说明我的处境很糟糕。我再次察看自己的底牌，没有黑桃。如果他有两张黑桃的话，那意味着多一张黑桃，我的顶对就会被打败。

当然，他也可能有两个较差的对子，比如对 Q 或者对 J。如果是对 10 和对 9 的话，就会凑成套牌，而他肯定有可能凑成这样的牌型。当然，他也可能没有命中任何公共牌，比如，他的底牌是红桃 AQ 或方块 AQ。问题是，我已经命中了顶对，如果他拿到的是空气牌或较差的对子，那我就应该任由他诈唬，把筹码输给我，我不需要特意去保护自己的那张 K。这种情况下，唯一一张能提高他的牌力同时让我受损的牌是 A，如果他真的有一张 A，那我就只能听天由命了。如果他有听牌，那与其冒失去一切的风险，不如静观事态发展，这样不是更好吗?

我应该这么想。但是，我看到了顶对，并且因为命中翻牌而得意扬扬。我已经在计算赢牌后的筹码量了，翻倍后我的筹码量能达到 60 个大盲注，这个量能让我更轻松一些。我让牌，他下注；我没有像导师教我的那样，在做决定前停下来思考一下，而是当即选择加注。我的大脑似乎在让牌之前就已经决定了要先让牌再加注，我对筹码翻倍的前景感到如此兴奋，以至于没有停下来考虑任何替代方案。我的对手动作没那么快，他想了一会儿，然后刻意加注了足够终结我锦标赛生涯的筹码数量。

这里我们暂停一下，想想已经掌握的信息。首先，在这个阶段，大多数人不会拿着空气牌刻意加注 30 个大盲注的筹码量。我之前把同一牌桌所有玩家的照片都发给了埃里克和其他几个职业玩家朋友，但没有人认出这位对手，也就是说他不是一个知名的职业玩家。如果真的是一位职业玩家，那他就很有可能看出我是业余玩家，会认为我在大多数情况下选择弃牌，因而也不是特别在意有可能会失去 30 个大盲注。但是，这位对手可能和我一样，是个业余爱好者，看重自己的筹码和在牌桌上的时间，所以不会轻易地做出加注这个动作。其次是他手部的动作和事先的思考。如果我像自己想象中那样关注了斯皮莱恩和伊士曼的话，就会知道他的手势透露出了明显的意图。这个玩家认为他的牌力很强，他并不只是在摆布我而已。和一手强牌相比，我的边缘顶对如何?弱得可怜。在这个阶段，我应该认识到让牌—加注是一个考虑不周的行动，我应该弃牌。如果这时弃牌，我还有大约 20 个大盲注，可以坐等一个于我更有利的情况。

但是我没有停下来思考。出现新信息之后，我没有花时间重新评估形势，而是决定跟注。我明明懂得更多，明明可以打得更好。但现在，就在这个时刻，我无法接近那个“更好”。就这样，我被坚果同花牌打败。在某种程度上，即使当我把筹码推到中央的时候，我也知道自己不应该这样做。一个完全理智的我是不会这么做的，但是，一个惊慌失措、有点过于自信、自认为懂得更多的我呢？一个对比赛结果投入了过多的感情以至于无法充分认识失败的可能性的我呢？那就另当别论了。我甚至没有办法把错误的决策归咎于偏头痛，罪魁祸首是我本人。

停止盲目的希望，开始行动

几个月前，我收到了一个名叫杰瑞德·坦德勒的人所写的便条。他告诉我，他是一位心理学家兼心理游戏教练。他听说了我的项目，想知道我是否愿意和他探讨几次，听听他的方法。当时，我只是向他道谢，并说以后再联系他。这不是因为他的资历不够，绝对不是。事实上，他拥有咨询心理学硕士学位，客户包括一些世界顶级的运动员（我听说他在转向扑克领域之前曾指导过高尔夫球手）和扑克玩家，而且他的网站上还列出了相当多的推荐信，由此看来他在自己的领域里有很高的成就，只是我觉得自己并不需要他。当时我这样告诉自己，我是一个心理学家，从不需要咨询任何人，我了解决策，能控制自己的心理健康，为什么需要教练呢？

现在我已经在主赛事中被淘汰，名誉扫地。一旦意识到主赛事的梦想已经结束，那种深深的、将人从头到脚包围的失望是难以言喻的。我意识到也许自己真的需要一个心理教练，一个可以帮助我后退一步、对自己进行批判性评估的教练，而不是一个把时间花在运行解算模拟程序或谈论诈唬频率和下注尺度等细节的人；我需要一个能帮我处理我脑子里乱七八糟的数据的人。我慢了一拍才意识到，在主赛事中失利并不意味着我的旅程已经结束，没有人说过我必须以主赛事为终点。旅程的终点一直都是随心而定的，只是我忘记了这点。这是一个警钟，是一个反思、重新评估、思考自己该如何改进的机会。虽然我在主赛事中被淘汰了，但是参赛的过程无疑打开了我的思路。我有自己的决策规划导师，为什么不请一个人来帮助我厘清那些似乎被我遗忘的心理因素呢？

杰瑞德和我第一次见面是通过 Skype，因为那时我已经从拉斯维加斯回来了，与他身处不同的城市和时区。即使在电脑屏幕中，杰瑞德也是很招人喜欢的。他看起来干净利落、品行端正，这得益于他的随和、自信、亲切友善。他常常会露出真诚的微笑。他擅于聆听，会感同身受，也会表达。听他的声音，你会觉得他是那种不会让你失望的人。

我在想，他能为我做些什么？他到底为别人做了什么？

杰瑞德开门见山。他告诉我：“我们直奔主题：所有一切都归结于自信、自尊、身份认同，也就是一些人所说的自我意识。”你是谁？对你来说什么是重要的？这是他需要确定的核心内容。“当你坐下来玩牌的时候，就是把自己置身于风险之中。你必须得明白的是，你首先是一个人，其次才是一位扑克玩家。”要弄清楚你作为一名玩家的情感漏洞在哪里，关键是要弄清楚作为一个人，你的情感漏洞在哪里，是什么让你来到了牌桌前。“你觉得自己怎么样？你是想证明自己不是个白痴，还是想克服疼痛，抑或是想实现自己的愿景和梦想，成为一个有能力参与最高级别比赛的人呢？”杰瑞德解释说，扑克牌桌带出了我身上已有的恐惧并将它们凸显出来：对失败的恐惧、对压力的恐惧都在比赛的过程中被放大、被凸显。“我想做的是把所有这些都看作更深层次的不足的征兆，我们要做的是共同努力克服那些更深层次的不足。”

找出这些弱点，然后就着手在当下而非事后应对它们。“如果带着极端的压力坐在牌桌前，那你会经常再犯自己想要避免的错误，即使你有意识地认识到这是一个错误。你需要训练自己，消除诱因，这样就不会产生那种情绪反应。”杰瑞德建议我解决潜在的情绪漏洞，成为一个单枪匹马的拆弹专家，在情绪炸弹出现并影响我的判断力之前拆除它们。

我们聊了很久，我把自己的最终目标告诉了他。“在这次世界扑克系列赛中我并未如愿，”我坦言道，“所以我想要弄清楚自己在情感上犯了哪些错误，希望明年能做得更好。”

杰瑞德打断了我。“你刚才用到了一个词。”

什么词？

“‘希望’。在这个世界上，‘希望’有它的一席之地，但它不属于扑克世界。在扑克中，要把‘希望’抛在一边。”他如是说道。

有趣的说法，我以为“希望”是心理健康的要旨。

从某种意义上说，是的。但是“希望”不能让我成为一个拥有强大心理素质的玩家。“你需要从准备的角度去考虑，抛开希望，动手去做。”这句话引起了我的共鸣。埃里克在告诫我不要纠结于爆冷门的时候也谈到了这个——对可能出现的情形和应该出现的情形的“担心”取代了分析和实际思考的“希望”。这也说明了为什么我不该在今年参加主赛事，因为它是一个基于希望的决定。认同行动的那个我知道自己并没有准备好，还有很多事情要做。我点头，认同了他的说法，是时候停止希望，开始行动了。

于是我们就开始行动。

无处不在的“失重状态”

在扑克游戏中，失重的概念具有很强的延展性：它适用于各种情况。它意味着你让情绪影响了你的决策，无法再理性地思考。这里说的情绪是那些对你的决策过程并不重要的多余情绪。它是识别、描述决策失误的一种简洁有力的方式。

我们往往会把失重的选手想象成脾气暴躁的愤怒牛仔。安德鲁·斯坦梅茨在于1870年出版的关于赌博的论著《游戏桌》(*The Gaming Table*)一书中写道：“众所周知，(玩家们)吞掉纸牌、压碎骰子、毁坏牌桌、损坏家具，以彼此打斗结束。”斯坦梅茨认为，在情绪中痛苦挣扎的人什么事情都做得出来。有一次，一名男子把一个台球塞进了嘴里，因为卡得太深，不得不通过手术把球取出来；还有一名男子因为太愤怒而咬住了木桌，结果牙齿卡在了桌子里。

但是每个人的失重状态都不一样。虽然失重通常是一种消极的感受，比如愤怒、沮丧，等等；但也可以是一种积极的情绪，比如赢得一手牌时的兴高采烈，对牌桌上某位玩家的喜爱，等等。严格来讲，失重意味着你正在经历一种与你的决定无关的情绪。

在需要做出可靠的决策时，情绪本身并不是消极的，它们可以用来作为做出正确选择的标记。南加利福尼亚大学的神经系统科学家安东尼奥·达马西奥发现，情感缺失会导致人们在赌博中破产。从临床角度讲，情感缺失实际上是因为大脑腹内侧前额叶皮层

（ventromedial prefrontal cortex，VMPFC）受损，导致个体无法体验情绪。情感缺失的人不会在意重大损失所带来的负面情绪和效应，也无法区分什么样的决定才是更好的，因而会朝赢利更大、波动更大的方向努力。[1]同样，社会心理学家诺伯特·施瓦茨和杰拉尔德·克罗尔花了几十年的时间研究情绪对想法和结果的不同影响，他们认为，在恰当的情境下，情绪可以成为驱使人们做出正确选择的强大动力：只是这种情绪得是决策过程的必要部分，而不能是次要部分。就像触摸一个滚烫的火炉会让你感到痛苦和愤怒，以后你就会避免再次碰到炉子。通过预想痛苦所带来的负面情绪，你可以在下一次做出更谨慎的选择。我们之所以能够体验情绪是有一定原因的，我们的目标也并不是拒绝体验情绪。

相反，我们的目标是学会识别自己的情绪，分析其诱因，如果某些情绪的确不是理性决策过程的一部分，就不要把它们当作信息来源。通常情况下，它们并不是理性决策过程的一部分。

施瓦茨和克罗尔对这种现象进行了开创性的研究，他们称这种现象为“情绪即信息”。他们给住在不同邮区的人打电话，询问他们对生活的满意度——这是一个简单的问题，不是一个复杂的决策任务。在选择邮区的时候，他们考虑到了天气因素，其中一些人所在的邮区是晴天，另外一些人所在的邮区是雨天。平均来看，所在邮区是晴天的人们的生活满意度更高。但是当研究者将他们的注意力转移到天气上并询问“你那儿的天气怎么样”时，天气对生活满意度的影响就消失了。换句话说，如果把我们的关注点放到情绪的

---

① 相对较新的一些研究对达马西奥所用的研究方式——“爱荷华博弈任务”（The Iowa Gambling Task）——的准确性提出了质疑。不过，其他研究者利用准确性更受认可的研究方式发现了类似的决策有误的情况。

真正诱因上，它就不会再对情绪构成影响。

施瓦茨和克罗尔的发现已经在多个场景中得到了证实。人们发现，在乌云较多的日子里，股市回报率会更低；当股民喜爱的球队获胜时，股市回报率会更高。偶然事件一次又一次地影响着人们的决策，仅仅因为它们影响了我们的感受，但这种情况原本是不应该发生的。不过，如果你告诉人们，他们的决策受到了情绪的影响，他们往往是能够克服这种影响的。

就对失重的处理而言，这是个好消息，至少在某种程度上是这样。如果我开始理解失重的根源，那我就有机会改变，不再将当下的情绪错认为是其他因素，而是把它们当作无关紧要的东西不予理会。如果我因为输掉了一个底池而感到难过，那么我就承认输牌的事实，并且意识到它与下一手牌在技术上是没有关系的。

不幸的是，这种解决办法似乎只对细微的情绪波动起作用，因为情绪波动的启动效应往往比源自内心深处的强烈情感更强大。在面对更加强烈的情绪，比如愤怒、欢欣鼓舞时，你往往无法摆脱。不论在什么情况下，强度更大的情绪，也就是那种发自内心的强烈情绪，往往会偷偷地影响着你。仅仅知道自己的行为是出于感性而非理性是不够的，这种认知无法保护你免受情绪的影响。斯坦梅茨笔下的赌客在咬木桌之前，如果有人提醒他，他这会儿有些愤怒，那他还是不可能停下来，那张桌子也好，他的牙齿也罢，还是照样会坏掉。这种认知只会让你在感性和理性中间左右为难。

在这些情况下，也许你可以学会预测情绪，进而从源头上消灭这种情绪。沃尔特·米舍尔经常说他不能把巧克力放在家里，他太了解自己了，如果巧克力在家里，他就会把巧克力吃掉，尽管他把一生的时间都花在了学习自我控制上。巧克力引发了积极的失重，一种无法被抑制的强烈渴望，因此从根源上抑制这种情绪是至关重要的。你需要学会预测某件事在未来会让你产生怎样的情绪，并在当下采取相应的行动。

在早期的扑克训练中，我读了一本名为《揭秘每一手牌》（*Every Hand Revealed*）的书，作者古斯·汉森讲述了在夺得澳洲百万赛冠军的过程中所打的每一手牌。澳洲百万赛是一场重量级的扑克锦标赛。汉森的进攻性非常人所及，而且过去曾多次输掉自己的资本（在输光资本后，他又输掉了更多的钱）。我对其中一手牌印象极为深刻，原因是这一手牌的打法并不是古斯惯用的。因而，在还没理解这手牌的启示时，我就在无意间注意到了它。

在锦标赛的一个戏剧性时刻，古斯手里拿着台面上最好的牌型之一——AK，他选择加注了一个合理的筹码量，却发现自己陷入了一个困境：后一位玩家选择全押。古斯盖过了他，也就是说，他的筹码比这位强势的玩家多。他知道，这种咄咄逼人的姿态意味着对手的牌可能会比通常情况下选择全押的玩家的牌更差（因为人们知道古斯很有攻击性，知道他很可能在拿着一手不怎么样的底牌时加注，所以作为回应，他们的底牌范围更松[①]，这就是OODA循环）。古斯很有可能跟注，然后领先，但是他没有这么做。在做出跟注的决定之前，他仔细考虑了输牌意味着什么。这意味着他不再是牌桌上的筹码领先者，不能按照自己喜欢的方式来打，他得选择较为保守的打法。在今天余下的时间里，他的心态可能会失控，这会让他打得比平时差。所以古斯做了一件大多数人绝对不会做的

① 一位玩家的底牌范围紧，说明他只在底牌牌力强时入局，底牌牌力弱时则会弃牌；一位玩家的底牌范围松，说明在底牌牌力不那么强时，他也会入局。——译者注

事：他弃掉了牌力有可能最强的一手牌。

作为一名玩家，他的真实经验就是在这里体现出来的。大多数时候，我们都不擅长预测自己的情绪，不确定自己将会有怎样的感觉，不知道什么会让我们更后悔。自我控制是一种通过学习掌握的技能，在这个特殊的时刻，古斯表现出了远超标准的水平，他的水平自然也是远在我之上的。只要能让我有些时间去古斯那儿，向他请教那手倒霉的KJ牌该怎么打（我忍不住回想，我在第一场现场扑克比赛中出局也是因为这手牌），让我付出什么我都愿意。

失重会让你成为最坏的自己。杰瑞德告诉我，你可以把自己的水平想象成一只休眠的尺蠖，把它分为A、B、C三段。A段是最高水平，并不常见，只有在状态最好的时候才能发挥出来。C段是最低水平，至少在理论上，它应该也不常见。B段是中等水平，对应的是钟形曲线，它是持续时间最长、最显而易见的部分。为了提高比赛水平，我需要像尺蠖那样慢慢地移动，将钟形曲线往前推，这样C段前移变成B段，A段后移变成B段，原来A段所在的位置被更高的段位占据。失重不仅会中止更会逆转这一过程，除非努力控制自己，否则我将提高不到所需的那种水平。

"唯一会在你意料之中的就是最坏的情况，"杰瑞德告诉我，"其他一切都是要每天努力争取的。"

我们现在需要做的就是优化我的思维过程。埃里克可以在比赛前后给我所需的实际策略建议，让我做好打牌、分析手牌的准备，他甚至还能让我对失重这个切实存在的状态有所准备。从前他告诉我："你必须得确保自己仍然在清晰地思考，仍然能够完成思维过程，不因刚刚输了或赢了一大笔钱而受到影响。"但随着局势愈演愈烈，我必须得做好准备处理那些难免会冒出来的情绪。那么我该如何控制它们，以便能够恢复埃里克和我构建的那个理性的思维过程呢？要做到这一点，我们需要做一些情感挖掘。我已经知道自己有情感诱因，前文已经说过了。现在是时候回顾一下过去，找出那些让我印象深刻的具体情境，看看能从中学到什么。

杰瑞德给了我一个任务：绘出我的情绪过程。这样就可以开始寻找能够解决每个问题的方法。我需要坐下来做一个电子表格，每当有事情发生时，首先要将其写在“情境”列或“诱因”列中；然后在下一列描述因这个“情境”或“诱因”引发的思想、情绪反应和行为；再在另一列中针对潜在问题给出最恰当的评估；最后写一个逻辑陈述，以便在今后能结合这个陈述，考察当时所出现的问题的合理性。

那天晚上，我坐下来，开始回顾过去的 6 个月。令我印象深刻的是什么？记忆中我最不舒服的时候是什么时候？生气的时候呢？沮丧的时候呢？没过多久我就看到规律了。

第一个印象深刻的情境并不在记忆深处。它在我的脑海里已经有一段时间了，我记得很清楚，只是没有意识到它的影响是这么大。

我记起了最初几场较大规模赛事中的一个情境。那是在拉斯维加斯的一个大型赌场，一个穿着亮绿色运动服的男人坐在我的右边，他是一名从外国来的商人，不过已经在得克萨斯州生活了几年。

“你很漂亮，”他告诉我。

我已经了解到最好不要完全忽视这样的言论，忽视的话往往会让他人生气，当他们坐在离你几英寸远的地方和你玩同一局游戏的时候，还是不要惹他们生气为好。不过，我也不想与他对话，于是不置可否地淡淡一笑。

“喝一杯怎么样？”

我告诉他我已经结婚了，玩牌的时候不喝酒，更何况我喝不喝都不关他的事。

“那等牌局结束了喝一杯？”

我摇摇头。虽然我说了自己已经结婚，但他好像没听进去。

他不断靠近我，我一直在挪动自己的椅子，不过牌桌上也没有多大地方了。我的注意力开始分散，可他还是不肯罢休。

“我也结婚了！”他拿出手机，给我看了一张婴儿的照片。“这是我的儿子，他死了。”

我说：“我很抱歉。”不然还能说什么呢？

“失去儿子是我最糟糕的经历。”

我点头。

“所以要不要喝一杯？”

越来越过分了，为了让我喝杯酒居然利用死去的儿子，这是我以前从未遇到过的卑劣行径。我决定进入完全忽略的模式，但几乎没有什么效果，即便没有收到回复，他依然继续试着和我搭讪，还为自己点了第二杯酒。

很快，我就输掉了一个大底池。我不确定自己是真的看起来难过还是他随口找的理由，总之他靠得非常近，近得我都能闻到他身上廉价朗姆酒和香烟的味道，他微笑着说：“哦，宝贝，像你这么漂亮的人不应该因为输牌而难过。等玩完了牌，我很乐意给你几轮买入的钱，我就住在楼上 3205 房间。”

刚才发生了什么？我刚刚是被求欢了吗？

我惊讶得张大了嘴，牌桌上鸦雀无声。我愤怒至极，差点哭出声来，最后勉强挤出了一句："可以麻烦叫一下工作人员吗？"

我解释说，这样我没有办法打牌，需要把他挪到另一张牌桌上去，他们拒绝了。他们认为，他并没有做很糟糕的事情，还以各种暗示说他既没有骂我又没有叫我"贱人"（这种事也发生过，不过对我的影响并没有这次大）。没有人站出来支持我。很快，我就出局了。

还有一次，当时我正在康涅狄格的福克斯伍兹赌场打牌，也已经训练几个月了。那天天色很晚了，我也累了，但坐在对面的一个家伙一直在搭讪。我坐下的时候，他大声喊："嘿，小姑娘，你准备好去打高级别的比赛了吗？"

过了一会儿，又喊："哎，小姑娘，你肯定有一手强牌。"

再后来："你老公玩吗，小姑娘？你是跟你老公一起来的吗？"

小姑娘，小姑娘，小姑娘，他每次说这句话的时候，我都觉得难为情。我对自己说，我会打败你的，你就等着瞧吧。

我们俩对阵的时候，他说："小姑娘，我选择让牌，看看你会怎么做。"逮到你了，我一边想着一边把筹码推到中央。结果他拿的是坚果牌，我不仅没有逮到他，反而被他打败了。

接下来这一次，我坐在巴尔的摩新开的赌场里，玩得很开心。这里一直都没有烟味，一切都是新的、亮晶晶的。大家也都挺友好的，每个人都在聊天。我听说有个经常参加当地锦标赛的家伙今天没来，因为他的两条腿断了，据说是几周前因为一场场外打赌，他从刚装修好的吸烟用的阳台上跳下去摔断的。大家都在讨论他的受伤是否意味着输掉了场外打赌的赌金，所有人都在哈哈大笑，一切看上去都很好。

坐在我右边的男人狡黠地探过身子，用和善的口吻说："嘿，能给你一些建议吗？”

“什么建议？”我问。

“你把筹码堆错了。我一眼就能从你堆筹码的样子看出你是个业余玩家。你得像我这么堆才行，明白吗？只是一些友好的建议哦。”

他流露出善意，但不知怎的，我觉得整个晚上都被毁了。我请他给我友好的建议了吗？再说，看起来像个业余玩家又怎样呢？我现在就想让别人以为我是业余玩家。

学会处理情绪

事实证明，这种具体的诱因实际上是最容易处理的。我玩的时候不戴帽子或太阳镜，因为我觉得戴上它们的话，错过的信息会比隐藏的更多，而且别人有可能会从你摆弄它们的方式、摘掉或戴上它们的时间点等读到更多信息。不过我确实有一副 Bose 牌的消音耳机，那是我在有过福克斯伍兹的经历之后送给自己的礼物，目的是用来掩盖那些叫我“小姑娘”的声音。

我现在要做的是积极主动起来，不要被动反应。因为当我做出被动反应的时候已经迟了，失重已经发生了，即便知道自己的反应是基于偶然的情绪，也无法阻止它对我的影响，这种感觉太强烈了。坦白说，很多局势都有可能恶化，一旦看到局势可能恶化我就应该戴上耳机，作为一种控制周围环境的方式，虽然不一定真的听音乐，不过戴上耳机我就有了一种社会认可的、能选择性地过滤掉对话的方式。我仍然能听到牌桌上的所有声音，不会错过重要的信息，但是不再需要告知对方自己听到了。我有了一个脱身方法，这个方法能给我一定程度的控制，如果没有它，我会失去这种控制。因为不论是收到了不想要的示好，还是居高临下的刺激性话语或屈尊俯就的好意，我所有的遭遇都有一个共同点（除明显的性别暗示之外），那就是因为缺少能动性则被置于一个被动反应的境地。戴上耳机能让我重获一些空间。

其他情绪会更难处理。在接下来的几个月里，杰瑞德和我系统地回顾了许多我自己都没有意识到的情绪。其中，有冒名顶替综合征（impostor syndrome），它潜伏在自信的外表下，并反复告诉我：我是一个冒牌货，不配在这样的赛事中打牌。我不止一次地有过这种感觉。

我们终于找到了它真正的根源。那是我还在上幼儿园的时候，五岁的我第一天上学，名牌丢了，桌上有每个小朋友的名牌，就是没有我的。最后剩下一个名牌，老师坚持要把它挂在我脖子上，我摇摇头，想大喊：那不是我的名字，你为什么要让我扮作他人？但是我没能喊出声，因为不知道该怎么说，我不懂英语，只会写自己的名字。我的身份，我唯一确定的一件事却受到了质疑。当然，这些话我也不会说，所以我大声地哭了。现在，每当我感觉格格不入、感到无法控制正在发生的事情，我就想做同样的事情，只是对于现在的我而言，哭泣已经变成了一种不大为社会所接受的反应了。杰瑞德称这是我的弗洛伊德式突破。

我还有持续的焦虑情绪，以为自己正在让那些相信我的玩家以及支持我的人，还有我自己失望。这是一种恐惧，害怕高期望落空，害怕再次犯那些自己记忆犹新的错误。在打牌的时候，我经常从远处旁观自己，像一只飞行的昆虫一样观察着下面发生的事情。看哪，我明明知道该在什么时候诈唬，也知道该如何诈唬，却没有勇气行动。我知道，只有在感觉到位的时候，我才会真正行动；只有打心眼里相信诈唬能成，它才会奏效；否则，他人就会发现我的伪装、弱点和大意。我应该去发觉对手的伪装、弱点和大意，而不是被对手识破。当我克服了紧张，放手一搏的时候，就是我发挥得最好的时候，也是我开始赢得比赛的时候。但不知何故，我无法随心所欲地召唤这种内在的力量。

杰瑞德称这是吃瘪者综合征（beaten dog syndrome）。“你不想被未来的自己打得落花流水，所以会本能地畏惧未来的玛丽亚的力量。”我没有这个勇气，是因为我仍然害怕，怕自己看上去很傻，怕犯错，怕被他人评判，也怕被自己评判。他说，要这样面对吃瘪的自己：“告诉自己，我确实有可能犯错，但逃避未来的自己才是更大的错误。要想不犯更大的错误，就得采取强势的策略，哪怕这种策略是错误的。未来的玛丽亚必须得学会接受这一点。”我告诉杰瑞德，未来的玛丽亚听起来真是个不得了的女人。

慢慢地，我们厘清了头绪。接着，我们设定了目标，进行可视化训练：规划好自己想以何种方式打牌，以便更轻松地执行；面对现实，要想着未来的自己会是什么样的。我们讨论了我的最优压力水平：如何妥善地给自己施压，既让自己有足够的压力来好好表现，又不会因压力过大而彻底丧失信心。我学会了如何坐直身子，如何占据空间，如何抬起头来装出自信的样子——自我欺骗通常是第一步，能让你感受到自己缺少的那种自信。这是一个被称为具身认知（embodied cognition）的过程：把你想要表达的感觉具体化，你的思想和身体就会变得一致。不久之后，外在的勇士和内在的勇士就会同时出现。

我开始看到了结果。在和杰瑞德一起工作的过程中，我还和埃里克一起制订新的进攻计划。我们俩都觉得我需要削减开支，回到小规模的赛事上，回到没有那么多大人物且买入常常是三位数的系列赛中。有了杰瑞德的帮助，我认识到全身心地投入扑克游戏意味着全身心地关注自己的情感健康，所以我要确保日程安排中包括在纽约待上几周。远离扑克牌桌的时间长短需要达到一种微妙的平衡：离开牌桌的时间太长，你的训练成效就有消退的风险；在牌桌上待的时间太长，也会发生同样的事情，就像我在疯狂的巨像赛之旅中所经历的那样。你会丧失洞察力，丧失情绪稳定性，失去准确衡量自己决策的能力。虽然我意识到了在面对计时器时承受时间压力的情况下，自己的决定会失准，但是我却没能意识到在前往主赛事的过程中，我的脑海里也有一个大大的、闪着红灯的计时器，像第一次玩线上扑克时碰到的那个该死的计时器一样。难怪我不能清醒地思考。我的实验对象正是我自己。

所以我们制订了一个计划，离开牌桌的时间不得超过三个星期。但是，我得确保在这段时间里充满电，这也是学习扑克游戏的关键。充电也是打好比赛的一部分。有趣的是，我需要一个心理教练来帮助我看清这一点。我一直都主张在任何工作中都要后退一步，要休息，要深呼吸。我甚至还在《纽约客》上写了一篇文章，讲一周工作四天甚至三天的好处。但当你开始一项新的事业时，很容易失去洞察力，在这个过程中，你会失去一部分自我，会忘记你从事这项事业的一部分原因。

我在过去6个月里感受到的那种错乱感开始消散。当然，酒店房间和赌场地毯仍在不停地变换，但是在这个过程中我有了一种更加踏实的感觉。我回到拉斯维加斯，又去了新泽西，甚至还在假期中安排了一趟巴塞罗那之旅，去那里参加欧洲扑克巡回赛。虽然在这些比赛中只提现了一次，那是在巴塞罗那，我以第 109 名的成绩提现了 3 790 欧元，但是现在的我比以前乐观多了。我感觉自己打得更好了，思维更清晰了，做选择时变得更加主动了。时间压力解除了，与之相伴的大脑迷雾也消散了。我有了思考的空间，也得到了杰瑞德和自我的允许，可以自主思考了。

我也开始在扑克世界中感到更自在了，这没什么坏处。玩得越多，就越熟悉这些面孔。我开始结交朋友，也开始收到吃饭、喝酒的邀请。一些扑克媒体注意到了我的项目，并在一些文章和视频中介绍了我。人们通过这些片段认识了我，并询问我书的进展如何。这种感觉很好，我有了新的决心，要让这趟旅程比原来计划得更有意义。

不久之后，我第一次在一个国际赛事中挺进了决赛，在扑克之星嘉年华都柏林站的涡轮赛中我获得了第二名。这是一个 170 欧元买入的比赛，是埃里克和我都认同的赛事规模，都柏林也是我很想游览的一个城市。我带上了那个情绪诱因表，也一直在努力往前推动我的钟形曲线。我感觉很好。是的，我的对手是瑞典人，他不仅喝醉了，而且喋喋不休，抓住每一个机会对我恶言相向；是的，在仅剩我们二人对决的时候，考虑到他思虑不周，我应该理所当然地打败他，但是我并没有被他影响，只是为自己能走到这一步而感到骄傲，因为从前的我可能在几个小时前、他刚坐下不久的时候就会失重出局。我给埃里克打了个视频电话，庆祝第二名的赛绩，并跟他讲述了自己大多手牌的情况。这时他身在拉斯维加斯，因为都柏林站的赛事对他来说规模太小。他说：“做得好！”这句话非常真诚，充满了自豪，高兴得我接下来一天都在情不自禁地微笑。当然，他也说了一些批评的话，但我可以明显看出他很高兴。那天晚上，我和一群爱尔兰玩家喝了几杯，其中包括斯蒂芬·亨得利。有人跟我说，斯蒂芬是个重量级人物，曾拿过斯诺克冠军，也是扑克界的传奇。我得查查斯诺克是什么，以前从来没听说过。我决定不对别人说我没听过斯诺克，也不对别人说我觉得它看起来像个奇怪的游戏。这趟旅行轻松、有趣，最后也赚到了钱。回到纽约的时候，我没有像往常那样感到筋疲力尽。我开始真正地享受扑克游戏了。

不久之后，我又在拉斯维加斯的一场赛事中赢得了第二名，拿到了迄今为止最大额的赢利，赢了将近 6 000 美元。为了取得这个赛绩，我甚至同意了瓜分底池，在好莱坞星球赌场的时候，这还是一件会严重伤害我自尊心的事情。当时已经凌晨 4 点了，筋疲力尽的我客观地认识到波动很有可能会对我不利。几局前我还是筹码最多的，而现在，我的筹码量位居第二，并且正在迅速减少，所以当有人提议六位玩家瓜分底池的时候，我说可以。我不认为这是对我个人的侮辱，在进行比以往任何时候都客观的自我评估后，我做出了更有利于终极目标的决定。当然，我放弃的是可能拿冠军的机会，但是同时我也在保护自己，不让自己的筹码量进一步下滑。考虑到当时的疲累，这是一种明智的风险消减策略，不会打击我的自尊心。

我在布拉格一场 2 200 欧元买入的赛事中位列第 20 名。虽然没有挺进决赛，但是这个赛绩比之前几次参加欧洲扑克巡回赛拿到的成绩好得多，这也是我在那个规模的赛事中拿到的最好成绩。我不会因为没有做得更好而责备自己。相反，我为自己终于能在一个真正的大型国际赛事中取得如此靠前的成绩而感到自豪。在这个规模的赛事中，我从未进入过前 100 名。这是一次重大的飞跃。

我的自信正在慢慢建立起来，我开始期待下一场赛事的到来。过去几个月中我屡次听人说起 PCA（扑克之星加勒比冒险赛）。PCA 是现场扑克巡回赛中历史最悠久的一站赛事，已经举办了 13 年，现在发展成了最有声望的赛事之一。举办地在巴哈马群岛，这当然是我喜闻乐见的。我很高兴能有机会在进入扑克世界一周年之际参加如此具有标志性的赛事。我本来是想在一周年之际参加世界扑克系列赛夏季赛事的，但是按照我的日程，世界扑克系列赛夏季赛事开始的时候，我进入扑克界还不满一年，所以无法实现。现在，在真正的一周年之际，我迫不及待地想看看自己已经走了多远。

第十三章

从一无所知到全国冠军

好运总是会给人一种与自身不相称的价值光环，
在这个世界上，幸运的人会被当作天才。

——欧里庇得斯

《赫拉克勒斯的儿女》（*The Hercleidae*）

第一场PCA锦标赛

巴哈马群岛很美，至少在我从房间走到赌场的短短几分钟里看到的巴哈马是很美的。其实，我很高兴这里一直在下大雨，稍稍缓解了我因没有时间享受海滩而产生的消极情绪。当然，在一个扑克赛站，看的景色越多说明你打得越差；如果你打得很好，就没有时间去美丽的户外了。令人高兴的是，我打得还不错。

两天前，我从纽约飞抵巴哈马，熟悉了一下环境。到这儿的第二天早上，我参加了自己的第一场PCA锦标赛——全国冠军赛。很遗憾，那天晚些时候我就出局了。幸运的是，那天晚上还有一场涡轮赛，而我居然坚持到底了。这场赛事进行了一整天，持续了大约16个小时，结束后我踉踉跄跄地爬到床上，却意识到自己其实睡不了几个小时。肾上腺素激增，我进入了熟悉的循环：我得睡觉才能打好比赛呀。哦，不，我怎么还没睡着呢！太糟糕了。任何一个得过失眠症的人都很清楚这个循环。你越是想着赶紧睡着，就越睡不着。

这是靠咖啡因续命的昏昏沉沉的一天，因为缺少睡眠，我的大脑一直处于混沌的状态。不过我的钟形曲线取得了成效——我赚了些钱，赢了几手牌，居然还没被淘汰，这意味着我成功地进入了决赛桌（此处应有鼓声）。我激动得难以言喻，疲惫得超乎想象。我必须承认自己是有一些顾虑的：我知道这有多重要，我知道我需要睡觉，也知道我的身体里充满了肾上腺素和咖啡因。这三个因素预示着我今天晚上是休息不好了。这一点一直困扰着我。埃里克的“先看看你比赛当天早上的感觉如何”并不适用于一个持续多日的锦标赛，因为你必须得参加比赛，无论你感觉行还是不行。

我从比赛房间出来，经过亚特兰蒂斯赌场的柏拉图休息室的时候，看到了几张熟悉的面孔。我认识的很多玩家正聚在一起。原来，一位很少出现在锦标赛上的现金游戏玩家斯科特·塞韦尔（Scott Seiver）正在举行一个小型聚会，庆祝自己初次涉足锦标赛赛场。他说：“来跟我们一起聚聚！”并挥手示意我过去。一方面我想尽快上床，但另一方面我知道无论如何自己都是睡不着的，所以不妨问问扑克高手的应对策略。这对我来说是全新的体验，但对于参加这场似乎已经变成了威士忌品酒会的十几个豪赌客来说，熬夜连轴转已经是他们的第二天性了，他们的整个职业生涯似乎都是一次又一次地熬到比赛后期。

“我睡不着。”我说道。有人递给了我一杯酒，说也许这杯陈年波旁威士忌会有所帮助。

对于严肃的玩家来说，扑克就像一项体育运动，他们会使用一切可以使用的工具来确保自己精力充沛。

他们在试图优化自己的身体，并且用最理想的方式去做。比如，得知艾克·哈克斯顿，就是主修哲学、长得像哈利·波特的那个玩家，每天早上都要吃一片药的时候，我非常惊讶。

我问他在一场大型比赛前会有哪些例行程序，他告诉我：“我会吃一片咖啡因片，在床上愉快地打 30~45 分钟的滚儿，然后冥想 8 分钟，洗个澡，最后去打比赛。”

“咖啡因片？真的吗？”我心里想着要问他冥想的具体时间点、是否吃早餐，但是咖啡因片是最令我惊讶的。我喜欢在早上喝茶，因此绝对不会为了一片咖啡因放弃早茶。对我来说，喝茶就是一种冥想。自然，在发现他人所做的事与自己会做的事截然不同时，我会觉得难以置信。

艾克解释说：“其实，我以前是喝咖啡的，但是后来很多时候我都住在酒店，叫咖啡所费的劲儿与最后喝到的咖啡质量以及喝咖啡的愉悦程度不成正比，所以我决定开始服用咖啡因片。”

质量比（quality ratios），即权衡成本和收益、计算最有效的时间利用方式，在对不同因素进行微调后评估生活的质量，是一个真正的扑克玩家在面对大多数决定时的思维方式。这种方法我只见过一次，还是在心理学实验室，只有在有人做出了多个糟糕的、表明他有这样或那样偏见的决定之后，为了让他在今后做出去偏见的决定，才会要求他进行一个明确的成本—收益计算。然而，你通常会发现，一旦离开了实验室，旧的思维方式就会重新出现。

但大多数投入的玩家都会有这种刺激身体的表现。他们有经过专门调整的饮食标准，有些人还会带着私人厨师。生酮饮食、素食、冥想、运动养生都是常见的方式。为了让身心合一，埃里克甚至在我认识他之后的这一年里学会了瑜伽。最近的一项研究表明，顶级国际象棋选手在比赛期间每天可以消耗多达 6 000 卡路里的热量，其新陈代谢模式会让人联想到优秀运动员。我想，职业扑克玩家的身体也会有相同的表现。在这次旅行中，我竟然在一周内毫不费力地减掉了 8 磅。我告诉埃里克："我应该重新构思这本书，将它命名为'扑克减肥法'。"埃里克说："那立马就能成为畅销书。"

我很感激他们提供了这些解决睡眠问题的建议，好让我能为明天的大日子做好准备，但是我没办法照做，因为我从来都不是靠辅助药品睡眠的人。我会试着在午夜冥想，希望能够有效。

当然，在回到房间之后，我每次入睡都睡不了几分钟。当我迷迷糊糊地睡过去的时候，又因为一个噩梦而心生恐惧，猛地醒了过来。我回顾了一下，试图弄明白到底是什么噩梦对我有如此大的影响。其实就是梦见了自己在玩扑克，结果被爆了冷门，在意识到这个之后，我哈哈大笑，带着一丝歇斯底里的味道。也许我应该听他们的建议，吃点褪黑素。

战略与感情上的重置

转眼到了早晨。上午 11 点的时候，我的电话响了，是埃里克打来的。他说："今天的任务就是：放松、专注、思考。你为此付出了很大努力，别分心。"

我点点头，一时忘了他是看不见我的。

我的电话又响了，埃里克说："我和鲁阿都很激动。"

我只感到了紧张，不过我绝对会尽最大的努力。我收拾好东西，走进赌场，不敢相信自己坐在这里，坐到了决赛桌前，成为仅剩的八名玩家之一。我以前也坐过决赛桌，但那都不是重大的赛事。我从来没有在这样大型的赛事中挺进决赛，环顾四周的时候，我感觉自己好像进入了另一个时空。

牌桌上有坐在发牌员左边的克里斯·穆尔曼，上次立在世界扑克系列赛书摊前的那个人形牌就是他的。虽然还不了解他，但是现在的我肯定听说过他的经历。他是一个令人心生畏惧的锦标赛杀手，过去一直是线上扑克世界排名第一的玩家。摆书摊的那家出版商没有说谎，他确实是“有史以来最成功的线上扑克玩家”。有坐在我左边的哈里森·金贝尔（Harrison Gimbel），我俩中间隔着两位玩家。我对他也不是很了解，但是知道他赢得了令人羡慕的世界扑克系列赛冠军、世界扑克巡回赛冠军、欧洲扑克巡回赛冠军的扑克三连冠。事实上，他还赢过本赛站主要赛事的冠军，他对这里很熟悉。坐在我右手边的也是一个不熟悉的人，不过我知道他是谁，头一天晚上我查询了关于他的信息，这是一个基本的准备步骤。我了解到他是国际象棋特级大师、荷兰象棋冠军卢克·范维利（Loek van Wely），曾经是世界上排名前十的国际象棋选手。还有一位已斩获近 100 万美元赢利的加拿大职业玩家，一位已斩获 100 多万美元赢利的芝加哥职业玩家。我想说自己任务艰巨，但这种说法不太准确。我觉得自己像个彻头彻尾的冒充者，像一个傻瓜，靠运气才进入了这个明显不属于自己的房间。

杰瑞德不会允许我有这样的想法，但是我忍不住。我们之前一直在努力克服这个问题，他告诉我：“记住，不要去想他们一路走到顶峰的经历，不要去想他们已经参加过 10 万美元买入赛的事实，不要去想他们一路走到现在是否是运气使然。”我环顾牌桌四周，感觉除自己以外的其他人都有资格待在这里，这时我试图回想他说的话。“每个人都会在某个时刻走运，你要忘记所有关于他们的神话，因为他们依旧是有弱点的。他们首先是人，其次才是玩家。”

我试着深呼吸，让自己镇定下来，看看已有的赛绩。令人难以置信的是，我的筹码量位居第二，有超过 70 个大盲注的量，以这个筹码量进入决赛桌是很理想的。而且我刚刚还收到了一个很大的惊喜，一走进比赛室，我就看到埃里克在那里迎接我。他之前没说过要来，但却一大早起来给予我精神上的支持和鼓励。他今天也有决赛，不过是在几个小时以后。他本来可以休息的，但是想送我踏上自己第一场真正的锦标赛决赛的征途。即便最后表现得不好，能走到这里也已经是一场胜利了，我很高兴。我告诉他自己太紧张了，连早餐都吃不下，担心自己想做任何动作的时候都有可能呕吐。

他说："一手牌接一手牌地打，当你全神贯注地比赛时，就不会再紧张了。你可以的。"

他说得容易，毕竟他已经经历了无数的决赛桌、赢得了很多冠军头衔。我勇敢地笑了笑，问他在最后一刻有没有什么建议。

他说有，"不要做一条鱼。"

说完之后，他就离开了，在远处观看比赛。观看现场决赛是很痛苦的，因为只有在屏幕上显示了之后，你才能看到底牌。在现场比赛直播中，决赛桌跟想象中一样乏味，既看不到底牌，也无法提供策略建议。

"不要做一条鱼。"我默默地重复着这句话，一边坐下来，一边对着摄像机微笑。不要做一条鱼，不要做一条鱼。可是，我真的感觉自己就是一条鱼，感觉力不从心。

不久我就证明了自己就是一条鱼。今天是我短暂的扑克生涯中最重要的一天，还没过三十分钟，坐在枪口位的我就已经拿到了两张漂亮的红 A。我刚刚加注了略多于 2 个大盲注的量，就看到每个人都在依次弃牌，我有些难过。但大盲位的玩家，那位国际象棋冠军范维利则选择了让牌。我欣喜若狂，拿着一手最好的牌，我要赢大钱了。

接下来是翻牌，三张公共牌分别是一张红桃 K，一张梅花 Q 和一张红桃 J。对于一对 A 来说，这样的翻牌并不是最受欢迎的，因为这就是所谓的湿面，是一个存在多种可能的台面，这样的台面会让之前比我小的很多牌型的牌力有所上升。当枪口位玩家加注、大盲位（目前为止最强的位置）的玩家跟注时，大盲位玩家自己的底牌牌力通常也相当强，至少在这个阶段的锦标赛中是如此。他的底牌有可能是高牌，有可能是同色的连牌，也有可能是能命中台面的很多好牌。不过我没有想到这些，我想的是自己那对可爱的王牌，于是赌上了接近半个底池的筹码，范维利选择跟注。到目前为止，一切都还算不错。

然后是转牌圈。转牌是方块 6，如果扑克中也有空白牌的话，那这张就是，因为它无法提升任何一个听牌的牌力。在范维利再次让牌之后，我决定再下一个大注，心里念叨着：王牌！王牌！啦啦啦。不过这次，他没有跟注，而是选择了加注，并且加了一个大注。不好，这是危险的信号，这里应该有警报声，我应该弃牌，因为我的王牌完全大不过他的价值牌，他有可能命中各种顺子，有可能命中两个对子，也有可能命中套牌。他真的是在虚张声势吗？我手里拿着红桃 A，所以他应该没有坚果同花听牌，诈唬范围（bluffing range）就小了一些。不难看出，能够让他赌上超过一半的筹码量、让奖金突增的牌一定是我不想看到的一手牌，但我并没有想到这些，我连一秒钟都没等就选择了跟注，心里念叨着：王牌！王牌！王牌！

河牌又是一张红桃 K，范维利再次让牌。不知怎么的，我突然意识到，也许，只是也许，局面并没有像我想象的那样展开。我也跟着让牌，他摊开了一张 9 和一张 10，原来他在翻牌圈就已经命中了顺子。就这样，我输掉了自己的筹码。单这一手牌，我就已经输掉了三分之一的筹码，从一个筹码量位居前列的人沦落到筹码量最小的人之一。我知道自己搞砸了，甚至有些崩溃。

正在看直播的埃里克很快就给我发了短信，确认了我已经知道的事实：我搞砸了，输得很惨。不过，接着他又敲出了另一句话："把它抛在脑后，继续比赛。"忘了它，比赛之后我们再讨论策略问题。现在，把注意力集中到下一手牌上，忘记失去的筹码。重新振奋精神，打低筹码比赛，一手牌接一手牌地来。

我最喜欢的一本关于写作的书是安·拉莫特（Anne Lamott）的《一只鸟接着一只鸟》（*Bird by Bird*），书名取自一个与她弟弟有关的故事。她弟弟上小学的时候，老师布置了一个研究鸟的大课题，他原本有好几个星期的时间来做这件事，但却一直拖到最后才做，第二天早上就该交报告的他头天晚上却坐在桌旁哭个不停。他怎样才能完成这个课题呢？拉莫特说，父亲对弟弟说："孩子，先研究完一只再研究另一只，一只鸟接着一只鸟地来。"

"一只鸟接着一只鸟"成了我的咒语，每当我感到不堪重负时，就会在心里念叨这句话。每当事情太多、感觉永远都做不完的时候，每当我觉得永远无法达成一个目标的时候，我就会闭上眼睛，对自己说，一只鸟接一只鸟地来，然后便开始研究任务列表中的下一只鸟。虽然可能会感到有些不知所措，但是我可以一手牌接一手牌地来，我能做到的。我深吸了一口气，闭上眼睛，像和杰瑞德讨论过的那样，按下了重置键。

一手牌接一手牌地来。重置，不仅仅是战略上的重置（想想该如何打低筹码的比赛），还有情感上的重置（不要再生自己的气，不要对自己感到沮丧，只要集中精力，向前看；虽然会犯错误，但我还是有能力的）。我尽可能地放慢呼吸，放下自己的错误，向前看。

接下来的两个小时悄然而逝。我没有参与大底池的牌局，而是选择慢慢来。在过去，我可能会想增加自己的进攻性，把输掉的筹码再赢回来。但现在，我在进行心理博弈，在等待合适的时机。虽然筹码越来越少，但是我不能让自己惊慌失措，特别是在锦标赛的这个阶段，耐心才是关键。

我最害怕的对手之一，克里斯·穆尔曼以第八名的赛绩出局，被一手对 A 打败了。这手对 A 打得比我之前那对好，我这条小鱼面对的鲨鱼又少了一条。“穆尔曼出局了！”我兴奋地给埃里克发短信。“耶！”他回复道，他知道我忌惮这个对手。这件事是值得兴奋，但也不能老惦记着这个，毕竟还有很长的路要走呢。不幸的是，穆尔曼的筹码转到了哈里森·金贝尔那儿，他是另一个令我忌惮的对手，而不是跑到了坐在我右手边、跟我隔着两个位置的那位年长的绅士手中，在我眼里，他才是这个强大阵容中的薄弱一环。在昨天和他玩了一整天之后，我把他定位成了一位强势的老家伙。在我看来，他太咄咄逼人了，常常凭着自己资格老而任意妄为。人们通常认为到了一定年纪的玩家在比赛时会严谨、保守，但是我发现，有一些老家伙喜欢通过增强进攻性获得优势。这个老家伙似乎对自己摆布他人（尤其是我）的能力太过自信了。我暗暗告诉自己要等待时机，不要把这当成是针对个人的。

我们休息了 20 分钟。杰瑞德为我制定了一套例行程序，我现在每时每刻都按照这个程序来。第一步，在休息时间的前五分钟放松、清空大脑。于是我先记下了关键的几手牌，这样它们就不会在接下来的时间里占据我的大脑空间。稍后我会和埃里克一起分析这几手牌，不过现在重要的是把它们从我的大脑中清除，这样我好接收新的信息。第二步，花几分钟时间思考我的决定。问问自己：我的思维如何？有没有做出受情绪影响的决定呢？再说一遍，我现在不是在分析，只是在为未来做准备。第三步，在接下来的十分钟时间里什么都不做，不讨论扑克，不思考，只是散步、放松。第四步，在中场休息结束前，为下一阶段的比赛做几分钟的热身，让自己做好心理准备。我的目标是尽可能地长时间保持头脑清醒，因为我会越来越累，越往后，就越难在休息的时候清空头脑。不过现在我已经准备好了。

巅峰对决：获得 PCA 全国冠军

我们又坐了下来。我还没来得及适当地调整好思绪进入比赛状态，那对令人喜忧参半的王牌就又来了。不过，这一次的局势又有所不同。一个巴西玩家把剩下的所有筹码都推到了中央，我都不用费脑筋去猜他的国籍，因为他穿着一件彩色的印有巴西国旗的 T 恤。我低头看着这手曾负了我的牌，或者说这手曾被我负了的牌，选择了跟注。那个叫安图内斯（Antunes）的巴西人的底牌是梅花 10 和梅花 8。我感觉很好。翻牌是两张 Q 和一张 6，乍一看对我没什么影响，仔细一看那张 6 和其中一张 Q 都是梅花。不好了，他赢牌的概率大幅提升。我连一张梅花 A 都没有，如果再来一张梅花，我就会失去大量筹码。我默默地对自己说：一定要撑住，千万别再来一张梅花。我想，在这种情况下许多玩家都会这样默默祈祷的：愿扑克之神能公平一回，或者，直白地说，希望波动能够于我有利。这一次，波动真的对我有利。转牌是一张 10（不过这样他其实有可能凑成两个对子，他可能会有更多的出路，也可能命中更强的牌型），河牌是一张 9，两张牌花色不同。我撑住了！他以第七名的赛绩出局，而我则赢得了筹码，为急需增大的筹码量加了一笔。我仍然是牌桌上筹码最少的两位玩家之一，不过至少又晋了一级。

埃里克发信息跟我说："再多来点对 A。"我笑了笑，在紧张的时候还是应该来点幽默。他又发来一条信息，说："就是再来点对 K 也不错，不过还是对 A 更好。"我又笑了笑，放下了电话，要专注、专注、专注。

一个小时过去了，我的筹码又只剩 20 多个大盲注的量。这样的筹码量仍然是够我玩的，就是不那么令人放松罢了。这几局没碰见什么大牌，底牌差，台面也差，没办法做些什么，只能弃牌、等待，不过现在我更愿意这样做了。像埃里克常说的那样，等待，选择有利的位置。不论什么时候，这个策略都是行得通的。我的情绪控制终于跟得上了。

特级大师，我开始在心里这么称呼卢克·范维利，他加注了。我的底牌是两张还不错的黑桃，一张 A、一张 5，于是选择跟注。这是一手边缘牌，我可以弃牌，也可以全押，不过考虑到自己的筹码量，我决定采取不那么强势的策略，先看看接下来的局势如何。位于大盲位的恰好是那个强势的老家伙，他也选择了跟注。我们三个等着翻牌发出，翻牌是：红桃 9、红桃 6 和方块 5。我能凑成一对不大的对子，还不错。正如每次打开扑克直播时扑克解说员喜欢提到的那样，在德州扑克中凑成对子是很难的。不过，更好的一点是，在这一局中，我的位置很好，可以最后一个叫注，所以在做任何决定之前，我可以先看看其他人是怎么做的。最好的一个决策辅助就是：在下决定之前最大限度地获得信息。强势的老家伙让牌，特级大师让牌，我决定和他们一起让牌。我没有理由在这一局诈唬，因为已经有很大的摊牌价值了：即便不诈唬，这手牌也能轻轻松松地赢。要是我选择诈唬，有人加注怎么办？有很多牌型都会让人倾向于加注，我不愿意白白输掉一手眼看要赢的牌，先让牌然后看看局势如何是一个更好的选择。

下一张公共牌又是一张 6。强势的老家伙下注，特级大师弃牌，轮到我决定了。我应该跟注还是弃牌？我的筹码不多，只有 18 个大盲注的量，如果跟注就得立马扔进底池 3 个大盲注的量。他不喜欢弃牌，所以手上很可能有一张 6。在底池中已有两位玩家的情况下，那些较为严谨的玩家是不会多次下注的，在与这类玩家对阵的时候，我不能低估这张牌的价值。当然，他的底牌也可以是一张 7 和一张 8，这样在翻牌圈就能凑成顺子，但是我觉得如果是翻牌顺子的话，他早就应该下注，他不是那种会慢慢打的人。不过，我观察到，每次翻牌圈有人让牌的时候，那个强势的老家伙就会在河牌圈下注，所以他可能既没有空气牌，也没有听牌。基于观察到的信息，我决定冒险跟注。河牌是方块 J，所以明显的听牌牌型，比如同花听牌、顺子听牌，都是无法命中的。如果我选择跟注但却选错了的话，筹码将不足 10 个大盲注，就会进入真正的危险区。筹码越少，周旋的余地越小，可以说我的武器库里只剩下一个武器了：全押。这样就消除了一切复杂性。

我难以抉择，试图弄清楚这两个决定的合理性。如果他的牌力很强，会这样打吗？如果他拿的是边缘牌，会在我已经叫注了两次之后，还这样打吗？毕竟，我的小对子甚至大不过边缘牌，如果他命中了那张 9 或者那张 J，就会大过我的对子。我差一点就弃牌了，不过还是豁了出去，因为我想起了几个月前在拉斯维加斯吃晚饭的时候菲尔·加尔方德对我说的话：从头捋一遍故事，看看故事是否流畅？是否存在逻辑上的漏洞？我是一个侦探，也是一个讲故事的人，我在牌桌以外的经历在这时能给我怎样的启示？我放慢了节奏，开始回忆，不只是这一局，还有过去三个小时这个老家伙的打法。在拿到强牌时他是怎么打的？在诈唬的时候他会做什么？这会儿我已经想不出什么扑克策略了，所以只能做自己最擅长的：从他的行为中找到能够给我带来帮助的矛盾之处。

我回忆起早前的一局，那一局一开始也是有多种出路的，跟现在一样，我的这位对手在翻牌圈让牌，在转牌圈下注然后被他人跟注。河牌是一张无伤大雅的牌，他支支吾吾了一会儿然后说：“好吧，好吧，我让牌。”他的对手也选择让牌，这个明显有些沮丧的老家伙摊开牌，命中了同花。他问对方：“你为什么不下注呢？我明明看起来很弱啊！”

当然，我很清楚，一个数据点无法构成一个模式，但是我也知道他喜欢摆布别人。不只是我，我还看到他逼得金贝尔弃了好几次牌，要知道金贝尔可比我厉害得多；穆尔曼在没出局的时候，还被他逼得弃了好几手牌。强势的老家伙喜欢利用自己资格老的形象。这些信息混合在一起，促使我做出了决定。我选择跟注，然后他翻出了两张 A 高牌，既没有命中对子，也没有命中其他好牌，就这样，我赢下了底池。我松了一口气，筹码增加到 30 多个大盲注，而且还没有出局。

又过了两局，我在翻牌圈命中了三张同花 J，这是非常强的一个牌型。我赢下了又一个底池，筹码增加到 45 个大盲注的量，终于不再是牌桌上筹码最少的玩家了。我终于可以大胆一些，更冒险一点，甚至可以开始享受牌局了。

接下来的一个小时平安无事，我输了几把小牌，筹码也没赢多少，筹码量在平均水平上下浮动。我很幸运地用对 Q 打败了对 J，淘汰了另一位玩家，然后牌桌上就只剩下五个人了。这一局没什么技术含量。

那个老家伙很快就胜了我一局。那一局，我在翻牌圈选择让牌，他在转牌圈和河牌圈行动迅速，于是我决定就让他赢好了。那时已经凌晨 5 点了，天快亮了，精疲力竭的我还没被淘汰，我完全是凭着肾上腺素坚持下来的。我不能每一局都进攻，于是我做了一个从策略角度讲不大合理，但从个人角度来讲非常有必要的决定，我决定等等，下回再进攻。我需要在短时间内重新蓄能，因为我再一次成了牌桌上筹码量倒数第二的玩家。很快，在哈里森·金贝尔输给特级大师后，我就成了筹码量倒数第一的人。

休息时间来得不能更及时了。一到休息时间，我就放弃了往常会进行的散步程序，去喝了些绿茶，吃了个能量棒，我的大脑需要补充能量才能运转。我知道有些玩家整个比赛过程中都不吃东西，但是不知道他们是怎么做到的。更何况，这有悖于科学啊。

虽然在现代效率至上的文化中禁食很流行，很多推崇效率的领军人物都支持禁食。比如，推特的 CEO 杰克·多西就说起过“思想的聚焦”（focused point of mind），他认为这种聚焦的动力源自禁食。不过从科学角度讲，禁食对决策能力的影响更多是负面的。科学研究表明，禁食会影响我们的延迟贴现能力：我们会倾向于选择更早出现的较小奖励，而不会选择更晚出现的较大奖励。实际上，我们会变得更加冲动。其实，即使那些证明禁食在某些工作上有好处的研究，也承认思维过程是依赖“直觉”的。用“直觉”这个词来形容由感觉器官主导的决定是很恰当的。虽然这种方式很适合像埃里克这样的人，因为他的“直觉”其实是仔细积累了几十年的专业知识，只不过他并没有有意识地去调用这些知识，但对我们而言，直觉感知既有可能是错误的也有可能是正确的，而且我们没有办法加以区别。相比冷静、慎重的沉思，我们会更依赖于反射性思考，也会更加情绪化，经常把身体发出的饥饿（hunger）信号解释为消极的情绪状态，因此有了“饿怒”（hangry）这个词。所以，错误地把情绪当作信息时所产生的消极决策效应很可能会影响我们的思维过程。

莫里斯·阿什利（Maurice Ashley）是国际象棋界的传奇人物，是历史上第一位黑人特级大师。我了解到，最近几年他一直在亨特学院高中教孩子们下棋。他和其他的特级大师会在周末聚在一起观看 8 岁的孩子比赛并分析他们的走棋动作。一个周末，和弗兰克·兰茨同为游戏设计公司 Area/Code 创始人的凯文·斯莱文（Kevin Slavin）去观察工作中的阿什利。阿什利能从一个孩子的一连串动作中推断出看似难以衡量的思维方式，这件事震撼到了他。斯莱文回忆起阿什利和一个小姑娘的对话。

在看了一眼她的成绩单后，他告诉她：“你不在状态。”

“我在状态啊，”她反驳道。

“那好，你早餐吃了什么？”他问道。

“什么都没吃，我们迟到了，所以没有时间吃东西。”

“那就是了。你下棋的时候表现得像个饥肠辘辘的人，下次必须得吃东西。”

我不希望在这个关键的阶段，使自己思维过程的清晰度受到影响。毫不夸张地说，我真的需要补充能量。

我不知道是因为活动了一下还是因为摄入了咖啡因或零食，20分钟过后，当我们坐下来玩的时候，我感觉自己像变了一个人一样。我能做到的，再也不要弃牌投降了，虽然目前我的筹码是最少的，但我也因为这个而变得强大：我可以给其他玩家施加压力，不用担心被他们诈唬。只要我一把筹码推到中央，他们就知道我是孤注一掷了。

很快我就这么做了。我在大盲位，特级大师在小盲位，他选择加注。我低头看了看自己的两张7。对一个只有12个大盲注且怀揣梦想的人而言，这是一手不错的牌。我的底牌范围要比特级大师的松，而且对自己的决定也很满意。至少在他快速跟注、摊出两张A之前我是非常满意的。我不敢相信地摇摇头，今天一开始我出师不利、对A被打败就是因为他，而现在他又要用对A打败我了。翻牌都是黑桃：一张8，一张9，一张6。我的赛事寿命突然又延长了：再来一张10或5，我就能命中顺子。当然，得不是黑桃才行，因为特级大师手里的对A都是黑桃。转牌圈奇迹般地出现了一张花色不同的10，如果河牌也不是黑桃，那我就能继续活下去。河牌是一张喜人的、完全没有杀伤力的梅花2。在这个具有标志性的与今天第一局类似的时刻，我最终在与卢克的对阵中淘汰了他，而自己则仍在牌桌上。这一局，我在极其糟糕的情形下赢得了筹码。我从未像这次一样走运，正如他们所说的，要想赢得一场锦标赛，你绝对需要运气，单靠技能是无法越过终点线的。（“你的筹码刚才是不是翻倍了？”詹森·古在经过护栏的时候朝我大喊。他和埃里克在同一张决赛桌上，这会儿正是休息时间。我点点头，他竖起了两个大拇指，给了我一个大大的微笑：“加油，加油，加油！”）

不久之后，特级大师以第四名的赛绩出局，然后只剩下三个玩家。我十分兴奋，充满了新的使命感。我很专注，也很自信，虽然三个玩家中我的筹码最少，但在一开始我从来没有想过能走这么远。我用一手对 7 赢了牌，这让我觉得其他的都是额外的奖励，我本不应该继续坐在这里的。

当那个强势的老家伙试图在前翻牌圈摆布我时，我拿起筹码，加倍下注，我坚定地拿着同色的 KJ 牌对阵他的 Q10，然后给了他致命一击。位于小盲位的他选择加注，坐在大盲位的我手里拿着红桃 AK，这手牌在任何情形下都是强牌，现在更是如此，我选择第三次下注，他已经受够了我，就全押了，我自然是选择立即跟注。他的底牌是一张 A、一张 2，而我也以极好的状态进入了翻牌圈。最终的台面是这样的：J—8—7—Q—10。我命中了顺子，最后牌桌上只剩下两位玩家。我坐在自己第一场大型赛事的决赛桌上，一对一地争夺冠军头衔。

如何打一对一的比赛呢？它和满员桌的比赛是不同的量级，要求你具备各种素质。在一对一的比赛中，耐心已经不再是优点了，因为你无法保持耐心。你得做好准备，好好地打，快速、自信地打，没时间坐着等。

扑克中一对一的比赛就像是去参加喧闹的酒吧聚会、遇到了合适的人然后跟他初次约会的情形。而且它还不同于一般的初次约会，不是那种相亲约会，而是那种越来越少见的、必须得打动对方才能获得的初次约会。为了这次约会，你头一天晚上得说恰当的话、做合适的事，好让现在坐在你对面的人同意你的邀约。那场聚会是一场热身赛，相当于满员桌的扑克赛，你有朋友、饮料、道具等支援系统，可以在谈话的一段时间里保持安静，直到想到完美的应答，然后就可以用你的聪明才智征服所有人，包括你的目标对象。你可以选择位置，确保自己坐在最好的光线下，然后就能脱颖而出。

在这个充满希望的晚上，在夜幕刚刚降临的时候你迎来了初次约会，两个人一对一，面对面地坐着，中间的桌子上放着饮品，你希望能将喝杯酒的约会发展成共进晚餐的约会。不过这一次，你只能靠自己了。即便你想不出最完美的话，也不能干坐在一旁，让别人替你说话；即便碰到一个不太想回答的问题，你也无法把接力棒交给信任的朋友，因为你的朋友不在这里，在这里的只有你自己。你必须得行动，不断地行动，不要停下。

所以你就这样行动了，展现最好的自己，讲最诱人的故事，说最动听的话。如果你没有太多要说的，那就装装样子；如果你感觉自己不够诙谐，那也得假装一下。初次约会需要的不仅仅是诚实，只有争取到了更多的约会后，你才可以沉默，才可以表现出笨拙的样子，初次约会就是要迷住对方。你得认真地打好每一手牌，即便在你宁愿认输、选择弃牌回家的时候，也要好好打。

在一对一的比赛中，你被迫玩在满员桌时做梦都想不到自己会玩的牌，简单的弃牌变成了加注。你要么跟注，要么加注，要么全押。一对一的对决赛是升级的比赛，你的技能和期望都得改变。

幸运的是，这次我准备好了。在过去的两个月里，我一直在研究针对这一场景的策略，练习的几乎全是一对一对决赛。至于原因，因为在都柏林的比赛中，我以第二名的成绩输给了手里拿着吉尼斯黑啤酒、戴着墨镜的瑞典对手。我并没有因为输给他而沮丧，不过我感觉到，要是具备了必要的技能，我也能赢。这一次，我是完全奔着赢去的。

在我们重新开始打牌之前，我给埃里克发了个短信：“挺到一对一对决赛了！我是筹码领先者。”我问他是否应该考虑跟对方达成约定。“如果你认为他很优秀的话就可以考虑。”他回复道。过了一会儿，他又说：“不过你一直在练习一对一的决赛。”

他是对的，我确实一直在练习一对一的决赛。“我想现在我要坚持到底。”我回复道。我感觉自己能赢。

埃里克回复道：“就是要有这样的精神！我们要过来，太激动人心了！”他和鲁阿正往赌场这里来，要为我加油，一想到这儿，我就能量倍增。

这倍增的能量激励着我撑过了接下来的几手牌，接着我就遇到了一个可能会改变锦标赛结果的决定。我拿着梅花A和黑桃K，选择加注。而对手，来自芝加哥的职业玩家亚历山大·泽斯金（Alexander Ziskin）选择跟注。翻牌是两张10和一张7，其中两个是黑桃。他选择让牌，我决定继续下注：我的牌力仍然很强，即便他有一个对子，我也有很多机会可以提升牌力。但是亚历山大并没有做弃牌或跟注这样简单的选择，而是选择加注，加注量几乎是我下注量的三倍。我犹豫了，他是不是有一张10？如果他有的话，那就糟了。我以为，如果他有一张10的话，就会选择跟注，否则，面对像这样的干面，他为何不选择让我自取灭亡呢？我有两张高牌，翻牌后凑成了后门同花听牌，于是选择跟注。转牌是黑桃2，这是台面上的第三张黑桃。他宣布“全押”。不好，我只有A高牌，该怎么办？

我开始在脑子里预判。如果我跟注，但跟错了，那他不仅会筹码量领先，势头也强劲。这是一个重大的决定，尤其是在我连一个对子都没有凑成的情况下，不过我有一张黑桃，也还算不错，这意味着即便我现在的牌力落后，也有可能命中牌力最强的牌型。我挣扎了几分钟，琢磨着如果他是在诈唬的话，牌型有可能是哪几种，这几种牌型会不会比他的价值牌大。然后，我决定自己不能弃牌，现在的底池本益比是于我有利的，概率也是于我有利的。他可能知道这种决定对我来说有多困难，所以更有可能试图诈唬。他是职业玩家，我是业余玩家；他经历过这些，我没有。我最后选择了跟注。

亚历山大摊出了一张方块 J 和一张梅花 8，他命中了中洞顺子听牌（再来一张就能凑成顺子的牌型）和同花听牌。不过，我的牌力仍然是最强的，而且我的同花听牌比他的大。我只需要坚持，避开能让他赢牌的那 8 张牌（红桃 9、方块 9、梅花 9、黑桃 9、红桃 J、梅花 J、红桃 8、方块 8）就好了。摄像机离得更近了，记者们围成一团。我在人群里寻找埃里克和鲁阿，但一切都发生得太快了，他们还没来得及赶到这里。发牌员一直等着经理给她发出可以发下一张牌的信号。

我们坐着等待，这种等待似乎要延续到永远。最后，她得到了信号，发出了河牌，是红桃 K。我简直不敢相信。亚历山大站起身，走过来要和我握手，但我还没有意识到自己刚刚赢了。那 84 600 美元都是我的了，2018 年 PCA 的全国冠军头衔也是我的了。

勇气和运气之间的比率

故事原本应该在这里结束。我，在进入扑克界差不多刚满一年的这一天，在令人震惊的胜利中举起了奖杯。最终能发挥能动作用、将决定权掌握在自己的手中，是我从未预料到的胜利。最初开启这趟旅程时的目标是了解概率的上限，而我现在已经证明了自己。尽管中途经历了挫折，尽管事实证明最初的路线规划存在瑕疵、需要更改，但只要保持应有的心态，有了对的工具，你就可以克服困难，胜过别人，获得成功。

但我还是觉得这样的结局对我来说太轻松了，它太过简洁、太过中规中矩，是那种传统的从逆境走到成功的英雄之旅。尽管这是真实的生活，是真实的经历！不管我怎么掐自己，这都是事实，不是梦。不过，有件事仍然困扰着我。如果我是个冒牌货，是只成功一次的奇迹，是只现一次的昙花，是一只即将知道自己的旅程注定非常短暂的蜉蝣呢？我是否真的学到了可以持续下去的东西呢？从长远来看，我是否真的可以让波动于我有利呢？是否真的提升了技能，摆脱了似乎昨日还在经历的那种无能为力呢？又或者我是否只是因为生活质量得到了提升、自己交了好运才感觉更好了呢？还是因为凡事都如己所愿，所以感觉一切都变得更加美好了呢？

是的，我很努力，比很多人都努力。是的，我的背景可以加快学习进程，我这个局外人的视角因为有了最优秀的导师的指导而得到了优化。但是那些和我同样努力、比我努力得更久的人不是也有从未达到顶峰的吗？毕竟，同样是对 7，也会出现不同的结果，我也有可能成为陪跑，成为一个差一点儿成功的故事的女主角，而不是那个手拿奖杯的赢家。如果我没有走运，这一切就不会发生，我知道的。

E.B. 怀特在第二次世界大战期间写道："在那些靠个人奋斗成功的人面前，是不能提及运气的。行动者和实干家的社会是一个非常自负的社会，它的成员们会郑重其事地将自己的卓越和成功都归因于自己的努力。"我很清楚，自己不是靠努力奋斗成功的，也知道自己有多幸运。

如果我想最终解开这个谜团，用怀特的话来说，证明“勇气和运气之间的比率”真实存在，就得再向前一步：继续前行，直面幸运女神。不然，我怎么知道自己是真的优秀还是纯粹走了好运呢?

第十四章

如何正确看待信念

一个人碰到赌桌的时候真的能够不被迷信立即传染吗？

——费奥多尔·陀思妥耶夫斯基

《赌徒》（*The Gambler*）

不想成为昙花一现的奇迹

我获胜的那一天是我的结婚纪念日，我还赢得了一场大型国际赛事的冠军。我因为获胜而兴奋不已，差一点忘记了当天的约会。那天晚上，我和埃里克、鲁阿为了庆祝，一起去了一家意大利餐厅。餐桌上，鲁阿碰巧提到他们的结婚纪念日即将到来，我灵光一闪，对他们说："对不起，我得给我老公打个电话。"他们哈哈大笑。我打了电话，避免了一场灾难。不过，至少我带了份相当不错的结婚周年礼物回家。老公告诉我："我为你感到骄傲。我一直都知道你能做到。"我再一次觉得自己是世界上最幸运的人。

那晚之后，一切都加速了。第一名的赛绩改变了一切，而这些都是第二名的赛绩无法达成的。事实证明，扑克界都喜欢我的故事。新闻标题不用想就有了："一年之内从一无所知到拿到冠军！""本来是为了写本书，结果……"埃里克是我的导师，这一点大家并不介意，因为每个人都想要一点赛德尔式的智慧。我告诉他："我保证不会泄露你的秘诀。"然后又脑补了一句，我就是想泄露也泄露不了啊。埃里克是完美的爵士音乐家，不断地进化，不断地即兴创作，一直都在有针对性地回应他人。你可以教别人古典音乐的技巧，但却无法传授爵士乐的精髓。开始有越来越多媒体联系采访我。

有一天，我醒来发现自己在推特上火了。原来 Deadspin[①] 对我拿了冠军的这件事进行了报道，这篇报道引发了更广泛的媒体风暴。来自世界各地的媒体记者打来电话，其中有《泰晤士报》《世界报》《新闻周刊》《哥伦比亚新闻评论》以及巴西的媒体。我第一次登上了杂志封面，杂志名为 *Bluff Europe*；还为德国版的 *Glamour* 拍摄了一组照片。在世界扑克系列赛期间举行婚礼的那个好朋友发信息给我说："当你上了《每日邮报》的时候，说明你是真的成功了！"

当我还沉浸在新赢来的名气中时，扑克之星的主办方向我提供了正式的赞助，我将成为扑克之星由众多职业玩家组成的 Team Pro 团体的新成员。Team Pro 这两个字从我嘴里说出来感觉有些陌生又有些奇妙。我真的能成为职业玩家吗？为什么不能呢？是的，我想我能够成为一名职业玩家。

在我面前的是一种全新的可能性。我的选择范围更大了，可以进行更多的旅行了，可以参加买入更高的比赛了，可以重复买入并且不用担心自己会破产了。至少我可以在小规模的赛事中重复买入。这份赞助让我成了正儿八经的玩家，它给了我一个平台，给了我自信，也给了我一个缓冲垫。在签下合约、决定未来一年继续全职打扑克赛的时候，我感觉一切终于水到渠成了，虽然是按照一种从未

① Deadspin 是体育界的一个新闻网站，主要发布内容有：体育赛事预告，赛事回顾，赛事评论，以及体育相关的逸事、谣言和视频，等等。——译者注

预料到的方式，但是我心甘情愿地接受了。

不过还有什么在困扰着我，在第一次尝到胜利的滋味之后，这种感觉从未消失：就是那种仍然不是很清楚自己技能水平究竟如何的感觉。我不想成为昙花一现的奇迹，如果我真的是一个因为幸运才获得了冠军头衔的冒牌货，那我不想谎称自己技能熟练。因此，对我来说，这个可以让我更全身心地投入到扑克生活中去并且没有前一年那样的心理负担和压力的新机会，就有了另一层意义。它不仅是一个可以让我作为大使、为自己欣赏和热爱的游戏效力的机会，也是一个可以在更广阔的舞台上测试自己真正实力的机会。如果我真的想要欣然接受“职业选手”的头衔，并且从内心感觉自己配得上“冠军”的称号，那我必须要证明，即使只是证明给自己看，我能持续成功下去，可以不断地获胜。到那时，也只有到那时，我才能说自己的技能成分大过了运气的成分。否则，我就不得不向那位可爱的女神[①]鞠躬，感谢她的帮助，然后退到一旁。

直面运气的机会和方式

凯文·斯莱文在卖掉自己的第一家公司 Area/Code 后搬到了贝鲁特。那是 2011 年，对新晋科技百万富翁而言，贝鲁特那时还不是热门目的地，为什么要去那里呢?

斯莱文个子很高，清瘦结实，从他嘴里说出来的每一句话都带着一种男孩子的兴奋和活力。他像个气球一样，热情地从一个话题跳跃到另一个话题，但在我们的这段谈话中，他明显泄气了。我们

① 这里“可爱的女神”指的是幸运女神。——译者注

在讨论游戏的本质，运气的本质，不确定性的本质。毕竟，作为多家致力于在新环境下用新方式设计和开发游戏的企业的创始人，这个话题是他的专长。

他解释说，自己从未想过要卖掉公司，只是专注于经营这家公司，以至于根本没有意识到会产生这样的想法。不过，辛辛苦苦地工作，照顾45个人8年时间，的确会让人疲惫。他从未有过太大的经济保障，但突然间，却有了这样一笔“意外之财”。他说：“我们起初并没有想要变得强大或者怎么样，只是做出了一些足够成功的东西。我离开公司时拿到了几百万美元，这是我从来没有预料到的。”

事实证明，有钱并没有让他感觉特别好。“这笔钱让我觉得很矛盾。我给自己喜欢的两个博物馆捐了一些钱，给母校捐了一些钱，又给其他慈善机构捐了一些钱，但这其实并不是为了进行财富分配。”说到底，拥有这笔钱是运气使然。斯莱文解释说：“我觉得这种彻底改变生活的经济事件不是自己应该经历的。是的，我像只动物一样辛勤工作，我们也确实做了一些创新，但我认识的很多人都是如此，我认识的人当中也有比我更努力的，但他们却什么也没得到。”

奇妙的是，这一连串的推理与我接过奖杯时脑海中浮现的想法相似：我是真的赢得了这个奖，还是只是走运了而已？或者，更确切地说，我之所以拿到这个奖，是努力的成分更多一点，还是运气的成分更多一点呢？

那时的他待在贝鲁特的一个“糟糕的旅馆”里，一个没人认识他的地方，对于他而言，这是一种“重新平衡某种精神上的东西”的方式。在贝鲁特，他不仅在探索这座城市，还在玩一种名为四方棋（Quadradius）的游戏，“其实就是在方格中进行的跳棋”，只不过它会赋予玩家特殊的权力，比如移动两次或者摧毁一格中的所有棋子。斯莱文认为这是一款“越是深入玩越需要动脑筋”的游戏，但在玩的时候“感觉它有些低级”，不过他本人却沉迷于这个游戏。“我意识到，在玩的过程中，我其实是在努力消化我的幸运感，”他反思道，“我不会经常琢磨这个，但其实幸运感会让我产生不好的感觉。”

在贝鲁特那间糟糕的小旅馆房间，玩着不是很喜爱的游戏的斯莱文开始思考各种游戏，特别是那些融合了运气和技能成分的游戏。在这些游戏中，努力的结果和不受控制的、任意出现的噪声交织在一起，而他之前从未从这个层面思考过。他说：“那是我第一次真正地开始思考游戏在消化运气中的作用。它们能让你真正地理解运气的概念，然后说，是啊，运气是存在的。我认为这样做是非常有必要的，无论是对个人而言还是对集体而言。”他停顿了一下，想了想说：“单独否认运气等于在说我们对生活中的各种结果有着超出实际情况的能动作用。”游戏给了我们一个直面运气的机会，这种直面运气的方式能让我们在生活中以一种平常不会采用的方式来消化运气。有时候，在受运气影响最明显的游戏中，我们能充分理解主观能动性能促使自己走多远，也会理解它在什么情况下会不可避免地停止作用。

扑克和运气不等于赌博和迷信

如果想弄明白当你崇拜运气，将它捧在手里，把它当作真实存在的时候，它是什么样子，只需去澳门看看就知道了。如果说拉斯维加斯原本是一座不应该存在的城市，那么路氹城原本就是不存在的：它是从零开始建造的，为了建造这座城市，才将沙子、泥土填到海里，造出了一片陆地。现在它是东半球的赌博中心。也有许多人认为它是全世界的赌博中心。

几个月来，每个人都对我说，如果我不去到大洋的彼岸，就无法理解扑克真正的本质，无法理解隐藏在扑克表面下的技巧与运气的较量。澳门就像曾经的拉斯维加斯一样，只不过比后者更激烈、更真实、更原始。我一直不想听这些，因为从某种意义上来说，我不想看到在那里会发现的东西，即赌博，真正意义上的赌博，它与我已经习惯的高级扑克不同，会让我感到害怕。此外，看到自己尊敬的、熟悉的一些高级扑克玩家居然常常赌博，我感到惊恐。因为，对我来说，扑克是一种证明主观能动性的作用大于运气的方式。我选择来到澳门也许是为了测试自己发现的所谓的主观能动性。来澳门是我消化幸运感的方式，是我直面运气的方式。

自然，为了到达路氹城，你必须经历极大的变动，不仅要有空间位移，还要倒时差。先乘坐世界上耗时最长的一个直飞航班从纽约飞到香港，然后乘一小时的渡船到澳门老城区，最后再坐渡船到达路氹城的新赌场。新濠天地是一个大型酒店、餐厅和娱乐场所的独立综合体，看起来就像一个有些奇特的、十分陌生的拉斯维加斯。这里的酒店和地标都和拉斯维加斯的一样，但是带点火星的特质。这里的空气沉闷、潮湿。未来派的新型建筑让人感觉似乎有东西隐藏在表面之下，但它们未必是你想揪出来公之于众的东西。

澳门其实与拉斯维加斯很像，只不过更大、更古怪。落户这里的都是大企业，比如，澳门的威尼斯人是世界上最大的赌场，年利润超过了许多国家的国内生产总值。

出现在这里的都是那些看重赢利的大鲨鱼玩家，他们目标明确、精于计算，为追求经济价值最大化不惜一切代价；他们会吃掉那些经不住诱惑而来到这里的小鱼，这些小鱼一旦来到这里，就会发现自己没有抽身而出的意志力。因为赌场会耗尽你所有的精力，让你没有心思再干其他的事情。

好在埃里克也在这里。由我的新赞助商主办的亚太扑克巡回赛（Asia Pacific Poker Tour，APPT）以其回报丰厚的豪客赛而闻名，埃里克是不会错过的。特别是这次，因为参赛之后他还有机会去日本旅行。

现在是早上 7 点，我凌晨 4 点就醒了，至少我认为是凌晨 4 点。这次是我经历过的最严重的时差反应，我一会儿睡过去，一会儿又醒了过来，全然不知是什么时间。我感觉自己就像那个决定在威利·旺卡的工厂里通过一个未经测试的原型机把自己原子化又重装的孩子，看上去一切正常，但却缩成了一个非常小的人。我和他一样，觉得这台机器看起来很酷，但完全不知道自己要面临的是什么。我觉得一切都不对劲，就好像身体的各个部分没有按照正确的方式重组一样。

我觉得自己入睡的挣扎已然失败，于是决定出去探索周边的新环境。现在差不多是午夜了，而赌场还有很多人。有些人看上去像是已经在这里待了好几天了。赌场里有很多人在大喊大叫，后来我了解到，按照百家乐的规矩，玩家实际上就得大喊大叫，如果喊得不够大声，那你的纸牌可能就没有足够的能量，无法奇迹般地变成你想要的牌。喧闹声震耳欲聋。人们在编制数字表，不过它既不是扑克的统计图表也不是范围计算，而是某些轮盘和牌桌的运势和其他细节，为的是弄明白哪些数字是幸运数字。赌场里到处都是红色，闪闪发亮的红色运动服、红色的帽子、红色的鞋子、红色的裙子。红色是幸运色，如果你不穿戴红色，那就太过粗心大意了。

颜色、数字、动作、衣着、语言都与运气相连。赌客们讲究能够带来好运的数字、幸运符、套装、首饰、帽子或眼镜；讲究选到好运的座位——其实得先选到能带来好运的牌桌；讲究用能带来好运的方式看牌、下注；追求预示着好运的征兆、标志、小玩意儿、信号、口头禅。

“实际上，我是在有意地培养一些迷信思想，”艾克·哈克斯顿向我解释道，当时我们正穿梭在新濠天地的赌场中，我注意到很多赌徒穿着红色的衣服，不管我们走到哪里都能看到数字8（幸运数字）。艾克指出了一些我没有注意到的细节，比如长长的粉红色指甲。他解释说：“这是一种表示财富和地位的方式，因为如果你从事的是体力劳动，就不能留着粉红色的长指甲。你会注意到这里有相当多的赌客留着长指甲，那说明他是来这里赌博的。”我难以置信地摇了摇头。

我来找艾克是想让他帮我消除这种感觉，但他的话却让我始料未及。他还是艾克·哈克斯顿吗？无论是在扑克界还是在其他领域，他可是我遇到的最擅长数学和逻辑思维的一个人啊，他居然在故意培养迷信思想？

“你不会真的相信这些吧？”我问道，怀疑和近乎恐惧的表情清晰可见。

“哎呀，我感觉大脑无法很好地应对运气的成分，”他解释道，“而且真的很难理解那些与好运气或坏运气有关的东西，所以只是想在运气上找回控制权。”

这和诺贝尔奖得主、物理学家尼尔斯·玻尔的一个传闻差不多。有一次，尼尔斯·玻尔的一个朋友来到他的办公室，一直在抬头看门上的马蹄铁，直到最后，他再也抑制不住自己的好奇心，问玻尔："像你这样聪慧的人真的相信马蹄铁能带来好运吗？"玻尔回答说："我当然是不相信的。但我知道，不管我相信与否，它都是幸运的标志。"

所以艾克是在理性地决定不理性一回，试图让这种非理性变得更加……合理吗？

差不多就是这样，他说。

我问他，能不能给我举个例子。

他跟我说："好。其实主要是一些能带来好运的物件和衣服。比如，我在赢得布拉格 25 000 欧元买入的锦标赛时穿的那件衬衫现在是参加 25 000 欧元买入锦标赛的专用衬衫；我口袋里一直装着一枚能带来好运的 25 美分硬币，装了有一年半的时间，直到前一段时间才拿掉；我的钱包里现在应该就有一张象征好运的 1 美元纸币。"

他皱起眉头，把手伸进口袋里拿出钱包，看看纸币是否真的在。那张纸币确实还在他的钱包里。

"为什么它会带来好运呢？"我问道。

他解释说，这是他从另一名职业玩家尼克·彼得兰杰罗那里拿到的，当时他们正在佛罗里达参加一场锦标赛，两人敲定了 5% 的交换协议。尼克提早离开去吃晚饭，错过了一局。艾克回忆道："他发短信跟我说这件事是想刺激我一下，因为我特别介意错失牌局，真的无法接受。"于是，在尼克出去吃饭的时候，艾克迅速计算了一下他的提前离开会给自己带来多大的损失，结果是 1 美元左右。晚餐休息后，艾克把这些告诉了尼克，尼克正儿八经地递给了他一张1美元的纸币。下一手牌，尼克撂倒了一个对手，也就是说，他拿走了对方所有的筹码。

“这是我在很长一段时间以来参加过的最搞笑的一个底池。”他回忆说。那位对手吃完晚饭回来说：“还有谁在晚餐休息时喝醉了？”牌桌上顿时沉默。“哈哈，那估计只有我自己喝醉了。”

艾克说道：“他坐下来，在枪口位选择5倍投注。”也就是说，在他之后的8位玩家还没叫注之前，他先加注了5个大盲注的量，通常的加注量应该是大盲注的2倍或2.5倍，而且加注的时候最好有一手好的底牌。艾克坐在按钮位上，看着自己的对K，这是最好的底牌之一。于是他再次加注，加注额是上一位加注玩家的3倍多，晚餐醉酒的先生选择跟注。翻牌是K—7—2，台面上有一个同花听牌，晚餐醉酒的先生选择让牌，轮到艾克叫注，于是艾克下了相当大的注额（这个理所应当，因为他的底牌牌力极强）。晚餐醉酒的先生决定加注，艾克自然是不会弃牌的。转牌是一张A，晚餐醉酒的先生决定把所有筹码推到中央，艾克选择跟注，那位酩酊大醉的先生就这样凭着花色不同的一张9和一张3断送了全部的筹码。

“他只是说，‘这是场可以重复买入的比赛’，然后摇摇晃晃地离开了牌桌。比赛进行了6个小时，开始时我只有两堆半的筹码量，这时已经有了150个大盲注的筹码量。”当天艾克在比赛中走得很远，这张1美元的纸币因而被认为是好运的标志。“从那以后它就一直在我的钱包里。”

我问他，如果你刚刚在检查钱包时发现那1美元不见了，会发生什么事呢？又或者，要是你的幸运衬衫在洗的时候被弄破了怎么办呢？

“要是1美元不见了，我想我会稍微难过几分钟，然后忘掉它。

要是那件衬衫破了，我可能还是会穿的。”

他是在故意回避我的问题，我表示抗议。难道把自身和自己的心理健康与任意的物品联系起来不会有潜在的危险吗？当然，你可能会觉得自己大权在握，但说真的，你不是又增加了一个最终可能无法控制的因素吗？

比如，一项在意大利进行的研究中，研究人员给 700 名参加笔试的学生随机分配了座位号。从文化角度来看，一些数字是吉利的数字，也就是说，根据意大利的文化，它们是能够带来好运的数字，而另一些数字则是不吉利的。结果发现，那些被分到“吉利的”座位号的学生全都过于自信，期望中的成绩比实际成绩更高——而那些被分到“不吉利的”座位号的学生期望中的成绩比实际成绩更低。自信是决定你表现如何的一个重要因素。谁不想尽可能地减少会给自己带来惊吓的变量呢？

一方面，我是承认安慰剂效应的力量的：如果你相信它在起作用，它就很可能会起作用；如果你认为一个物件能给你带来幸运，你就会更有信心。然而，那些被分到“吉利的”座位号的意大利学生表现出的并不是自信，而是过度自信。他们认为自己做得更好，但事实并非如此。另一方面，安慰剂效应也有对立面，即反安慰剂效应：相信不吉利的征兆或坏运气。事实证明，人是真的可以把自己吓死的。如果你认为自己被诅咒了，或者因为其他原因生病了，你最终可能真的会生病，没有办法改善糟糕的健康状况，甚至会死亡。医学记载中有这样一个案例，一名男子收到了转移性食道癌的诊断，被医生告知只剩下三个月的寿命，不久他就死了。医生们解剖他的尸体时，才发现他被误诊了：他确实得了癌症，但只是肝脏上长了一个小小的非转移性肿瘤。从临床角度讲，这是不致命的，所以，导致他死亡的似乎就是那个错误的诊断。在第二个案例中，一名男子认为自己被一位巫师施了魔法，差一点就要死了，但在一位有胆识的医生用一些自己编造的话“逆转”了诅咒之后，他居然奇迹般地恢复了健康。在第三个案例中，一名男子因服药过量差一点死在急诊室。在这之前，他一直在参加一种治疗抑郁症的药物试验，后来他决定用医生给他开的抗抑郁药来结束生命。在被收治的时候，他的生命体征非常糟糕，医生们都认为他可能活不了了。后来，他们发现他的血液中完全没有任何药物成分，原来，他一直服用的是安慰剂。在发现自己其实并没有服用足以危及生命的剂量的药物时，他很快就恢复了健康。我们的思想对身体的影响是很可怕的。

信念是一种强大的东西，我们的精神状态对我们的表现至关重要。最重要的是，虽然一些迷信可能会让你产生一种不真实的自信，但它们也有着能够摧毁你心理平衡的力量，我喜欢把这看作是“黑猫效应”。在去参加比赛的路上，如果看到一只黑猫穿过停车场，你就会担心这是坏运气的征兆，打牌的状态就会受到影响，接着你会埋怨那只猫，一旦被淘汰出局，你就会觉得自己的担忧是对的。迷信是错误的归因，会让你对自己的能力产生错误的判断，最后阻碍你的认知。如果你的幸运符掉到了下水道里，或者洗衣店弄丢了助你成功的那件衬衫，你会怎么做?

你可能认为自己会优雅地处理这种情况，买一件新衬衫或戴一个新的幸运符，但研究结果证明事实并非如此。在丢失幸运物件的那一刻，人的心理往往会出现某种程度上的失衡，无论是有意识的还是无意识的。你可能会感到状态不佳，可能不像心理平衡时那么强势。从某种意义上说，你失去了控制力，因为一些不在自我控制范围内的因素破坏了被你赋予能量的物件，即使你在赋予它能量的时候只是在开玩笑。有这样一位奥运选手，她的脖子上总是挂着一个幸运符。在冬季奥运会开始的时候，她原本可以表现得相当好的，但是她弄丢了这个幸运符。很快，她就觉得一切都不对劲了。她在练习时摔倒，又得了流感，最后接连失误，没赢得一块奖牌。这是因为弄丢了幸运符的缘故吗？也许这不是有意识的失控，但是，当你身上没有了那个陪伴你的有象征意义的幸运符时，会发生什么呢？你真的能够预测到自我潜意识的限度，并且非常肯定地说弄丢了也没关系吗？（对于一些奥运运动员来说，这种联系要明显得多。早在 2012 年，田径选手森雅·理查兹－罗斯就说，自己之所以止步季军是因为没有戴母亲送给她的那条象征好运的子弹项链。每当她戴上它时，总是能拿冠军。）在我看来，戴幸运物件并不是一种毫无意义的消遣。它是一种带有意义的物件，从长远来看，可能会对你取得最优表现产生影响。

艾克并不完全同意我的观点。他告诉我："我认为，培养迷信思想的意义在于，承认并接受无论如何大脑都会做出这些联想，并且尝试掌握对这个联想过程的控制权。而且，说实话，我觉得谈论这个很好笑，因为人们会觉得很奇怪。就像我其实不太相信迷信，但确实花了不少精力去留意我的幸运物品，确保把它们带在了身边。"

事实证明，他还有一些象征坏运气的物品，比如，他最近被迫丢掉了一件心爱的衬衫，因为每次他穿这件衬衫的时候都赢不了。"我第一次穿它是在一场 10 万美元买入赛的决赛桌上，当时我大概输了四局。第二次穿它是在另一场 10 万美元买入赛的决赛桌上，我几乎瞬间就从筹码领先者变成了筹码最少的人，最后以第四名的赛绩出局。后来，我决定在一个压力不那么大的场合穿这件衬衫，所以就穿着它参加了 PCA 第一天的主要赛事，结果在玩了大概六手牌之后就出局了。”大概情况就是这样。“感觉这件衬衫上像有颗炸弹似的，每次穿上它，局面就会变得不可收拾。”所以，艾克丢掉了心爱的衬衫。

其实，这是修改版的“帕斯卡的赌注”：你并不是真的迷信，但是迷信又有什么坏处呢？也许有坏处，也许没有坏处，但是不管怎样，艾克培养迷信习惯的时间比他玩扑克的时间长得多，至少从中学的时候就开始了。“我有一条有北极熊图案的象征好运的平角裤，常常穿着它去打足球比赛。”“我想开始自己只是有点喜欢这条平角裤，然后穿着它去打了一场足球比赛并且赢了，后来我觉得它能给我带来好运。”他对迷信的培养不仅涉及物件，还涉及例行程序、行为和习惯。比如，2017 年夏，在参加世界扑克系列赛 5 万美元买入的扑克玩家冠军赛时，他坚持到了最后一天，这是世界扑克系列赛最有声望的赛事之一。每天，在比赛结束后，他都会去里约大酒店附近的一家名叫 El Dorado 的墨西哥餐厅，点一份墨西哥玉米卷饼。“有一天我没能去餐厅吃，就点了份外卖。”他还有散步路线、能带来好运的位置以及例行程序，如果这些路线、位置和例行程序曾经助他成功过，那他下次就一定要重复。

芝加哥大学的心理学家简·理森把艾克这类“聪明、有教养、情绪稳定的成年人”的思维称为一种默认。我们可以承认有些东西是不正确的、不理性的，但还是会有意识地、特意地选择让这种错误的信仰继续存在，而不去纠正它。理森写道：“人们能够认识到某种行动方式更具有合理性，但却选择采取另一种行动方式。”

你知道如果不穿那件幸运的运动衫，你支持的球队也不会输——但你还是会穿上它。你可能不太相信占星术，但也会想着，看看自己每月的星座运势也无妨吧？你知道某件衬衫其实不会影响发到手中的牌，但还是会穿上（或不穿）它，即便明知道没什么影响。

艾克不是唯一这样做的人。陈强尼会在手边放一只橙子摆弄着玩；萨米·法哈会拿着一支没点燃的香烟；道尔·布朗森有一件《捉鬼敢死队》的卡套，甚至还会把它租给那些需要好运的人（半个小时 200 美金）。最近，赢得 2019 年世界扑克巡回赛花园扑克锦标赛冠军的弗兰克·斯捷普钦（Frank Stepuchin）会带一只鸡翅上牌桌，因为象征好运的鸡翅曾助他赢得了花园扑克锦标赛。在世界扑克系列赛上，和我同一牌桌的一位玩家拖着一只毛绒企鹅参加每一场比赛。你也许会质疑选用“拖”这个字是否准确，但我向你保证，“拖”这个字最恰当不过了。在其中一场赛事上，因为这只毛绒企鹅太大，主办方甚至告诉他如果不把毛绒企鹅拖走，就取消他的参赛资格。据我所知，在那届世界扑克系列赛的每一场比赛中，他走得都不远，不过这只毛绒企鹅始终都在他身边。后来我才知道这位玩家是来自中国香港的斯帕罗·张，是非常成功的一位玩家。

此外，还有 2014 年欧洲扑克巡回赛蒙特卡洛站主赛事的冠军安东尼奥·博南诺。在他运势极好的时候，记者问他是否迷信，他的答案是：一点也不。然后他接着说了这样一番话：“你知道吗，这么多年以来我试了各种迷信的方法，但似乎都不管用，所以就放弃了。”当时他穿的还是前一天穿过的那件衬衫，因为在那场赛事中，这件衬衫陪他走了很远，他不敢冒着丢掉好运的风险穿别的衣服，而且他还戴着幸运眼镜。不过，他的回答还是：不，不，我一点都不迷信。

后来在澳门的锦标赛赛场上，我看到了世界上最优秀的玩家之一，他戴着一个项链，项链的吊坠藏在衬衫里面，是一个小小的动物雕像。他的妻子解释说这是他的属相，她给他和他的几个同样非常出色的玩家朋友每人都买了一个。旁人会以为，像这样一位沉迷于数学的玩家——他擅长精确的数学计算，对每一手牌的所有可能牌型都很熟悉，能花无数个小时利用 PioSolver 进行模拟——会是个例外。不过，他的这种行为也许同样是那种默认：我承认迷信是不合理的，但还是会选择保留这些迷信习惯，并且我不认为这种习惯会造成实质性的伤害。

这种迷信已经与物件无关了，它是一种魔法式思维，难以想象高级玩家们居然也会有这样的思维。菲尔·海尔姆斯经常谈起他的“白魔法”，一种能够看透对手灵魂、洞察对方底牌、做出大的诈唬动作的能力。丹尼尔·内格里诺经常声称自己能预测下一张是什么牌，他在很多扑克节目中都这么说过。甚至连詹森·古也承认，自己有一种“幸运感”，这种“幸运感”能让身处重大赛事的他在远远落后的时候感觉自己能够全押并且赢牌，他能预感到自己想要的那张牌会出现。“梦想板”是新时代的一种娱乐工具，你可以把自己的愿望写在一面板上，这样就能梦想成真。现在梦想板已然变成了占卜板。

那天晚些时候，在逛完新濠天地之后，艾克发信息给我：“我忘了带那个最能给我带来好运的物件了！过去 6 个月，我每次比赛的时候都会在面前放一个非常成功的锦标赛玩家史蒂夫·奥德怀尔的泥娃娃。”他这次没把这个娃娃带在身边，它和另一个幸运娃娃以及一个韩国古董花瓶一起被放在了温哥华公寓那个假壁炉的炉架上。艾克不是唯一一个迷恋奥德怀尔幸运娃娃的人。斯科特·塞韦尔有一个，比尔·珀金斯也有一个，比尔是一名商人，也是一位经常出现在豪客赛上的休闲玩家。2016年，他对《扑克新闻》说：“因为需要借助史蒂夫的运气，所以我才会买这个娃娃。”不知道后来他是否赢了。

在看到不成功的玩家相信魔力的时候，你只会感到惊讶而已。毕竟，约有1/4的美国人承认自己有些迷信或非常迷信。2019年的一项调查发现，27%的人认为四叶草是幸运的象征，23%的人认为打碎镜子是不吉利的，22%的人会敲木头以避厄运，21%的人不会从梯子下走过（实际上，这一条似乎非常合理；要是有人经常从梯子下走过，那他就是没有基本的安全意识），诸如此类。甚至有14%的人认为兔子的脚能带来好运，11%的人认为碰到黑猫会让你这一天坏运连连。我还没有提及一个数字的重要意义——数字13，13在某些文化中是不吉利的数字，而在另外一些文化中则是吉祥数字，尤其是与星期五连在一起时。酒店和飞机通常会竭尽全力避免楼层号、房间号和排号中出现任何会让客人感到冒犯的数字。运动衫也一样：有些号码是永远不能用的；另一些号码则因历史原因而受到某种程度的崇拜。最受人崇拜的是退役运动员的球衣号。

不过从更高的层面来看，就算一种行为是完全出于理性的，它也可能会让人受到惊吓，因为大脑始终是渴望控制权的，即使从最高的层面来看也是如此。我们总是在无休止地追求，要把我们的印记留在那些根本不在乎我们是否存在的事物上，虽然这种追求并不完全是理性的，但是就这么着吧。

我和埃里克在鼎泰丰吃包子的时候，和他讨论了我对幸运物件和魔法式思维的思考。埃里克的反应是：“这让我感觉很不舒服。”鼎泰丰是赛前和赛后用餐的好去处，离扑克室足够近，不论休息时间长短玩家都可以来这里。好在离得又不是特别近，所以即便与鼎泰丰同在二楼的摇滚餐厅每天都有一支乐队从下午到深夜现场演唱20世纪80—90年代的歌曲，我们也听不到那震耳欲聋的声音。

这家店上餐速度快、味道好，但是我对澳门已经产生了疲劳感。又一笼包子上桌时，我暗自想，如果再也看不到包子，我一点也不会想它。

我戳开了一个汤包。埃里克用筷子挑出了一片干瘪的绿叶菜，看上去若有所思，然后接着我们先前的话茬聊了起来。

他说："在扑克游戏中，任何形式的错觉都应该受到惩罚，看到这种错觉得到回报真的让人感觉不舒服。"他这里指的更多的是那种广为流传的"幸运感"和"我就知道这张牌会出现"的预感，不过其中至少有一小部分指的是艾克喜欢的那种幸运物件，他对这些幸运物件是零容忍的，他跟我说："这只是在培养错误的心态，最终会让你陷入困境，这不是扑克的本质所在。"

也许他这时候对迷信尤为不屑，因为他最早在学西洋双陆棋时遇到的老师之一，前几天刚刚去世。他的这位导师非常理性，只不过后来沉溺于一些错觉之中，这些错觉提早结束了他的生命。他的这位导师名叫保罗·马格里耶尔，更为人熟知的是"X-22"这个绰号。他过去曾和自己打双陆棋比赛，比赛里共有64位假想对手，而最终获胜的X-22就是其中一位，后来大家就叫他"X-22"，保罗的学生（包括埃里克）和亲近的朋友们则会叫他"X"。

在成为X之前，他只是保罗，一个数学天赋很高的男孩。他热爱游戏，热爱玩耍，热爱周围的世界。他的父母分别是艺术品经销商和建筑师，和著名摄影师沃克·埃文斯、同样有名的评论家埃德蒙·威尔逊等人的关系都很好。夏天的时候他能在远离上东区、位于开普敦的另一个家里欣赏来自美国各地和欧洲各地的著名艺术作品。游戏让马格里耶尔接触到了数学，他开始对概率、比率产生了兴趣，他在游戏和数学这两方面很有天赋。道尔顿学院、埃克塞特大学、纽约大学、普林斯顿大学，一路走来，马格里耶尔的学术成绩都很好。在这个过程中，他先后学会了换牌扑克和双陆棋。最初他在梅菲尔俱乐部（Mayfair Club）玩双陆棋，后来在那里遇到了埃里克，很快他就挣到了足够多的钱，作为在新泽西理工学院教书所得的微薄收入的补充。

后来，他辞去了教职，和妻子离了婚。他全身心地投入到双陆棋中，并且迅速成长为世界上排名最靠前的棋手。他为《纽约时报》写专栏，写了一本书，还培养出了一些最优秀的玩家，其中包括埃里克，很快埃里克也成为排名十分靠前的棋手。让他名声大噪的是在蒙着眼睛的情况下打败了乔治·普林顿。

我第一次去拉斯维加斯的时候就遇到了 X，当时埃里克想向这位导师介绍我。他们已经很长时间没有见面了，那次见面也没有照常进行。我们约在了 SLS 酒店的体育书吧，地点是 X 选择的，但是他迟到了而且心慌意乱，因为他把手机落在出租车上了。他时而笨拙，时而咄咄逼人，时而急于求成，显得有些年迈。好在我已经有了心理准备，埃里克之前告诉过我，X 有严重的毒瘾，沉迷于赌博，身体也不好。但我还是不能把这个双手不停发抖、说话喋喋不休、思维不连贯的男人和那个曾经以与世界各地的模特约会而出名的、风度翩翩的花花公子联系起来。那个身穿无尾礼服随皇室乘坐私人飞机周游世界的温文尔雅的绅士，似乎与眼前这位弯着腰、身体虚弱、靠打盲注只有一两美元的现金游戏勉强维持生计的人没有任何共同之处。谈话进行得并不是特别顺利，X 时而谈论曾经的辉煌，时而有意无意地与我调情，时而表现出一种急于求成的心态。例如，他想向我收费，因为他可以围绕我的图书主题筹备一个图书馆供我使用。他告诉我："关于运气和技能，以及生活中运气和技能之间的关系，我有很多很多非常重要的观察，所以可以为你提供很多材料。"在看到我的表情后，他又补充说："我想我不会为此向你收费的。"

关于那次的会面，我不想多说，因为它让人感到尴尬、陌生、不舒服，最重要的是，令人感到难过。它浇灭了我想进入扑克世界的那簇火苗，它让埃里克不得不一遍又一遍地解释 X 只是一个特例，让我不要只想着这个特例。

但是现在我们又一次想到了他。X 在澳门再次成为焦点人物，这一点也不奇怪。虽然他在生命最后那几年以拉斯维加斯为家，但是拉斯维加斯没有让我们想起他；虽然蒙特卡洛见证了他的光辉岁月（不过我觉得他甚至都没去过那里），但是蒙特卡洛也没有让我们想起他，能让我们想起他的只有这个地方。

埃里克给我讲了一个故事，对他来说，这个故事从根本上讲明了为什么默认不是无伤大雅的东西。

那是在一个赌场，埃里克和 X 还有他们的朋友比利在一起。X 和比利都对赌博有着无法被满足的渴望，但是他们的乐趣却有本质的不同。X 是超理性的，毕竟他是毕业于普林斯顿大学的数学家，了解赌博的本质。他知道，赌博与扑克或双陆棋不同，他无法控制周围牌桌的结果。他也控制不住自己，他承认自己愚蠢，但还是沉迷于赌博。而比利则自视过高，认为自己有能力辨别牌桌的局势，以及什么时候自己可能要开始赢牌了。这一天，他们两人站在双骰子赌桌前，埃里克则站在一旁观察。X 转向他说："我和比利比，谁看起来更厉害？站在双骰子赌桌前，旁人认为能赢的是他还是我呢？谁能看出来他明明赢不了却还在玩呢？”

上次我们在拉斯维加斯见面的时候，埃里克提起了这个故事。X 回忆道：“是的，我太喜欢赌博了，挥霍了很多钱，也犯了很多错误。”他停了一会儿，然后说，“这和我想要的打牌方式以及我训练自己的方式截然相反。在生活中，我的自我管理能力很差；但是在扑克中，我试图保持适度的自律，比如，在输牌的时候依然保持强势的作风。”

不过，在离开之前，他想让埃里克知道他没事。“顺便说一句，埃里克，我已经有十多年没有去赌场赌博了。”

“这是好消息，”埃里克回答。

分开时，X 把今后的计划告诉了我们。他说：“我要写很多东西。我渐渐老了，能再活个五年、十年的。我决定在接下来的十年里，每年写一本书。”

那是我唯一一次见到他。他生活的混乱程度远远超过游戏。现在 X 死了，当初他说要写的书一本都没有写出来。

这时埃里克说：“他改变了我的生活，也改变了许多人的生活。今天，他的死对我的打击更大。他是一个很特别的人，但是很多优秀的品质都被毒品毁了。”

赌博呢？

是的，还有赌博。赌博和毒品一样，都是恶魔。我们很难在现实中找到能用滑坡效应来形容的人，不过在 X 身上似乎真的发生了从本质上讲与滑坡效应相同的事情。他是一个游戏天才，有着热衷于数学细节的头脑，有着从来不懂得放松下来的性情。他是一个需要行动和刺激的人。他知道赌博是愚蠢且不理性的，吸毒同样也不是通往成功的方式，他知道自己在做蠢事，却还是照做不误。

埃里克告诉我："我希望更多的人了解顶峰时期的那个他。当时的他慷慨大度。"

我说："他看起来很孤单。"

"的确如此。"

我们默默地吃了一会儿包子。

"不管怎样，我很高兴你见到了他。希望你对曾经的 X 有了一些了解。"

我也很高兴能见到他，也很高兴现在能想起他。扑克讲究精确，它会奖励有逻辑的、理性的行为，还会奖励有据可依的创造性的行为。赌博则是混乱的，它会奖励那些不合逻辑的、非理性的、充满活力的行为，会吞食那些软弱的人。除非你在玩百家乐时使用认牌技巧，留意一些纸牌背面的图案上偶尔出现的细微差别，来确保自己最终能赢，或者在 21 点纸牌桌上记牌，否则你肯定会输。

这就是为什么我会对任何迷信有一种出于本能的强烈排斥。迷信引来的是混乱，它让你直面扑克游戏试图控制的因素。默认并不是无伤大雅的，因为你选择默认的那一刻，就把一些控制权（无论这些控制权多么小）交给了迷信；如果你真的迷信，那你就成了一个真正意义上的赌徒，随时准备拿命运去赌，这种方式与我从扑克中学会的面对生活的方式截然相反。

自我强化有可能改变个人表现

我可以不迷信，但却学会了从更广泛的意义上欣赏信念的力量。事实上，"手气好"的说法也许真是有一些道理的：毕竟，认为自己手气好也许并不是一种谬见，至少并不总是这样。最近的研究分析结果是这样的：的确，一个看起来处于连胜状态的篮球运动员投中的次数不一定总是比其他运动员多，但有时会多于别人，他的自信能转化为执行力，这种转化能在短时间内实现。人类不是机器人，你的感受会影响你的行为。虽然连续不断地拿到想要的牌或掷骰子时总是掷出想要的点数实际上是不可能的，赌徒谬误永远是错误的，但需要通过个人努力变成现实的好运的确是存在的。受个人行为影响越大的领域，比如一些以精神状态为一个核心影响要素的创造性行业，好运存在的可能性就越大。《自然》杂志在 2018 年的一项研究中发现了明确的证据，表明无论是在艺术和电影事业上，还是在科学发展中，都有连续成功的情况。这种连续的好运"随机出现"，而且难免会有消失的时候，不过当它连续出现的时候，就会产生一种自我强化的效果。

在大多数领域中，这种自我强化都能够改善个人的表现，在这一点上，扑克似乎特别适合作为一个示范。因为在牌桌上，你的对手常常会把你表现出来的自信转化为错误的设想：如果你看起来很自信，行动坚定，你的行动就会获得更多的尊重；在与你对阵的时候，其他玩家弃牌的次数可能更多，你赢的次数也会更多。这就是自我实现预言①的体现。

我是新晋的冠军，感觉自己在澳门也能应对，也会大获全胜。的确，可能会有人质疑我的技术水平，但没有人能否认我的这趟扑克之旅相当精彩。在接下来的十天时间里，我两次挺进决赛，尽

① Self- fulfilling prophecy，此处译为"自我实现预言"，就是使自己的预期变成现实的预言。——译者注

管没能再拿回一个冠军，但却取得了第二名的赛绩，赢得近6万美元。至于那手输掉的牌，并不是因为我像从前那样策略失误，而是因为运气不好，我命中了坚果同花，但对方却命中了满堂红，这个牌型在一对一的对决赛里是非常少见的。当然，我知道我的样本量仍然非常有限，无法从中判断自己是运气好还是能力强，是运气差还是能力不够，但现有的证据似乎表明，这并不全是运气的成分，我甚至都不需要靠幸运娃娃来实现目标。

我已经达成了自己最初的目的。

扑克给我上的最后一课

未来一段时间内，澳门将会是我最后的狂欢。虽然充满荣耀的时刻可能会驱使我继续追逐梦想，成为一名正式的职业扑克玩家——但是目前澳门将会是我的最后一个也是终极的赛桌。就赛绩本身而言，我并没有在走下坡路，而是略略地回到了自己的平均水平。我虽然可能失去了好运，但在这趟旅程中学会的技能依然还在。

比如，我最后确实在世界扑克系列赛的主赛事上提了现。事实证明，第二次世界扑克系列赛的经历与第一次相当不同。我知道赛场的正确入口，能够自信地指引司机绕到后面去，还知道能够节省足足四分钟车程的近路；我知道要躲开那些摊主；知道要提早来，把钱存到线上账户里，这样就不用排队登记了；我知道要跳过巨像赛（我已经习惯了在心里称它为“巨洞赛”）。同样，也知道要跳过疯狂888赛事以及其他所有可以重复买入的盛大赛事，这些赛事看起来价值挺高的，直到你明白有多少职业玩家坐在每张牌桌上，占据边缘位置，因为他们知道可以无限次地重复买入。我知道要避开各种闲扯——远离同行压力，远离那些念叨着被爆了冷门的人，不去听各种“差一点就怎么怎么着了”的故事。耳机就是我最好的朋友。

我的思维比以往任何时候都敏捷。我租了一套夏天时住的公寓，不再来回地寻找酒店，告别了那种迷失的感觉。我每天都带上自己做的午饭，尽量经常回家吃晚饭。我的丈夫来这里陪我待了几个星期——这一次，我知道了所有能够让我们体验更加真实的拉斯维加斯的地方。这里提供一张清单供大家参考：如果你想吃寿司的话可以去 Yui 和 Kabuto；想在靠近里约大酒店的地方用晚餐的话，可以去 Fat Greek，Peru Chicken 和 Sazón；怀念布鲁克林克朗高地街区的烤鸡时，可以去 Big Jerk 解解馋；想吃卡真菜（Cajun）的时候可以去 Lola’s；此外，还可以去 Milos 吃午餐；去 El Dorado 吃夜宵；需要庆祝的时候去 Partage 用餐，需要解忧的时候去 Lotus of Siam 吃美味的泰国菜。

又一次来到主赛事，头两天我很顺利地晋级了，没有再次拿到花色不同的 KJ 牌，不再忧心忡忡地瞥向那个显示时钟，我能应对这场赛事。现在已经是深夜了，我再一次靠近了奖励圈的泡沫阶段（money bubble）[①]，眼看就要达成目标，提现人生中的第一笔主赛事现金了。我很高兴地告诉大家，这时我的筹码量并不少。当然，我没有很大的筹码优势，但筹码量处于平均水平，没有破产的危险。“拿下它！”埃里克发短信说。他早些时候因为运气不好出局了，

① money bubble，此处译为“奖励圈的泡沫阶段”，指的是玩家们争夺进入奖励圈名额的阶段，也是产生泡沫玩家的阶段，进入奖励圈就可以拿到保有奖金，而被淘汰、未能进入奖励圈的玩家就是泡沫玩家。——译者注

他的对 J 命中了套牌，而对方的对 A 也命中了套牌。他非常坚决，不愿意讲被爆冷门的故事，但我还是从他嘴里套出了这局牌的过程，这一局牌中确实有一些有趣的决策点。

休息的时候，我出去走了走，只要有机会，我就会去呼吸一下新鲜空气。我看到了帕特里克·安东尼乌斯的高大身躯，过去 15 年里这位芬兰巨星一直是现场扑克赛场上一个绝对强大的选手。他向我挥手，问我一切进展如何。他告诉我："泡沫阶段是我最喜欢的一个阶段。你应该疯狂一把，无论拿到怎样的底牌都要打。"我用一种"你是不是有些疯了"的眼神看着他，毕竟这是主赛事啊。他说："我是认真的，没有人希望在泡沫阶段出局，现在就是你赌一把的时候。"

我笑了笑，没怎么回复他。

他接着说："我不知道埃里克是否认同这一点，但我认为这是最好的策略。"

工作人员招呼大家返回牌桌，这次的休息是计划之外的，所以要把即将进入奖励圈泡沫阶段的 22 位玩家都叫回来。

我们一边往回走，帕特里克一边说："虽然我在上个月的豪客赛上因为这种策略而变成了泡沫玩家，但它可以让你将所有玩家玩弄于股掌之间。"

我很感谢他，但并不打算在这个时候听从他的建议，不过他确实是一位非凡的锦标赛选手。我马上把谈话的要点发给了埃里克。尽管帕特里克可能根本不知道在这场随意的谈话中，他所说的话对我产生了多么深远的影响，但是"帕特里克模式"后来成了一个代名词，我和埃里克用它来指代在泡沫阶段毫不留情地进攻的策略。后来，在另一场比赛的泡沫阶段，埃里克发信息给我，说："想想帕特里克。”一年后，埃里克又一次发信息给我，说：“采用帕特里克的策略。”用帕特里克模式吧，毕竟没人想被淘汰。

截至奖励圈泡沫阶段，共有22位玩家留了下来，而我是其中之一。埃里克发短信说：“随时通知我，一局一局地打。”

不知怎么的，帕特里克影响到了我，比赛刚刚开始20分钟，我就全押了。我的底牌是对Q。那个没人想出局的理论不完全成立，因为有人跟注了我。[①] 幸运的是，跟注玩家的底牌是对10，我的筹码量翻了一番。埃里克发来了短信：“耶！”然后只剩下了10个人需要淘汰[②]，再然后只剩6个人需要淘汰。埃里克发信息说：“MK[③]，冲啊！”“AA，全押！”他在鼓励我打，而不是一路弃牌、进入奖励圈，我就这样一直打了下去。然后只剩下2个人，再然后只剩下1个人。眼看着主赛事的泡沫选手就要出现了，工作人员却宣布休息20分钟，我有些不快。

“还剩1个人需要淘汰了，他们却让我们休息20分钟！”我发信息给埃里克。

埃里克回复说：“真讨厌。碰到AA，还全押。”

我回答说：“好的。”

休息结束时已经是凌晨3：30了，上午11点第四天的比赛就要开始了，泡沫玩家还没产生，工作人员告诉我们，第四天比赛的

---

① 在泡沫阶段，如果一位玩家全押，其余玩家如果觉得自己的牌不好又不想出局，就会选择弃牌，这样挺到奖励圈的可能性更大。这里作者拿着对Q全押，却还有人跟注，所以作者才会说“那个没人想出局的理论不完全成立”。——译者注

② 此处的“10个人”和下文的“6个人”“2个人”“1个人”指的不是牌桌上剩余玩家的数量，而是进入奖励圈前需要淘汰的玩家数量。——译者注

③ 这里的MK和下一句的AA指的都是作者的底牌。——译者注

开始时间不会延后。我等着那一刻的到来。牌桌上的局势很紧张，其中一位与我同桌的玩家利用休息时间迅速把自己灌醉了，然后开始高唱肯尼·罗杰斯的歌：“Know when to hold' em…（你得知道什么时候叫牌……）”牌桌上爆发出一阵哄笑声。接着他又唱起了路易斯·阿姆斯特朗的歌。泡沫玩家还未产生，不过才凌晨 3 点半，局面已经算是不错的了。

终于，泡沫玩家产生，有人被淘汰了，然后我突然意识到自己做到了，我终于正式拿到了主赛事的奖金。

我发信息告诉埃里克：“进入奖励圈了！”

他回复道：“耶！恭喜！这真是个好消息，干得漂亮。”

是的，我也觉得自己“干得漂亮”。这种感觉真好。

我没能挺进决赛，也许以后能吧！但是我差一点就坚持到了第五天。而且让我感到满足的一点是，自己最终还是没让埃里克失望。

两周后，我参加了巴塞罗那站的欧洲扑克巡回赛，在那里拿到了自己有史以来最好的欧巡赛赛绩，在 1 500 多位参赛选手中，我最终以第 34 名的成绩赢得了 9 200 欧元，这可比保有奖金多多了。欧巡赛赛后丈夫来巴塞罗那找我度假，我用这笔钱支付了整个假期的费用，并且还有剩余。从欧洲回来那天，我乘坐巴士去大西洋城的波尔加塔赌场参加世界扑克巡回赛，虽然还在倒时差，但我的表现还算不错。最后还剩三桌玩家，我坐在其中一张牌桌前，虽然没进决赛桌，但也只差一点点，我很满意。在 1 075 位优秀玩家中，我最后位居第 20 名。这是一场真正的比赛，我也实实在在地获得了奖金，赢得了 25 000 美元。在纽约，我开始写作的时候，第一年的年收入只有 23 000 美元。今天这场比赛收获还可以，虽然没能赢得更多的头衔，但我好像已经克服了运气障碍，也掌握了一些技能。我已经找到了自己的节奏。在全球扑克指数公布获奖玩家的时候，我发现自己入围了“年度突破选手”（Breakout Player of the Year），虽然没能赢得这个奖项，但能够作为入围选手我就感觉很不可思议了。2018 年底，我成为排名最靠前的五位女性锦标赛选手之一。

当然，我也经历了无法避免的低迷时期。2019 年夏，我意识到自己这一年一直都在输钱。虽然我在 2018 年赢利超过 10 万美元，但现在情况正好相反。幸运的是，我能够理解到底发生了什么，也能够让自己不恐慌，去分析、研究，然后继续前进。我愿意抛开自负，一次又一次地重新审视自己的思维过程，我养成了记下每一场全押对抗赛结果的习惯，看看自己是否在依赖运气，然后我意识到自己处在波动的另一侧——输牌的次数超过了赢的次数，这一点让我放心下来：波动有时会于我有利，有时会于我不利，这很正常，至少我没有在波动于我有利的情况下输牌。

当然，这一年也有美妙的时刻。现在我已经学会了暂停，不论当时我在何种境地。我学会了欣赏牌桌与牌桌以外的世界的对比，学会了从旅行中吸取能量，不再害怕旅行的过程。在旅行中，我看到了晚冬时节的犹太教堂，看到布拉格墓地被积雪覆盖的一排排墓碑，这幅景象让我回忆起了过去，回忆起使我的家族血统得以延续至今的运气；我还在巴塞罗那的一条小巷里见到了一位驼背的老奶奶，看到了她那双饱经风霜的手，她随手抓了一把新采的蛏子、微笑着递到我面前；我还在红石峡谷见过一只长着柔软的鹿茸、眼睛大大的鹿，那天早上在锦标赛开始之前，为了能够在比赛中保持头脑清晰、思维敏捷，我和丈夫便早起去红石峡谷远足，那只鹿就站在我们前面。

尽管2019年对康尼科娃家族而言，算不上一个丰收年，但就我个人而言，这是最好的一年。我的母亲虽然没能找到新的计算机编程工作，但是她感受到了职业转型的效果，现在在教孩子们如何编程。我的丈夫在上一次尝试失败后不久就站稳了脚跟，站稳脚跟的说法有点儿过谦，他先是在世界上最好的一家投资公司里找到了一份工作，不过过了一段时间，他意识到自己非常不开心，于是就在2019年果断做出了自己创业的决定。我一直认为他迟早是要创业的。他告诉我，我的自信、我踏入扑克世界的选择以及扑克给我带来的改变，最终促使他做出了这样的决定。我不认为他说的是完全正确的，因为一次又一次给我带来鼓舞的是他，不过我很感激他能这么想。扑克给我带来的一切都是好的。

"*Nu*"是俄语的通用感叹词，我的祖母会用这个词来表示不耐烦，表示提议，或表示该翻篇儿了。她的95岁生日马上就要到了，而她的孙女在扑克活动上花费的时间似乎比预期的还长。"Nu，你现在就不能不玩了吗？也许你可以开始教书了。"不论我有多少成就，不论我走多远，有些事情似乎永远不会改变，有些人的想法注定是改变不了的。我朝她微笑。"不行啊，我觉得自己还没做好在近期停下来的准备。"她伤心地摇了摇头。

"不过你在那次大会上的演讲很不错。"她说的是在达沃斯举行的世界经济论坛。那年冬天，我受邀在论坛上做了一场关于扑克和决策的演讲。我想告诉她，在我还是一名记者的时候，达沃斯没人知道我是谁。正是因为扑克，我才收到邀约，而且演讲内容也都与巡回赛中的经历有关。不过，我没有说这些，只是再次笑了笑："我很高兴你喜欢，我学到了很多。"

我继续自己的扑克之旅，保持一种稳定的状态，一局接着一局，一场接着一场，一站接着一站。我也不是很确定该在什么时候停止。什么时候才可以判定自己学得够多了呢？什么时候我的使命才算完成了呢？

这也就是扑克给我上的最后一课：也许我不知道该在什么时候停止，但是生活会替我做出这个决定。

第十五章

扑克也是一种人生

每一片药里都有和其他药物成分一样多的运气成分。甚至连智慧也是大自然的一种偶然成分，说一个聪明的人应该得到人生的奖赏，就等于在说他有资格走运。

—— E. B. 怀特

遭遇生命中最可怕的时刻

我首先没了听觉，接着没了视觉，努力抓住了浴室的洗手台才没有摔倒在坚硬的瓷砖地板上。当时我只有一个想法：保持清醒。我想我一定是中风了，或者长了个动脉瘤，或者得了其他同样严重的疾病。如果不叫人帮忙，我可能会死或者会有永久性的脑损伤，所以无论发生什么事，我都不能晕倒。我试着大喊，但不知道是不是喊出了声音。当一股强烈的恶心袭来时，我尽量忍着不吐，不知怎么的，我仍然知道会有窒息的危险。然后，我感觉有人进了浴室，虽然感觉已经过了几分钟，但实际上只过了几秒钟——我好像真的喊出了声儿，我的丈夫听到了我的声音。

我以为他在那个方向，便伸手去抓他，还说了一句："发生了一件非常糟糕的事。"

今天早晨并没有什么异常。又是一届世界扑克系列赛，而今年，作为一名新晋的职业玩家，我整个夏天都在拉斯维加斯度过。丈夫和我一起来了，我们住在离里约大酒店只有十分钟路程的地方，不论那里有什么比赛，我每天都要去参加。

我不再讨厌拉斯维加斯了。我已经迷上了它的怪异之处、它的节奏、它的美丽。是的，我还是不喜欢赌场，比以往任何时候都更不喜欢。拉斯维加斯大道周边是一个小小的世界，有令人赞不绝口的食物，令人惊叹的人和无比美妙的自然风光。我们已经形成了一个工作和休息的节奏，我打牌的时候丈夫忙于生意，晚餐的时候一起吃饭，周末的时候去远离喧嚣的地方度假，比如峡谷。有一次，我们还去了马里布的海滩。一切原本都很顺利，直到今天。

昨天，我打牌打到了深夜，早晨醒来时感到很累，身体也有点疼，但我不能休息也不能睡懒觉，这是比赛的第二天，要是休息的话，我的筹码会在中午 12 点时钟敲响的时候易主。我一整天都在和偏头痛做斗争，没有吃太多东西，在比赛接近终点的时候，我被淘汰出局。我回到家，瘫倒在床上。

当我醒来时，丈夫早已起床了。我走到客厅告诉他我起床了，然后去洗了个澡。就在那时，糟糕的事情发生了，然后我就发现自己坐在客厅的沙发上，不知道是否能挺过去。

我坐在沙发上，听力恢复了一部分，耳朵里的嗡嗡声小了一些，能勉强听清单词了。不过我完全看不见了，这是我最担心的事情。我要丈夫把我带到客厅阳光充足的地方，这样视力恢复的时候我就能立刻知道了。我们坐在那里等着。到目前为止，那些时刻是我生命中最可怕的时刻。

虽然只有 20 分钟，但感觉像过了几个小时。我开始能看到一些点状物，渐渐地，能看清轮廓了，最后，我的视力完全恢复了。我浑身是汗，后来丈夫告诉我，我的瞳孔已经扩大到虹膜的边缘，像两个黑色的碟子。我打电话给纽约的医生，然后打电话紧急预约核磁共振成像和磁共振血管成像。

扑克让我学会了人生中的必要技能

作家兼统计学家纳西姆·塔勒布认为我这个项目的前提条件是不成立的：他认为我们不能用游戏作为现实生活的模型，因为在现实生活中，从游戏中衍生来的规则会以难以预见的方式瓦解。这被称为“戏局谬误”。游戏太过简单化了，而生活则会突然发生各种各样的事情，让认真细致的规划变得毫无用处。这种说法是有充分道理的，毕竟，我最初开始玩扑克正是因为认识到生活是充满不确定性的，我们不可能什么都知道。无论我们自认为有多大能力，都无法控制一切。

但是扑克让我学会了必要的技能，可以处理牌桌以外可能发生的各种突发情况。在扑克生涯中，一次次小规模赛事的经历让我学会了在盘算的时候、在有情绪的时候能够克制，接受现状，最终以胜利的姿态出现。无可否认的是牌桌上也是有真实生活的，它总是会突然出现，要么影响你的情绪，要么影响你的反应，要么以一种更直接的方式影响赛事。这个夏天，一场地震迫使世界扑克系列赛当日的赛事暂时中断。一年前，在巴塞罗那，一起恐怖袭击让我们所在的赌场被封锁。

尽管会发生种种事件，但我们依然坚持；我们坚持着，不断地强化自己的判断能力、生存技能，增进自己的力量和知识，为了不被征服，为了成为征服者；我们坚持着，并且相信，在外部世界的全力干扰下，自己能够坐在牌桌前，能够有机会参与游戏是何等的幸运。

理查德·道金斯在《解析彩虹》（*Unweaving the Rainbow*）中

写道："绝大多数人永远不会死，因为他们从未出生。那些有可能像我一样站在这里但实际上却从未见过天日的人比阿拉伯沙漠里的沙粒还多。那些未出生的人中肯定也会有比济慈更伟大的诗人，比牛顿更伟大的科学家。"一想到这些，我就会觉得不可思议。"你我这些平凡人，打败了这令人瞠目结舌的概率，来到了这个世界上。"我们来到这里，有机会体验生活，体验它的变迁，体验它的不公，体验它的嘈杂。在数以十亿计、数以万亿计、数以十万万亿计、比想象中还要多、可能出现却从未出现的人当中，只有我们得以坐在牌桌前。

我们已经胜过了微乎其微的概率，中了不大可能中的彩票，而且我们不知道自己会中这样的彩票，这是永远都无法预知的。在出生和死亡这两点上，是没有什么技巧可言的。无论是开始还是结束，运气都处于无法撼动的支配地位。事实是：这个世界上的大多数存在都是噪声，而我们却将一生的大多数时间都花在了对这些噪声的理解上。说到底，我们只不过是静态世界的诠释者，只能看到当下的世界。我们不知道下一张牌会是什么，在看到下一张牌时我们甚至都不知道它是好还是坏。

有这样一个故事。一个农夫失去了他心爱的马，他的邻居走过来对他的不幸表示同情，但农夫只是耸耸肩：谁知道是福还是祸。第二天，他的马又回来了，还带回来了十二匹野马。他的邻居听到这个好消息，来向农夫表示祝贺，但农夫也只是耸耸肩。不久，农夫的儿子在驯马时从一匹野马上摔了下来，摔断了一条腿。邻居再次过来表示慰问，农夫又耸耸肩：谁知道是福还是祸呢。后来国家对外宣战，军队来村子里征召所有身强力壮的青年男子，农夫的儿子因为腿不好而躲了过去。邻居对他说，真好，而农夫又耸了耸肩：也许吧。

你无法控制将要发生的事情，所以试图猜测它是没有意义的。概率就只是概率而已，没有什么好坏之分，也没有个人针对性。如果我们不赋予其意义，那它就只是噪声。我们能做的就是学会控制能控制的东西：我们的思维，我们的决策过程，我们的反应。斯多葛学派的哲学家爱比克泰德在《爱比克泰德语录》（*The Enchiridion*）中写道："有些东西在我们的掌控之中，有些则不在。我们能控制的东西是观点、追求、欲望、厌恶，总之，就是一切出于自身的东西。我们无法控制的东西是身体、财产、名誉、命令，总之，就是一切出于自身以外的东西。"如果不是自身行为的结果，那我们就无法控制它。我们可以控制如何打牌，如何对结果做出反应，但结果本身——是无法控制的。

当你躺在管状体中，手臂上插着静脉注射管，知道哪怕移动了一毫米所有医疗程序就得从头再来的时候，两个小时的思考时间就会显得很长。在机器急速旋转呼呼作响、令人难以容忍的响声透过戴着耳塞的耳朵时，思绪可以自由地去到它想去的任何地方，因为知道不会被突然打断。斯多葛学派爱比克泰德的话再一次冲击着我的思维，我已经控制了所能控制的一切，但是我的身体暂时超出了我的控制范围，我现在能做的就是控制自己的反应。

我家在正餐时间有个传统。每次聚在一起的时候，无论什么场合，生日、结婚周年纪念、新年、感恩节等等，总会将祝酒词放在开头和结尾。我们先说祝酒词，然后安静片刻，接着碰杯，然后再吃饭，最后再来一句祝酒词纪念这一天：祝大家身体健康。说完这句祝酒词后马上就会有人说一句，多棒的祝酒词啊！这是经过精心设计的祝酒词，"祝大家身体健康"是唯一一句重要的祝酒词。

“你一直都是有意识的吗？”我的医生很困惑，这是整件事情中最奇怪的部分。如果我昏倒了，那就不会那么可怕了，他们可以把它当作因为血压突然下降而导致的昏倒，所以不会太在意；如果我当时惊慌失措的话，也不会那么可怕，他们会把这当作是一次惊恐发作。事实是，我是有意识的而且能够讲述整个过程，这引起了医生的重视。

我不敢相信自己居然能够保持冷静，不敢相信自己接受了正在发生的事情，并制订了应对的计划，这时的我和两年前的我大不相同，这时的我不露声色，终于学会了拥抱不确定性。

事实证明，打扑克让我在面对未知时更能适应，这确实是一件非常好的事情。核磁共振的结果出来了，但并没有定论。因为长久以来患有偏头痛，所以我的神经系统有一些变化，但是除此之外，并没有能解释这种病况的信息。最后，大家一致认为这次发病只是一种严重的一次性偏头痛，外加血管迷走性晕厥的症状，心率和血压突然下降，其诱因是我在没有吃东西的情况下打了太久的牌。虽然不是中风，但也不乐观。

学会挑战极限和后退一步

在某些方面，扑克是生活的一个替代品。你可以输牌，但不会有生命危险；你可以在比赛中失败，但通常不会被送到急诊室去。没有人会要求用扑克取代生活，也不会想消除不确定性，认为自己能做到这一点的人是非常自负的。我们只是想了解不确定性而已。

1979 年，为了与非理性的迷信和虚假的信仰形成对比，卡尔·萨根在他的笔记中写下了对宇宙的敬畏。萨根沉思道：“我们生活在这样一个宇宙当中：原子产生于恒星；生命因为阳光和闪电以及年轻行星的水源而有了光彩；生物进化所需的原材料有时源自半个星系之外一颗爆炸了的恒星。相比之下，迷信和伪科学是多么的苍白；对我们来说，追求和理解科学是多么的重要，这是一项特殊的人类事业，虽然我们对科学的探索既不完美又不完整，但这是理解我们所认识的世界的最好方式。”承认未知的存在，接受自己缺乏能动性、离不开辅助工具，进而利用理性的方式竭尽所能地解析未知：这些是我们所能采取的最有力的步骤。

我很高兴能够逼自己留在牌桌上，去挑战理性的极限并且坚持玩了下去。因为它让我更加清楚地认识到，面对那种未知的空白世界，后退一步是多么重要。萨根总结道：“那些害怕宇宙本来面目的人，那些想要假装自己有知识、有控制力的人，那些以为宇宙的中心是人类的人会选择迷信。但是那些有勇气探索宇宙结构的人，即便宇宙的结构与他们的愿望和既有认知不同，他们也是掌握着未来的一群人。迷信也许能让人得到一时的安慰，但是因为迷信的人没有直面这个世界，反而选择了逃避，所以注定是要失败的。未来属于那些能够去学习、去改变、去适应这个精妙宇宙的人。我们何其幸运能够在这样一个宇宙中暂住。”

从来不存在全靠技巧的东西。我不喜欢绝对，但这个绝对我是可以接受的。因为生活原本就是如此，不论我们做什么事情、从事什么职业，运气永远都是一个影响因素。技能可以让我们拥有新的视野、新的选择，可以看到那些比我们技能差、没我们敏锐的人看不到的概率——但是如果概率于我们不利，那技能所能做的就是减少损失。

最大的骗局是什么呢？就是让我们以为有技能就足够了。正是这种希望，让我们在运气最不好的时刻继续前进；正是这种错觉，让我们继续坚持，而不是放弃。我们不知道也永远不可能知道自己是否能够成功，但我们却必须说服自己最终能够靠技术获胜。反正技能必须得是足以让我们获胜的。

大多数人认为打扑克是致富的一种方式，确实是，只是不像你想的那样。我没有赚几百万美元，但是从中获得了丰富的技能、深度的决策能力、情感力量和自我认知，在赢来的钱消耗完之后，这些东西仍旧会给我带来益处。

埃里克和我在河滨公园散步，这时夏天已经结束了，世界扑克系列赛也已经过去了。

他转身跟我说："我希望这一切结束后你能继续玩下去。"

我微笑着点了点头。

他沉思了一会儿，最后说："我希望我能坚持打很久很久。我不想退休，这游戏太有趣了，太美妙了。"

的确如此，扑克游戏真的很有趣、很美妙。

扑克术语表

这些术语的阐释针对的是书中所描述的无限额德州扑克。在其他扑克类型中，术语的含义可能会略有差异。

Allin：全押。押上你所有的赌注，又为 shove 或 jam。

Ante：赌注。在每场比赛中，玩家们为了获得起手牌而投入的强制性赌注。在发牌之前支付。现在更常见的投注形式是 big blind ante，也就是说由大盲位为牌桌上的每一位玩家下注，即大盲位额外下注一个大盲注作为本牌局的 ante。

Bad beat：爆冷门。从统计学角度来看原先极有可能赢牌的一位玩家最后却输牌出局的情况。典型的案例如下：在台面出现了 K 之后，拥有 AA 底牌的玩家输给了持有 KK 底牌的玩家，因为这张 K 让后者组成了套牌。

Bankroll：资本。你所拥有的能够用来投注的全部金额。

Blinds：两位玩家在玩每手牌的时候必须投入的强制性赌注，投入“盲注”是为了启动牌局。小盲注的注码通常是大盲注的一半。在现金游戏中，盲注保持不变。在锦标赛中，每晋一级，盲注会上升一些。

Board：台面。牌桌中央的牌，即公共牌。术语 play the board 意思是宣布 5 张公共牌比你的底牌所能命中的任何一个牌型都好。

Bullet：买入扑克赛。“I fired two bullets.”直译为“我开了两枪”，意译为“我买入了两场扑克赛”。

Button：按钮位。盲注位右边的位置，其标志是有一个发牌员的按钮。翻牌之后，按钮位的玩家可以最后一个叫注。

Bust：出局。输光所有的筹码。与之相关的术语“to go bust”通常指的是一个玩家输光了所有的资本，彻底破产。

Call：跟进。下与前一位叫注玩家同样额度的注。

Cash：成为比赛中赢得赛局奖金总额的 10%~15% 的玩家之一。又能做动词，意为“提现”。

Cooler：指的是一手强牌碰上另一手优质的牌。一个经典的案例是：两个玩家都凑成了套牌，其中一个套牌的点数大于另一个。

Deal：发给每位玩家的牌。在德州扑克中，所有发牌都是牌面朝下的。

Degen①：堕落的赌徒。指代过于喜欢赌的玩家，通常是在没有优势的情况下赌。也可以用作动词，比如“to degen”。

Draw：听牌。一手还不是成牌的、需要某些牌才能凑成某种牌型的牌。

Edge：优势。

Equity：底池赢率。你的这手牌所拥有的潜在价值。

EV：叫注的期待值。既可以是正期待值，也可以是负期待值。

Feel：靠直觉和经验打牌。用作形容词，比如“A feel player”

---

① Degen 是 Degenerate 的缩写。——译者注

指的是靠直觉和经验打牌的玩家。

Fish：鱼。连续输牌的玩家。

Flop：翻牌。发牌员发的前 3 张公共牌。

Fold：弃牌。舍弃你的底牌。

Flush：同花。5 张相同花色的牌。

Freezeout：淘汰赛。一种只有一次买入资格的比赛。如果你输了，就出局了。与重复买入赛相对，在重复买入赛中，你有一定数量的买入机会，从 1 次到无限次不等。

Full house：满堂红。3 张点数相同的牌加一个对子。比如，“Aces full of tens”指的就是 3 张 A 和一对十。

Full ring：满员桌。指的是牌桌上每一个位置都有玩家。

GTO：最优游戏策略。一种游戏策略，理论上，按照这种策略，你是不会失利的，并且没有偏离这一策略的动机。

Grinder：磨蹭家。一位参加过很多现金游戏或扑克比赛的玩家，通常玩的都是赌注较低或赌注中等的扑克牌。

Hand：手牌。发牌员发给你的底牌。也指一个完整的牌局。“We played one hand against each other.”这个表达的含义是：这一局我俩针锋相对。

Heads up：一对一扑克。

High Card：高牌。一手既不是对子又不是其他“成”牌的牌。比如，A 高牌说明你既没有对子，也没有顺子、同花或满堂红。

Hole cards：底牌。发给玩家的牌面朝下的两张牌。

Odds：一位玩家组成某一手牌的概率。

Outs：出路。一位玩家组合成某一手牌所需的扑克牌数量。

Jam：全押。与 shove 和 all in 含义相同。

Limp：平跟。一个玩家通过跟注大盲注的方式叫注。

Luckbox：一位极其幸运的玩家。

Muck：被弃的牌。“To muck”这个表达的含义就是将手牌推到弃牌堆表示自己弃牌。

Raise：加注。在前面一位玩家的赌注基础上增加注码。

River：河牌，最后一张发的公共牌。也可以用作动词。“I rivered him.”这个表达的含义是：直到河牌圈一直都是他在压制我，但是河牌提升了我的牌力。

Rebuy；re-entry：重复买入。一种可以多次买入的扑克赛形式，与淘汰赛相对。

Set：3 条，3 张相同的牌，玩家手里有一对，台面中有 1 张。

Shark：鲨鱼，指代牌技超群的玩家。

Showdown：摊牌。两位或多位玩家进入河牌圈，玩家们摊开底牌看谁的牌最好。

Six-max：六人桌。一种扑克赛形式，牌桌上的玩家少于或等于 6 位。

Straight：顺子。5 张点数相连的牌。

Squeeze：挤压式加注。当一位玩家已经下注，并且至少有一位其他玩家跟注的时候，前者再次加注。

Suck out：指在手牌最差并已将所有筹码投入底池后，台面中突然出现一张能扭转局势的牌。

Sweat：看某位玩家的底牌。购买一定比例其他玩家的叫注。

Shove：全押。

Three-bet：第三次下注。Four-bet（四倍下注）指在第三次下注的基础上加注，Five-bet（五倍下注）指在第四次下注的基础上加注。以此类推。

Tilt：失重。指决策过程中掺杂了个人感情。

Trips：3 条，3 张相同的牌，其中一张在玩家手里，另外两张在台面上。

Turn：转牌。台面上发的第四张公共牌。

Under the gun：枪口位。指的是前翻牌圈第一个叫注的玩家。

Whale：大鲸鱼。指代有很多钱的玩家。

致　谢

没有什么比写书中的致谢部分更让我焦虑的了。这本书本身的篇幅很长，如果我忘了引用某个人的话，是可以被原谅的。但是如果在致谢中忘记了某个人，那就是我的责任了。这本书尤其令我夜不能寐，过去三年里，我的生活一直都是围着这本书转的。无数人的帮助让它成为可能，我知道自己可能会忘记提到某个重要的人，然后难以释怀。

所以，让我从最应该感谢的那个人：埃里克·赛德尔开始，没有他，就不会有这本书。我本是一个连扑克和21点纸牌之间的区别都搞不清楚的无名记者，但他却愿意冒着十足的风险，让我进入他的生活，走进他的内心，没完没了地问问题，我对他的感激之情难以言表。埃里克，谢谢你在旅程中带上我，与我分享你的智慧；谢谢你用活力、慷慨、好奇心感染我，并将对扑克的无限热爱放到我的心里；谢谢你成了一个真正的朋友和导师；谢谢你所做的一切。我还在等待着一副扑克牌中能跳出大王、小王来。

我也要向赛德尔的家人——鲁阿，雅米，埃利安——表示深深的感谢。你们都很了不起，都很能够激励人，我永远感谢你们在这几年里向我敞开了大门，让我觉得自己也是赛德尔家族的一分子，这是我能得到的最大的荣誉。

我从未想过扑克的世界会如此热情、温暖。我能够走到今天，成为这样的玩家，得益于太多人的帮助，但我想特别提到以下几个人，致菲尔·加尔方德，谢谢你花几个小时的时间，与我分享你的观点并给予我支持；致艾克·哈克斯顿，谢谢你给我带来睿智的言语和诸多欢笑；致安德鲁·利希滕伯格，谢谢你让我有了一丝禅韵；致杰瑞德·坦德勒，谢谢你打开了我的思维；致布莱克·伊士曼，谢谢你教会我读懂自己。感谢大家为我的这个项目出谋出力，如此无私地奉献自己的时间。我也非常感谢 PioSolver 大师詹森·古；给我无尽灵感的克里西·比克内尔；在澳门时助我幸存下去的塞丽娜和兰迪，没有他们，我可能还困在出租车的后座上，面对着一个一心多用的司机；还有丽芙、伊戈尔、瓦妮莎、法蒂玛、克里斯、珍，以及让这趟旅程变得如此有趣的 Team Pro 的所有成员。最后，我要感谢埃里克·霍尔雷泽和加里·盖茨，感谢你们信任我并让我成为团队的一员；感谢梅尔·莫泽，感谢你让我在团队之中的经历变得如此顺利、有趣、精彩。如果要列出每一个帮助过我的扑克玩家，那我得再写一本书才行，所以这里就简单地向所有人致谢，谢谢你们如此友好，让我感觉自己真的是扑克社群的一分子。

感谢伊丽丝·切尼和亚当·伊格林，他们从一个萌芽的关于运气的想法中看到了希望，并把它培育成最好的样子；感谢切尼经纪公司的其他团队成员——伊莎贝尔·门迪亚，艾莉森·德弗罗，亚历克斯·雅克布斯，丹尼·赫兹。感谢我的编辑，斯科特·莫耶斯，你真的棒极了，谢谢你给了我所需要的空间，也谢谢你让这本书以最好的样子呈现出来，能成为你的众多作者之一，我感到很幸运。感谢企鹅出版社的其他团队成员，包括米娅·康斯尔、莎拉·赫特森、科琳·麦加维、劳伦·洛宗、丹妮尔·普拉夫斯基，安娜·多宾、艾丽西亚·库珀、阿利·达马托和克里斯托弗·金。我也要感谢我的英国编辑尼古拉斯·皮尔森以及出版机构 4th Estate[①] 的团队。

我还要感谢我的家人和朋友们，没有你们，我是完不成这个项目的，谢谢你们包容我，在我最需要帮助的时候支持我，并且从一开始就相信这个项目能成功。谢谢你们在数不清的午餐和晚餐时间听我分享，谢谢你们和我共享一瓶又一瓶的美酒，谢谢你们帮我赶走洛杉矶淋浴间的蟑螂，让我能熬过来，跟大家讲述这个故事。我很幸运你们能够出现在我的生命中。

最后的感谢留给我的丈夫杰夫。谢谢你激励我，支持我，相信我，从不因为凌晨 3 点才结束的扑克比赛而抱怨，并一直敦促我成为最好的自己。谢谢你从始至终都是那个出色的人，是你让一切成为可能，我爱你。

现在我又回到了惴惴不安的状态中，因为我肯定忘记了一些非常重要的人。但我保证，我很珍惜你们。

① 4th Estate 是英国的一家出版机构。——译者注